江苏省重点湖泊生态安全评估及对策研究

JIANGSU SHENG ZHONGDIAN HUPO SHENGTAI ANQUAN PINGGU JI DUICE YANJIU

凌 虹　巫 丹◎主编

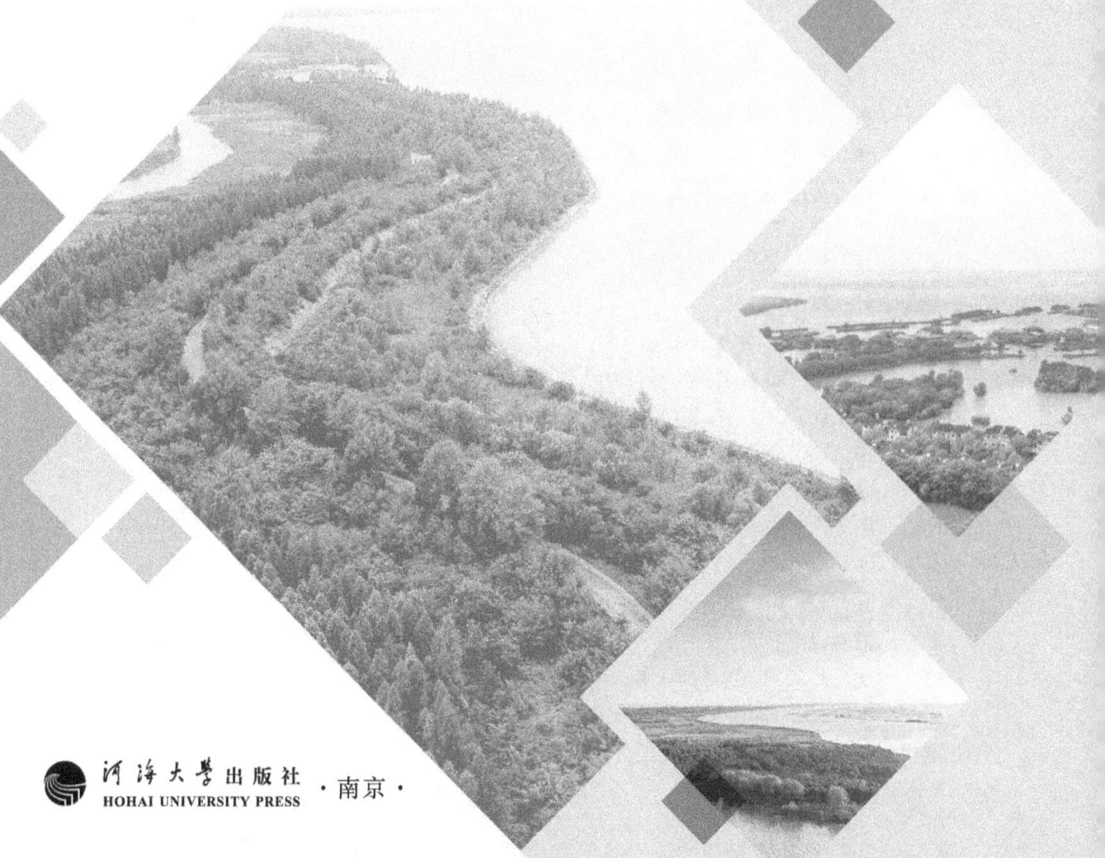

河海大学出版社 HOHAI UNIVERSITY PRESS ·南京·

图书在版编目(CIP)数据

江苏省重点湖泊生态安全评估及对策研究 / 凌虹，巫丹主编. —南京：河海大学出版社，2022.10
ISBN 978-7-5630-7621-5

Ⅰ. ①江… Ⅱ. ①凌… ②巫… Ⅲ. ①湖泊－生态安全－环境生态评价－江苏 Ⅳ. ①X171.1

中国版本图书馆 CIP 数据核字(2022)第 146600 号

书　　名	江苏省重点湖泊生态安全评估及对策研究
书　　号	ISBN 978-7-5630-7621-5
责任编辑	彭志诚　毛积孝
特约编辑	戴　松
特约校对	李国群
封面设计	徐娟娟
出版发行	河海大学出版社
地　　址	南京市西康路1号(邮编：210098)
电　　话	(025)83737852(总编室)　(025)83722833(营销部)
经　　销	江苏省新华发行集团有限公司
排　　版	南京布克文化发展有限公司
印　　刷	广东虎彩云印刷有限公司
开　　本	700毫米×1000毫米　1/16
印　　张	13.75
字　　数	246千字
版　　次	2022年10月第1版
印　　次	2022年10月第1次印刷
定　　价	59.00元

编委会

主　　编：凌　虹　巫　丹
编写人员：苏小妹　徐海波　岳　强　刘　淼　孙淑雲
　　　　　施梦琦　朱晓晓　朱　凯　娄明月

前　言

江苏是湖泊大省，湖泊面积总计 6 853 km²，湖泊面积占全省国土面积达 6%，在全国省份中位居第一，湖泊总面积处于全国第三。江苏省委省政府始终关注和重视湖泊生态系统的管理，先后出台了《江苏省湖泊保护条例》《江苏省湖泊保护名录》《江苏省水域保护办法》等文件，旨在进一步保护和改善湖泊生态环境。

2014 年，经国务院批准，环境保护部、国家发改委、财政部联合印发了《水质较好湖泊生态环境保护总体规划（2013—2020 年）》（以下简称"规划"），其中江苏有 14 个湖泊列入国家水质较好湖泊名单，约占全省湖泊总面积的 63.2%。水质较好湖泊主要是指水面面积在 20 km² 以上，现状水质好于Ⅲ类（含Ⅲ类），具有饮用水水源功能或重要生态功能的湖泊。水质较好湖泊作为湖泊生态系统的特殊代表，其生态环境状况对于保障饮用水供水安全和湖泊流域生态安全，维持区域生态平衡和系统健康发展起着关键性作用。

随着湖泊流域人口增长和经济发展，特别是近年来湖泊流域种植业、养殖业、旅游业以及城镇化的不断发展，流域土地利用类型发生显著变化，建设用地面积增加，生态用地面积退化，从而导致部分湖泊水质下降，营养化水平持续升高，其生态系统也发生退化，藻类水华时常暴发，饮用水服务功能丧失，其他生态服务功能（鱼类产卵场、生物栖息地等）也受到破坏，威胁周边人民的生活和健康，保护"一湖清水"压力日益增大。

因此，本书研究基于生态环境部《水质较好湖泊生态安全调查与评估技术指南》，结合江苏省水质较好湖泊的区位特征及生态破坏程度，对评估方法进行了优化及改进。选取了水质较好湖泊的几个典型代表，对其湖泊流域社会经济影响、水生态健康状况、生态服务功能、管理调控等进行了系统调查与评估，总结江苏省水质较好湖泊面临的主要生态环境问题，并对其成因进行解析，提出改善水质较好湖泊生态环境的针对性措施和建议。

目 录

第一章 绪 论 ·· 001
  1.1 研究背景 ··· 001
    1.1.1 江苏省水质较好湖泊概况 ·· 001
    1.1.2 江苏省水质较好湖泊主要问题 ······································ 002
    1.1.3 生态安全评估的意义 ·· 004
  1.2 主要内容 ··· 005

第二章 江苏省水质较好湖泊生态安全评估方法体系 ························ 006
  2.1 国内外研究进展 ·· 006
  2.2 江苏省生态安全评估方法研究构建 ···································· 008
    2.2.1 基于DPSIR的评估模型框架 ·· 008
    2.2.2 评估指标体系构建 ··· 009
    2.2.3 指标释义 ··· 011
    2.2.4 评估指标标准 ·· 021
    2.2.5 数据的预处理和标准化 ·· 026
    2.2.6 权重的确定 ··· 027
    2.2.7 生态安全分级标准 ·· 028

第三章 重点湖泊生态安全评估实践 ··· 030
  3.1 阳澄湖 ··· 031
    3.1.1 阳澄湖流域社会经济影响调查 ····································· 032
    3.1.2 阳澄湖及其流域生态环境调查 ····································· 033
    3.1.3 阳澄湖生态服务功能调查 ··· 057
    3.1.4 阳澄湖流域生态环境调控管理措施调查 ······················· 059
    3.1.5 阳澄湖生态安全评估结果及分析 ································· 062
    3.1.6 阳澄湖生态安全主要问题 ··· 072

	3.1.7 阳澄湖生态环境保护对策措施	074
3.2	长荡湖	084
	3.2.1 长荡湖流域社会经济影响调查	085
	3.2.2 长荡湖及其流域生态环境调查	086
	3.2.3 长荡湖生态服务功能调查	106
	3.2.4 长荡湖生态环境调控管理措施调查	107
	3.2.5 长荡湖综合评估结果及分析	110
	3.2.6 长荡湖生态安全主要问题	119
	3.2.7 长荡湖生态环境保护对策措施	121
3.3	骆马湖（徐州片区）	129
	3.3.1 骆马湖（徐州片区）流域社会经济影响调查	130
	3.3.2 骆马湖（徐州片区）及其流域生态环境调查	133
	3.3.3 骆马湖（徐州片区）生态服务功能调查	148
	3.3.4 骆马湖（徐州片区）生态环境调控管理措施调查	150
	3.3.5 骆马湖（徐州片区）生态安全评估结果及分析	152
	3.3.6 骆马湖（徐州片区）生态安全主要问题	158
	3.3.7 骆马湖（徐州片区）生态环境保护对策措施	160
	3.3.8 建立骆马湖流域长效管理机制	165
3.4	塔山湖	166
	3.4.1 塔山湖流域社会经济影响调查	166
	3.4.2 塔山湖及其流域生态环境调查	169
	3.4.3 塔山湖生态服务功能调查	186
	3.4.4 塔山湖生态环境调控管理措施调查	188
	3.4.5 塔山湖生态安全评估结果及分析	192
	3.4.6 塔山湖生态安全主要问题	197
	3.4.7 塔山湖生态环境保护对策措施	199

第四章 江苏省水质较好湖泊生态安全状况综合研判及对策建议 ············ 203
4.1 主要突出问题 ··· 203
4.2 个性问题 ··· 206
4.3 总体成因分析 ··· 207
4.4 对策建议 ··· 209

参考文献 ··· 211

第一章

绪 论

1.1 研究背景

1.1.1 江苏省水质较好湖泊概况

水质较好湖泊主要是指水面面积在 20 km² 以上，现状水质好于Ⅲ类（含Ⅲ类），具有饮用水水源功能或重要生态功能的湖泊。水质较好湖泊作为湖泊生态系统的特殊代表，在保障饮用水供水安全和湖泊流域生态环境安全方面发挥着重要作用，对支撑湖泊流域内外的经济社会发展及区域生态平衡具有重要意义。

江苏是湖泊大省，湖泊面积总计 6 853 km²，湖泊拥有率（湖泊总面积与全省面积之比）达 6%，在全国省份中位居第一，拥有湖泊总面积排全国第三（西藏和青海省分列一、二）。据统计，常年水面面积 1 km² 及以上湖泊 99 个，省内水面总面积 0.59 万 km²，均为淡水湖泊，其中太湖、洪泽湖分别位列全国第三、四大淡水湖。根据 2005 年省政府公布的《江苏省湖泊保护名录》，全省 0.5 km² 以上、位于城市城区内、作为城市饮用水源地的湖泊湖荡共有 137 个。此外，截至 2020 年底，江苏省在册水库 908 座，其中大型水库 6 座、中型水库 42 座、小型水库 860 座，主要集中在东北部和西部丘陵山区。根据《水质较好湖泊生态环境保护总体规划（2013—2020 年）》（以下简称《规划》）要求，江苏省共有 14 个湖泊列入国家水质较好湖泊名单，水面面积共计 4 333 km²，约占全省湖泊总面积的 63.2%。江苏省水质较好湖泊具有数量多、面积大、分布广和类型复杂的特点，其生态环境状况对于维持区域生态平衡和系统健康发展起着关键性作用。

江苏省共有 14 个湖泊列入国家水质较好湖泊名单,分别为塔山湖、白马湖、高邮湖、骆马湖、邵伯湖、滆湖、石臼湖、长荡湖、宝应湖、阳澄湖、洪泽湖、大纵湖、天目湖、固城湖。江苏省水质较好湖泊名单如表 1.1-1 所示。

表 1.1-1　江苏省水质较好湖泊名单

湖泊名称	所属地市	水面面积(km²)
塔山湖	连云港市	51
白马湖	淮安市、扬州市	113
骆马湖	宿迁市、徐州市	375
高邮湖	扬州市、淮安市	780
邵伯湖	扬州市	206
滆湖	常州市、无锡市	164
石臼湖	南京市	208
长荡湖	常州市	85
宝应湖	扬州市	81
阳澄湖	苏州市	118
洪泽湖	淮安市、宿迁市	2 069
天目湖	常州市	25
固城湖	南京市	31
大纵湖	盐城市	27
合计		4 333

14 个水质较好湖泊分属于长江和淮河两大流域,位置分布如图 1.1-1 所示。北部的塔山湖和骆马湖属于沂沭泗河水系,中部的洪泽湖、白马湖、宝应湖、高邮湖、邵伯湖和大纵湖属于淮河水系,西南部的石臼湖和固城湖属于水阳江水系,南部的天目湖、滆湖、长荡湖和阳澄湖属于太湖水系。

1.1.2　江苏省水质较好湖泊主要问题

湖泊是重要的生态资源,是水生生态系统的重要组成部分,具有调节河川径流、提供水源、防洪灌溉、养殖水产、提供生物栖息地、维护生物多样性、净化水质等重要功能。湖泊的开发、利用和保护对湖泊流域范围内的社会生产、人民生活和生态环境都会产生不同程度的影响。

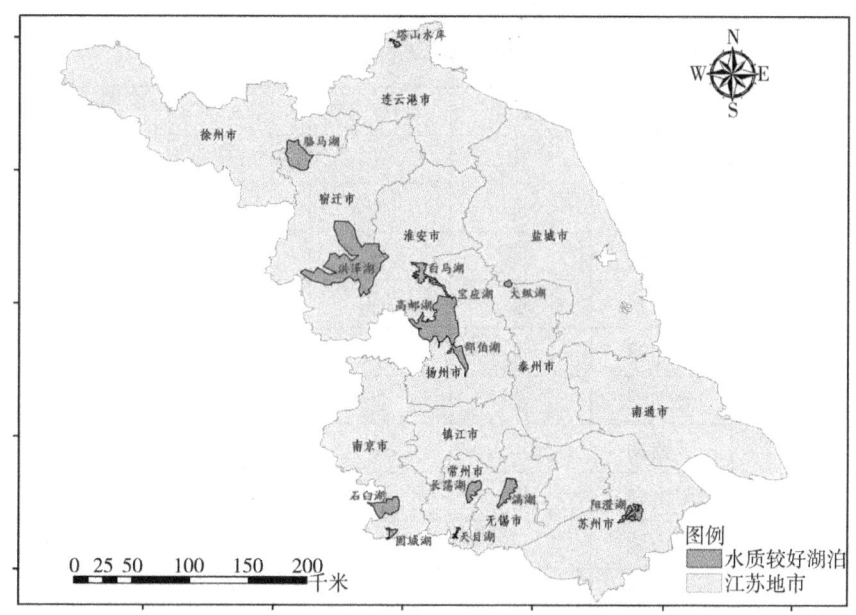

图 1.1-1　江苏省 14 个水质较好湖泊分布图

2014 年江苏省列入《规划》的 14 个水质较好湖泊,水质均达到或优于Ⅲ类。近年来,虽然部分湖体水质有所好转,但江苏省 14 个水质较好湖泊中每年都有 6 个不能达到Ⅲ类水质标准,达标率只有 57.1%,水质总体达标情况不容乐观。江苏省 2017—2019 年监测数据显示,全省 14 个水质较好湖泊中,水质保持不变的湖泊有 8 个,其中水质情况最好的是天目湖,水质维持在Ⅱ类水平;塔山湖、白马湖、骆马湖、固城湖、大纵湖等 5 个湖泊水质维持在Ⅲ类;邵伯湖、阳澄湖等 2 个湖泊水质维持在Ⅳ类。水质提升的有 2 个湖泊,石白湖、宝应湖均从Ⅳ类提升至Ⅲ类。水质下降的有 3 个湖泊,高邮湖从Ⅲ类下降至Ⅳ类,滆湖从Ⅳ类下降至Ⅴ类,长荡湖从Ⅲ类下降至Ⅴ类。水质波动的湖泊 1 个,洪泽湖水质在Ⅳ~Ⅴ类间波动。

随着湖泊流域人口增长和经济发展,特别是近年来湖泊流域种植业、养殖业、旅游业以及城镇化的不断发展,流域土地利用类型发生显著变化,建设用地面积增加,生态用地面积退化,从而导致部分湖泊水质下降,营养化水平持续升高,其生态系统也发生退化,藻类水华时常暴发,饮用水服务功能丧失,其他生态服务功能(鱼类产卵场、生物栖息地等)也受到破坏,威胁周边人民的生活和健康,保护"一湖清水"压力日益增大。

表 1.1-2　2017—2020 年水质较好湖泊水质变化统计

水质变化情况	湖泊名称	2017 年	2018 年	2019 年	流域水系
水质不变	天目湖	Ⅱ	Ⅱ	Ⅱ	太湖流域
	塔山湖	Ⅲ	Ⅲ	Ⅲ	沂沭泗河水系
	骆马湖	Ⅲ	Ⅲ	Ⅲ	
	固城湖	Ⅲ	Ⅲ	Ⅲ	水阳江水系
	白马湖	Ⅲ	Ⅲ	Ⅲ	淮河水系
	大纵湖	Ⅲ	Ⅲ	Ⅲ	
	邵伯湖	Ⅳ	Ⅳ	Ⅳ	
	阳澄湖	Ⅳ	Ⅳ	Ⅳ	太湖流域
水质提升	石臼湖	Ⅳ	Ⅳ	Ⅲ	水阳江水系
	宝应湖	Ⅳ	Ⅲ	Ⅲ	淮河水系
水质下降	高邮湖	Ⅲ	Ⅳ	Ⅳ	淮河水系
	滆湖	Ⅳ	Ⅴ	Ⅴ	太湖流域
	长荡湖	Ⅲ	Ⅲ	Ⅴ	
水质波动	洪泽湖	Ⅳ	Ⅴ	Ⅳ	淮河水系

由于江苏省湖泊流域社会经济发展较为发达,流域人口压力大,部分水质较好湖泊水环境水生态问题逐步出现:水质不稳定达标;浮游植物种群数量减少、种类组成单一、群落结构简单、生物多样性降低,水生态系统初级生产力失衡;浮游动物整体上数量偏低,以耐污种占主要优势;底栖动物种类减少、个体小型化和耐污种占优势。水生植物分布面积和种类减少,种群结构单一;湖体富营养化程度较高,生态系统严重恶化,健康状况不佳。部分水生态调查及评价研究显示邵伯湖湖内部分水体受到有机污染,并出现富营养化(张莉,2016);洪泽湖生态安全在生态服务功能、污染物输入、供水水质安全、社会经济发展模式等方面存在一定的问题(方佩珍,2018);根据大纵湖底栖动物的调查结果对大纵湖进行水质生物评价,大纵湖目前处于轻度-中度污染阶段(许静波,2019)。

1.1.3　生态安全评估的意义

湖泊生态安全是指湖泊能在人类活动影响下,维持生态系统的完整性和生态健康，为人类稳定提供生态服务功能和免于生态灾变的持续状态。湖泊生态安全评估既包括对生态系统本身状态的评估，也包括对生态系统中人类的安全性的评估，生态安全评估把湖泊生态健康作为主体，评估湖泊系统与周围环境的相互联系。针对湖泊生态系统出现的一系列问题进行湖泊水库的生态安全状况评价，提出治理措施，能够识别湖泊的生态环境问题，为水管理提供科学依据，对解决湖泊生态安全问题具有指导意义。

1.2 主要内容

本书收集和分析了江苏省14个水质较好湖泊2017—2019年的水质变化情况，识别江苏省水质较好湖泊的现状及主要问题；基于DPSIR理论框架构建水质较好湖泊生态安全评估指标体系，从流域生态系统的全局出发，以湖泊生态系统的健康和完整为基础，突出水质较好湖泊的生态服务功能，分析人类活动的正面及负面影响，并以动态的概念来识别湖泊的生态安全状态；以江苏省水质较好湖泊——阳澄湖、长荡湖、塔山湖、骆马湖为例，开展湖泊生态安全评估实例研究，识别影响湖泊生态安全的关键因素，以此提出保护及修复对策，为保障水质较好湖泊流域生态系统良性循环提供科学支撑。

第二章

江苏省水质较好湖泊生态安全评估方法体系

2.1 国内外研究进展

  狭义的生态安全概念是指自然和半自然生态系统的安全,即生态系统完整性和健康的整体水平反映。健康系统是稳定的和可持续的,在时间上能够维持它的组织结构和自治,以及保持对胁迫的恢复力。广义的生态安全概念以国际应用系统分析研究所(IIASA,1989)提出的定义具有普遍代表性,即生态安全是指在人的生活、健康、安乐、基本权利、生活保障来源、必要资源、社会秩序和人类适应环境变化的能力等方面不受威胁的状态,包括自然生态安全、经济生态安全和社会生态安全,组成一个复合人工生态安全系统。湖泊生态安全是指:从人类角度考虑,湖泊对人类是安全的,即湖泊为人类提供的生态服务功能健康安全;从湖泊角度考虑,人类对湖泊的干扰在其可承受范围之内(陈祥龙,2013)。

  生态安全评价指标体系是开展生态安全评价的前提和基础,其实质是生态安全中的抽象问题具体化、实例化的过程,直接影响着生态安全的评价结果(Dabelko G D,1997)。指标体系综合评估法是目前在流域生态评估领域应用最为广泛的一种方法,它主要基于 DPSIR 等概念模型构建完备的评估指标体系,并结合多种评价方法对指标进行评估计算(赵梦薇,2020)。DPSIR 模型是一种在环境评价领域中广泛使用的指标体系概念模型,由驱动力(driving forces)、压力(direct pressures)、状态(state)、影响(impacts)和响应(responses)5 个层次组成,最初由欧洲环境署建立来解决环境问题(Elliott M,2017)。模型框架结构清晰地描述了人类社会经济活动与生态环境系统各因子之间的相互作用关系,通过把复杂的系统分解细化为若干个具有因果关系的子系统,来表达影响生态环境各因素之间的信息耦合关系。通过 DPSIR 框架确立指标体系后,通常和相应的评价方法相结合来进行定量的生态安全评价。

国外对于系统性的生态安全评估的研究较少,大多数集中在生态安全某个方面的评估(曹秉帅,2021)。例如 Luijten 等(Luijten J,2001)基于 GIS 技术,应用 SWBM(spatial water budget model)模型对流域内水库的服务功能进行了预测性评价,Naito 等(Naito W,2002)应用生态动力学模型 CASM(comprehensive aquatic systems model)定量分析污染物对湖泊生物量与生态结构的危害,Focardi 等(Focardi S,2006)分别从宏观和微观的角度分析湖泊周围土地利用变化以及湖泊内微生物变化进行了评估。

国内进行生态安全评价的框架多沿用 DPSIR 框架,研究集中于评价指标体系的构建和评价方法的研究。常见的生态安全评估数学方法包括指数法、模糊综合评价法、灰色系统理论法、物元分析法、系统聚类法、神经网络模型等(刘红,2006),这些方法各有优势但是也各有缺陷。例如模糊评价隶属度方法选择存在争议、灰色关联最优值难以确定、主成分分析和神经网络学习样本量过小导致结果误差较大。目前常用的基于 DPSIR 框架建立指标体系的评价方法为综合指数法,即根据指标数值计算生态安全指数并根据等级划分标准进行评价。综合指数法体现生态安全评价的综合性、整体性和层次性,简单实用。在流域生态安全评估方面,He 等指出中国是世界上河流最多的国家之一,强调了研究跨界河生态安全的重大意义,并从跨界环境补偿、协同管理及区域合作等几个方面对中国跨界河流的潜在环境威胁和生态安全进行诊断和预警(He D M,2014)。2007年,周丰等针对流域水资源可持续发展提出了水资源、社会、经济 3 个子系统的 DPSIR 综合指标体系(周丰,2007)。邹长新认为内陆河流域自然生态系统的压力主要来自人口增长和经济社会的快速发展,从而导致生态系统主导服务功能和结构发生改变,引起自然和社会的自我调节做出反应,并基于此构建了黑河流域重要生态功能区生态安全评价指标体系(邹长新,2010)。金相灿针对目前我国湖泊存在的主要生态安全问题,在湖泊水生态系统健康评估、流域社会经济活动对湖泊生态影响评估、湖泊生态服务功能评估和湖泊生态灾变评估等四项评估基础上建立了湖泊生态安全评价体系(金相灿,2012)。刘丽娜以 DPSIR 模型为基础构建了由水环境质量、陆域生态系统健康状况和流域生态安全组成的东北湖区生态安全评价指标体系(刘丽娜,2019)。王宏选择自然生态环境状态指数、人文社会压力指数、环境破坏压力指数,提取了青海湖流域生态安全指标(王宏,2010)。

水质较好湖泊作为湖泊生态系统的特殊代表,在保障饮用水供水安全和湖泊流域生态环境安全方面发挥着重要作用,对支撑湖泊流域内外的经济社会发展及区域生态平衡具有重要意义,其生态安全问题成因复杂、影响范围较广。然而,针对水质较好湖泊流域生态安全开展的相关研究仍较为缺乏,本次江苏省水质较好湖泊生态安全调查与评估工作主要围绕水质较好湖泊主体功能,总结国内外湖泊水库生态安全评估有关研究成果,系统梳理历史文献和数据,采用现场调查与资料收集相结合的方法,开展系统的生态环境调查工作。在此基础上,基于DPSIR(驱动力-压力-状态-影响-响应)模型,对流域社会经济影响、湖泊水生态健康、生态服务功能、生态环境保护调控管理措施评估。进而分析得到湖泊生态环境的主要问题,诊断出问题产生的主要成因,并提出相关对策建议,为水质较好湖泊生态保护工作提供技术支撑。

2.2 江苏省生态安全评估方法研究构建

2.2.1 基于DPSIR的评估模型框架

健康的湖库生态安全状态应包括以下3个方面:①湖库生态系统自身健康、稳定,具有良好的水质状况与水生态结构,依据自身规律自然演化;②湖库生态系统能够抵御自然环境(如气候、地质等)突变带来的不利生态后果,消纳人类经济活动产生的污染物;③湖库生态服务功能完好,能够为人类提供清洁水源、养殖、旅游、发电等服务功能,对湖库区社会、经济的可持续发展起到良好的支撑作用。

从湖库生态安全的概念出发构建DPSIR模型(驱动力-压力-状态-影响-响应),通过"驱动力""压力"识别水生态面临的潜在威胁与直接压力,从人口、社会经济等方面描述"驱动力层",从水域、陆域、缓冲带三个方面描述"压力层";通过"状态"识别水生态当前的健康程度,从水质、底泥、水生态等方面描述"状态层";通过"影响"识别水生态当前健康程度下服务功能的稳定性,从产品供给、生态服务功能等方面描述"影响层";通过"响应"识别人类为实现水生态可持续发展所提供的经济与措施支持,从监管、资金投入、污染管控、长效机制等调控管理方面描述"响应层"。

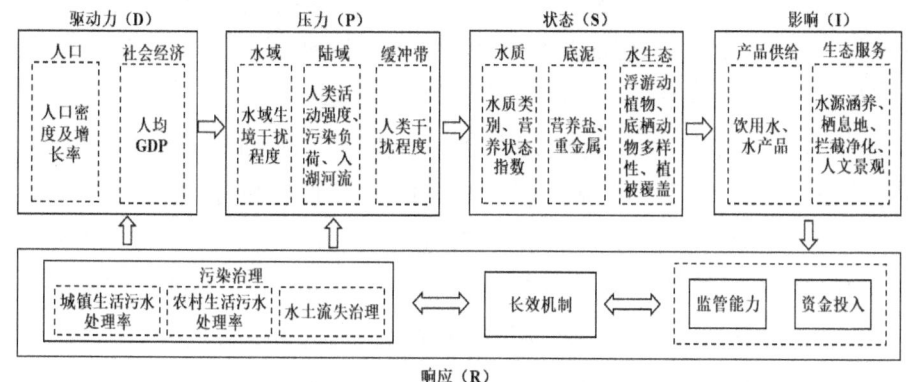

图 2.2-1　江苏省水质较好湖泊生态安全评估的 DPSIR 模型

2.2.2　评估指标体系构建

（1）指标选取的原则

评估指标的选择是准确反映湖泊生态系统健康状况和进行湖泊生态安全评估的关键。江苏省水质较好湖泊生态安全评估指标的选取遵循以下原则：

系统性：把湖泊水生态系统看作是自然-社会-经济复合生态系统的有机组成部分，从整体上选取指标对其健康状况进行综合评估。评估指标全面、系统地反映湖泊水生态健康的各个方面，指标间相互补充，充分体现湖泊水生态环境的一体性和协调性。

目的性：生态安全评估的目的不是为生态系统诊断疾病，而是定义生态系统的一个期望状态，确定生态系统破坏的阈值，并在文化、道德、政策、法律、法规的约束下，实施有效的生态系统管理，从而促进生态系统健康的提高。

代表性：评估指标应能代表湖泊水生态环境本身固有的自然属性、湖泊水生态系统特征和湖泊周边社会经济状况，并能反映其生态环境的变化趋势及其对干扰和破坏的敏感性。

科学性：评估指标应能反映湖泊水生态环境的本质特征及其发生发展规律，指标的物理及生物意义必须明确，测算方法标准，统计方法规范。

可表征性和可度量性：以一种便于理解和应用的方式表示，其优劣程度应具有明显的可度量性，并可用于单元间的比较评估。选取指标时，多采用相对性指标，如强度或百分率等。评估指标可直接赋值量化，也可间接赋值量化。

因地制宜:湖泊(水库)数目众多、成因各异,其周边的生态特点、流域经济产业结构和发展方式迥异,因此调查与评估指标的选择应该因地制宜、区别对待。

(2) 评估指标体系

针对江苏省水质较好湖泊生态安全状况,本研究基于生态环境部《水质较好湖泊生态安全调查与评估技术指南》,结合江苏省水质较好湖泊的区位特征及生态破坏程度,对评估方法进行了优化及改进,基于DPSIR(驱动力-压力-状态-影响-响应)模型,重新梳理"社会经济""水生态健康""生态服务功能""管理调控"4个方案层面的指标,从宏观层面强化流域生态格局的指标描述,增加水域、陆域以及缓冲带生态环境压力的评估,丰富部分单要素指标的信息含量,调整生态服务功能的评估重点,研究构建江苏省水质较好湖泊生态安全评估方法体系。

评估指标体系由目标层(V)、方案层(A)、因素层(B)、指标层(C)构成,包括1个目标层、4个方案层、17个因素层和29个指标层,见表2.2-1。

表 2.2-1　江苏省水质较好湖泊生态安全评估指标体系

目标层	方案层	因素层	指标层
生态安全综合指数(V)	社会经济影响(A1)	人口(B1)	人口密度(C11)
			人口增长率(C12)
		社会经济(B2)	人均GDP(C21)
		水域生态环境压力(B3)	水生生境干扰指数(C31)
		陆域生态环境压力(B4)	人类活动强度指数(C41)
			污染源污染负荷排放指数(C42)
			入湖河流水质状态指数(C43)
		缓冲带生态环境压力(B5)	湖泊近岸缓冲区人类干扰指数(C51)
	水生态健康(A2)	湖体水质(B6)	水质综合状态指数(C61)
			综合营养状态指数(C62)
		沉积物(B7)	营养盐综合状态指数(C71)
			重金属Hakanson风险指数(C72)
		水生态(B8)	浮游植物多样性指数(C81)
			浮游动物多样性指数(C82)
			底栖生物多样性指数(C83)
			沉-浮-漂-挺水植物覆盖度(C84)

(续表)

目标层	方案层	因素层	指标层
生态安全综合指数（V）	生态服务功能（A3）	饮用水服务功能（B9）	集中饮用水水质达标率（C91）
		水源涵养功能（B10）	林草覆盖率（C101）
		栖息地功能（B11）	湿地面积占总面积的比例（C111）
		拦截净化功能（B12）	湖（库）滨自然岸线率（C121）
			缓冲带污染阻滞功能指数（C122）
		人文景观功能（B13）	自然保护区级别（C131）
			珍稀物种生境代表性（C132）
	调控管理（A4）	资金投入（B14）	环保投入指数（C141）
		污染治理（B15）	城镇生活污水处理率（C151）
			农村生活污水处理率（C152）
			水土流失治理率（C153）
		监管能力（B16）	监管能力指数（C161）
		长效机制（B17）	长效管理机制构建（C171）

2.2.3 指标释义

（1）社会经济影响指标

社会经济影响指标包括驱动力和压力两个方面。驱动力反映湖泊流域所处的人类社会经济系统的相关属性，包括人口及经济两个部分，而压力指标反映人类社会对湖泊的直接影响，从水域、陆域、缓冲带3个方面来表征。

① 人口密度（C11）

人口密度指统计单元内单位土地面积的人口数量，是社会经济对环境影响的重要因素，人口密度的大小影响资源配置和环境容量富余与否，是生态环境评估的一个重要因子。

人口密度（C11）＝统计单元总人口/统计单元面积

单位：人/km^2

② 人口增长率（C12）

人口增长率指一定时间内（通常为一年）人口增长数量与人口总数之比，是反映人口增长的重要指标。

人口增长率（C12）＝（年末人口－年初人口）/年平均人口×1 000‰

单位：‰

③ 人均GDP(C21)

人均GDP指统计单元内人均创造的地区生产总值，人均GDP是衡量社会经济发展水平和压力最通用的指标，既能反映社会经济的发展状况，也在一定程度上间接反映了社会经济活动对环境的压力。

人均GDP(C21)=统计单元内GDP总量/统计单元内总人口

单位：元/人

④ 水生生境干扰指数(C31)

反映水域生境遭到人为挖砂、航运、旅游等活动破坏的影响状况。

$$水生生境干扰指数 = \sum_{i=1}^{n} H_i \omega_i$$

其中，H_i表示第i项指标分值，ω_i表示第i项指标权重。赋分根据水域的生态压力内容，实地调研、调查问卷、相关专家咨询和渔业部门统计获取。

单位：无

表2.2-2 水生生境干扰指数分级标准及赋分

指标内容	指标及权重	分级标准及赋分				
		少	较少	一般	较严重	严重
		N≥80	60≤N<80	40≤N<60	20≤N<40	N<20
水生生境干扰指数	挖砂(0.2)	无	极少	部分区域可见	常见	严重
	航运交通或涉水旅游(0.2)	无	极少	部分区域可见	常见	严重
	网箱养殖(0.6)	无	极少	部分区域可见	常见	严重

⑤ 人类活动强度指数(C41)

人类活动强度指数指统计单元内建设用地面积和农业用地面积之和占土地总面积的比例，建筑用地、农业用地是反映人类活动强度的主要用地类型，能够反映当前及未来几年社会经济活动对环境的压力状况。

人类活动强度指数=(建设用地面积+农业用地面积)/统计单元面积

单位：无

⑥ 污染源污染负荷排放指数(C42)

流域人类活动所排放的污染物是响应湖泊生态安全的重要因素之一。塔山湖流域内污染源污染排放包括点源(规模化养殖、污水厂尾水、农村生活污水集中处理设施尾水)和面源(畜禽散养、水产养殖业、种植业、未收集的居民生活、城镇径流和水土流失等),污染物因子考虑COD_{Mn}、TN、TP。

污染源污染负荷排放指数=0.3×流域内COD_{Mn}现状排放量/COD_{Mn}目标排放量+0.3×流域内TN现状排放量/TN目标排放量+0.4×流域内TP现状排放量/TP目标排放量

其中,COD_{Mn}、TN、TP目标排放量根据各地市(区、县)控制单元排放总量进行核算。

单位:无

⑦ 入湖河流水质状态指数(C43)

入湖河流水质状态与湖(库)水质密切相关,入湖河流水质状态能够反映人类活动对湖泊的影响,考虑污染因子为COD_{Mn}、TN、TP。

入湖河流水质状态指数=0.3×主要入湖河流COD_{Mn}污染负荷指数+0.3×主要入湖河流TN污染负荷指数+0.4×主要入湖河流TP污染负荷指数

主要入湖河流COD_{Mn}/TN/TP污染负荷指数=主要入湖河流COD_{Mn}/TN/TP目标值/现状值,如结果>1,取1。

主要入湖河流COD_{Mn}/TN/TP现状值=$C_1 \times W_1 + C_2 \times W_2 + \cdots + C_n \times W_n$

式中 C_n——第n条入湖河流的COD_{Mn}/TN/TP年均浓度;

W_n——第n条入湖河流的权重,每条河流的权重根据该河流入湖水量占入湖河流总水量的比例确定。目标值选取湖泊水质标准,以表征入湖水质相较于湖泊的压力。

单位:无

⑧ 湖泊近岸缓冲区人类干扰指数(C51)

湖泊近岸缓冲区人类干扰指数指湖泊近岸3 km缓冲区,人类生活、生产开发用地类型的面积占缓冲区总面积的比例,近岸缓冲区人类生活、生产开发活动对湖泊生态环境产生最直接的压力,建筑用地、农业用地和水产养殖用地是反映湖区人类活动强度的几种主要用地类型。

湖泊近岸缓冲区人类干扰指数=(建筑用地面积+农业用地面积)/缓冲区

面积×0.4＋水产养殖面积/湖泊面积×0.6

单位：无

(2) 水生态健康指标

① 水质综合状态指数(C61)

采用水质综合状态指数综合评价湖体水质状况,评价因子包括 DO、TN、TP、氨氮、高锰酸盐指数。溶解氧是水体中判别水质的一项重要指标,是水质监测的重要项目,水中浮游植物的生长繁殖,水体受到有机、无机还原污染物时,水中的溶解氧都会受到影响。总氮指水中各种形态无机和有机氮的总量；总磷指水体中各种有机磷和无机磷的总量,一般以水样经消解后将各种形态的磷转变成正磷酸盐后测定结果表示；氨氮指水中以游离氨(NH_3)和铵根离子(NH_4^+)形式存在的氮；高锰酸盐指数指在一定条件下,以高锰酸钾($KMnO_4$)为氧化剂,处理水样时所消耗的氧化剂的量,这几个指标是评估水质的重要指标,也是浅水湖泊水质状况的重点关注指标。

$$水质综合状态指数 = \sum_{i=1}^{n} P_i \omega_i$$

其中,P_i 为单因子污染指数,依据《地表水环境质量标准》(GB 3838—2002)进行评价。对于 DO,$P_i=C_i/C_s$,C_i 为监测值,C_s 为标准值；对于其他四个因子,$P_i=C_s/C_i$。如果 $P_i>1$,取 1。ω_i 表示第 i 项指标权重,权重取值根据各因子近 5 年监测值,采用熵值法确定。

单位：无

② 湖体水质综合营养状态指数(C62)

综合营养状态指数是反映湖泊富营养化状态的重要指标,以叶绿素 a 的状态指数 TLI(Chla)为基准,再选择 TP、TN、COD_{Mn}、SD 等与基准参数相近的(绝对偏差较小的)参数的营养状态指数,同 TLI(Chla)进行加权综合,综合加权指数模型为：

$$TLI(\sum) = \sum_{j=1}^{M} W_j \cdot TLI(j)$$

式中：$TLI(\sum)$——为综合加权营养状态指数；

$TLI(j)$——为第 j 种参数的营养状态指数(各参数的营养状态指数计算公式见表 2.2-3)；

表 2.2-3　各参数的营养状态指数计算式

编号	计算公式
1	TLI(Chla)=10(2.5+1.086lnchla)
2	TLI(TP)=10(9.436+1.624lnTP)
3	TLI(TN)=10(5.453+1.694lnTN)
4	TLI(SD)=10(5.118−1.94lnSD)
5	TLI(COD$_{Mn}$)=10(0.109+2.661lnCOD$_{Mn}$)

W_j——第 j 个参数的营养状态指数的相关权重：

$$W_j = \frac{R_{ij}^2}{\sum_{j=1}^{M} R_{ij}^2}$$

其中：R_{ij}——第 j 个参数与基准参数的相关系数，M——与基准参数相近的主要参数的数目。

单位：无

表 2.2-4　中国湖泊(水库)部分参数与 Chla 的相关关系

	Chla	TP	TN	SD	高锰酸盐指数
r_{ij}	1	0.84	0.82	−0.83	0.83
r_{ij}^2	1	0.7056	0.6724	0.6889	0.6889

③ 湖体沉积物营养盐综合状态指数(C71)

采用沉积物营养盐综合状态指数综合评价湖体沉积物，评价因子包括沉积物总氮、总磷。

$$沉积物营养盐综合状态指数 = 0.5 \times P_{TN} + 0.5 \times P_{TP}$$

其中，P_{TN} 为沉积物总氮综合状态指数，$P_{TN} = C_{sTN}/C_{iTN}$，C_{iTN} 为沉积物总氮监测值，C_{sTN} 为沉积物总氮标准值；P_{TP} 为沉积物总磷综合状态指数，$P_{TP} = C_{sTP}/C_{iTP}$，C_{iTP} 为沉积物总磷监测值，C_{sTP} 为沉积物总磷标准值。如计算结果＞1，取1。由于沉积物总氮总磷缺少相关评价标准，本书中参考 EPA 关于沉积物总氮总磷浓度的分级标准，TN＜1 000 mg/kg，TP＜420 mg/kg 为轻度污染。

单位：无

④ 湖体沉积物重金属 Hakanson 风险指数(C72)

沉积物重金属风险指数是划分沉积物污染程度及其水域潜在生态风险的一种相对快速、简便和标准的方法，通过测定沉积物样品中的污染物含量计算出潜在生态风险指数值，可反映表层沉积物金属的含量、金属的毒性水平及水体对金属污染的敏感性。

$$沉积物重金属风险指数 RI = \sum_{i=1}^{n} E_r^i = \sum_{i=1}^{n} T_i \times \frac{C_i}{C_n}$$

式中，RI——沉积物中多种重金属潜在生态风险指数；

E_r^i——第 i 种重金属元素的潜在生态风险指数；

C_i——单个元素实测值；

C_n——单个元素背景值；

T_i——第 i 种重金属元素的毒性系数。

单位：无

表 2.2-5　重金属元素毒性系数参考

重金属元素	毒性系数
Mn	2
Zn	1
Cu	5
Ni	5
Cr	2
Pb	5
Hg	40
Cd	30
As	10

⑤ 湖体浮游植物多样性指数(C81)

应用数理统计方法求得表示浮游植物群落的种类和数量的数值，用以评估水生态状况的重要指标。

$$多样性指数 = -\sum (N_i/N) \log_2 [(N_i/N)]$$

式中，N_i——第 i 种的个体数，N——所有种类总数的个体数。

单位：无

⑥ 湖体浮游动物多样性指数(C82)

应用数理统计方法求得表示浮游动物群落的种类和个数量的数值,用以评估水生态状况的重要指标。

$$多样性指数 = -\sum (N_i/N) \log_2[(N_i/N)]$$

式中,N_i——第 i 种的个体数;

N——所有种类总数的个体数。

单位:无

⑦ 湖体底栖生物多样性指数(C83)

支持和维护一个与底栖生境相对等的生物集合群的物种组成、多样性和功能等的稳定能力,是生物适应外界环境的长期进化结果,用以评估水生态状况的重要指标。

$$多样性指数 = -\sum (N_i/N) \log_2[(N_i/N)]$$

式中,N_i——第 i 种的个体数;

N——所有种类总数的个体数。

单位:无

⑧ 湖体沉-浮-漂-挺水植物覆盖度(C84)

指湖泊中沉水植物、浮叶植物、漂浮植物和挺水植物的面积占湖体总面积的比例。沉-浮-漂-挺水植物面积及其多样性起着极其重要的作用,其直接关系到水生态系统的演替方向,即正向演替——草型——清水,或逆向演替——藻型——浊水。

沉-浮-漂-挺水植物覆盖度=(沉水植物面积+浮叶植物面积+漂浮植物面积+挺水植物面积)/湖体面积

单位:%

(3) 生态服务功能指标

生态服务功能指标通过湖泊的生态服务功能指标来表征。湖泊的服务功能主要体现在水质净化、水产品和水生态支持等方面,包括饮用水服务功能、水源涵养功能、栖息地功能、拦截净化功能、人文景观功能等。

① 集中饮用水水质达标率(C91)

集中饮用水水质达标率是饮用水服务功能调查重要数据,是指流域内所有集中式饮用水源地的水质监测中,达到或优于《地表水环境质量标准》(GB

3838—2002)的Ⅲ类水质标准的检查频次占全年检查总频次的比例；

集中饮用水水质达标率＝(所有断面达标频次之和/全年所有断面监测总频次)×100%

单位：%

② 林草覆盖率(C101)

乔木林、灌木林与草地等林草植被是反映水源涵养功能的重要指标，林草覆盖率指以研究区域为单位，乔木林、灌木林与草地等林草植被面积之和占区域土地面积的比例。

林草覆盖率＝(林地面积＋草地面积)/研究区域土地总面积×100%

单位：%

③ 湿地面积占总面积的比例(C111)

湿地面积占总面积的比例反映栖息地功能的重要指标，指天然或人工形成的沼泽地等带有静止或流动水体的成片浅水区占统计单元的比例。湿地生态系统中生存着大量动植物，很多湿地被列为自然保护区，该指标反映了生态系统自身净化能力的高低；

湿地面积占总面积的比例＝统计单元内湿地面积/统计单元总面积×100%

单位：%

④ 湖(库)滨自然岸线率(C121)

湖滨带分自然湖滨带(未开发或自然状态岸线长度)和人工湖滨带，自然岸线率指天然湖滨带长度占湖滨岸线总长度的比例，自然岸线包括未经开发的天然岸线和生态搬迁等措施恢复的自然岸线，岸线宽度一般为50～100米。主要类型包括林地、草地、灌木和泥质滩地。是反映拦截净化功能的重要指标。

湖(库)滨自然岸线率＝天然湖滨带长度/(天然湖滨带长度＋人工湖滨带长度)×100%

单位：%

⑤ 缓冲带污染阻滞功能指数(C122)

缓冲带的生态系统类型不同，对阻滞污染物，维持湖泊生态安全的能力有所差异，通过缓冲带的生态系统覆盖类型表征其纳污阻隔作用的强弱。

缓冲带污染阻滞功能指数＝(生态系统类型分值×该类型长度)/缓冲带长度×100%

单位：%

表 2.2-6　生态系统类型分值参考

生态系统类型	自然植被、湿地	人工植被	农田	硬化人工岸带
分值参考	1.0	0.6	0.3	0

⑥ 自然保护区级别(C131)

依据国标判断流域所属区域包含的保护区类别,是反映人文景观功能的重要指标。采用5分制法,"5"代表"国家自然保护区","4"代表"省(自治区、直辖市)级自然保护区","3"代表"市(自治州)级自然保护区","2"代表"县(自治县、旗、县级市)级自然保护区","1"代表"其他"。

⑦ 珍稀物种生境代表性(C132)

主要指该生境是否反映区域范围内的珍稀鱼类、重要文化景观的特征,是否包涵自然生态系统的关键物种、珍稀濒危物种和重点保护物种等,是反映人文景观功能的重要指标。

评分方法:通过专家打分方式评分,同样采用5分制,以1988国家重点保护种群数量作为5分,以现状国家重点保护种类数量较1988年的变化情况为依据打分。

(4) 调控管理指标

调控管理指标通过人类的调控管理来表征,调控管理指标反映人类的"反馈"措施对社会经济发展的调控及湖泊水质水生态的改善作用。调控管理指标主要体现在经济政策、部门政策和环境政策三个方面。因此,调控管理指标包括资金投入、污染治理、监管能力建设和长效机制等。

① 环保投入指数(C141)

环保投入指数指统计单元环境保护投资占地区生产总值的比例。根据发达国家的经验,一个国家在经济高速增长时期,要有效地控制污染,环保投入要在一定时间内持续稳定地占到国民生产总值的1.5%,只有环保投入达到一定比例,才能在经济快速发展的同时保持良好稳定的环境质量。

环保投入指数=统计单元环境保护投资/统计单元地区生产总值×100%

单位:%

② 城镇生活污水处理率(C151)

城镇生活污水集中处理率是指城市及乡镇建成区内经过污水处理厂二级或二级以上处理、或其他处理设施处理(相当于二级处理),且达到排放标准的生活污水量占城镇建成区生活污水排放总量的比例,是反映城镇生活污染治理的重要指标。

城镇生活污水集中处理率＝各城镇污水处理厂的处理量/(根据供水量系数法计算或实测)城镇污水产生总量

单位:%

③ 农村生活污水处理率(C152)

农村生活污水处理率是指农村经过污水处理设施处理且达到排放标准的农村生活污水量占农村生活污水排放总量的比例,是反映农村生活污染治理的重要指标。

农村生活污水处理率＝农村生活污水处理量/农村生活污水排放总量×100%

单位:%

④ 水土流失治理率(C153)

水土流失指地表组成物质受流水、重力或人为作用造成的水和土的迁移、沉积过程;水土流失治理率是指某区域范围某时段内,水土流失治理面积除以原水土流失面积。

水土流失治理率＝某区域范围某时段内水土流失治理面积/原水土流失面积×100%;

单位:%

⑤ 监管能力指数(C161)

监管能力指数是指流域内生态环境的监督、管理、监察能力。主要由饮用水源地规范化建设程度、环境监测能力、环境监察标准化建设能力、科技支撑能力等构成,是反映调控管理机制的重要指标。

评分方法:通过专家打分方式评分,采用5分制,监管能力指数得分为水源地规范化建设程度、环境监测能力、环境监察标准化建设能力、科技支撑能力四项的得分取均值。

⑥ 长效管理机制构建(C171)

长效管理机制是指能长期保证制度正常运行并发挥预期功能的制度体系。主要由法律、法规、政策、流域内统一管理机构、市场化的长期投融资制度等构成,是反映调控管理机制的重要指标。

评分方法:通过专家打分方式评分,采用5分制,长效管理机制建设得分为流域统一化管理、市场化长期投融资制度、法律法规政策体系三项的得分取均值。

2.2.4 评估指标标准

(1) 参照标准的确定依据

江苏省水质较好湖泊生态安全评估过程中,需指定评估标准,根据相应的标准,确定某一评估单元特定的指标属于哪一个等级。在指标标准值确定的过程中,主要参考:①已有的国家标准、国际标准或经过研究已经确定的区域标准;②流域水质、水生态、环境管理的目标或者参考国内外具有良好特色的流域现状值作为参照标准;③依据现有的湖泊与流域社会、经济协调发展的理论,定量化指标作为参照标准;④对于那些目前研究较少,但对流域生态环境评估较为重要的指标,在缺乏有关指标统计数据时,暂时根据经验数据作为参照标准。

(2) 评估指标等级划分标准

① 社会经济影响指标等级划分标准

根据各个指标与湖泊生态安全的影响-响应关系,参照中国环境科学研究院出版的《湖泊生态安全调查与评估》、相关标准、规划等文件,确定主要社会经济影响指标的等级划分标准,详见表2.2-7。

表 2.2-7 社会经济影响指标等级划分标准

指标名称	单位	指标等级				
		一级	二级	三级	四级	五级
人口密度	人/km²	N<400	400≤N<600	600≤N<800	800≤N<1 000	N≥1 000
人口增长率	‰	N<5	5≤N<6	6≤N<7	7≤N<8	N≥8
人均GDP	元/人	N<10 00 或 N>90 000	1 000≤N<4 000	4 000≤N<5 000	5 000≤N<10 000	N≥10 000
水生生境干扰指数	无	N≥80	60≤N<80	40≤N<60	20≤N<40	N<20
人类活动强度指数	%	根据评估湖泊流域范围20世纪80年代的土地利用情况确定				
污染源污染负荷排放指数	无	N<0.5	0.5≤N<0.9	0.9≤N<1.1	1.1≤N<1.5	≥1.5

(续表)

指标名称	单位	指标等级				
^	^	一级	二级	三级	四级	五级
入湖河流水质状态指数	无	N≥0.8	0.6≤N<0.8	0.4≤N<0.6	0.2≤N<0.4	N<0.2
湖泊近岸缓冲区人类干扰指数	无	N<0.3	0.3≤N<0.45	0.45≤N<0.6	0.6≤N<0.8	≥0.8

② 水生态健康指标等级划分标准

水生态健康指标包括湖体水质、沉积物以及水生态。其中水质综合状态指数中的标准值依据《地表水环境质量标准》(GB 3838—2002)，根据计算结果进行分级。水质综合营养状态指数分级标准参照《地表水环境质量评价办法(试行)》(环办〔2011〕22号)。沉积物总氮总磷浓度标准参照 EPA 关于沉积物总氮总磷轻度污染的浓度标准，根据计算结果进行分级，详见表 2.2-8。

表 2.2-8 水生态健康指标等级划分标准

指标名称	单位	指标等级				
^	^	一级	二级	三级	四级	五级
水质综合状态指数	无	N≥0.8	0.6≤N<0.8	0.4≤N<0.6	0.2≤N<0.4	N<0.2
水质综合营养状态指数	无	N<30	30≤N≤50	50<N≤60	60<N≤70	N>70
沉积物营养盐综合状态指数	无	N≥0.8	0.6≤N<0.8	0.4≤N<0.6	0.2≤N<0.4	N<0.2

沉积物重金属风险指数采用潜在生态风险指数法(risk index, RI)。该方法综合考虑了沉积物中重金属的毒性、生态效应与环境效应，并采用具有可比的、等价属性指数分级法进行评价，定量地区分出潜在生态危害程度，已成为目前沉积物重金属污染质量评价中应用广泛的一种方法。计算潜在生态风险指数 RI 时，选择全球工业化以前的沉积物重金属最高值或当地沉积物的背景值为参考值。污染物背景值的地区性强，以当地重金属背景值为参比值可以相对定性地反映出底泥的污染程度。本研究采用江苏省土壤重金属背景值作为参比，对底泥重金属潜在生态风险进行评价。重金属潜在生态风险指数等级划分标准如表 2.2-9 所示。

表 2.2-9 潜在生态风险指数等级划分

单一污染物潜在生态风险系数 E_r^i		潜在生态风险指数 RI	
阈值区间	生态风险程度	阈值区间	生态风险程度
$E_r^i<40$	轻微	RI<150	轻微
$40 \leqslant E_r^i <80$	中等	$150 \leqslant RI<300$	中等
$80 \leqslant E_r^i<160$	强	$300 \leqslant RI<600$	强
$160 \leqslant E_r^i<320$	很强	$RI \geqslant 600$	很强
$E_r^i \geqslant 320$	极强		

湖泊多样性指数较多,根据《湖泊生态安全调查与评估技术指南》要求选定 Shannon-Wiener 多样性指数,目前 Shannon-Wiener 多样性指数分级无统一标准,主要依靠多样点比较及经验得出,如表 2.2-10 所示。

表 2.2-10 生物多样性指数等级划分

级别	浮游植物	浮游动物	底栖动物
健康	>3	>3	>3
中等	3~2	3~2	3~2
较差	2~1	2~1	2~1
极差	<1	<1	<1

关于沉-浮-漂-挺水水生植物覆盖度尚无研究和分级报道,此处参考植被覆盖度划分标准:裸地:<10%;低覆盖:10%~30%;中低覆盖:30%~45%;中覆盖:45%~60%;高覆盖:>60%。

③ 生态服务功能指标等级划分标准

生态服务功能指标通过湖泊的生态服务功能来表征。湖泊的服务功能主要体现在水质净化、水产品和水生态支持等方面,包括饮用水服务功能、水源涵养功能、栖息地功能、拦截净化功能、人文景观功能等。

饮用水源地服务功能主要监测指标等级划分参照《地表水环境质量标准》(GB 3838—2002)中Ⅲ类水质标准确定。各指标等级划分与评分标准见表 2.2-11。

表 2.2-11 饮用水源地服务功能各项评估指标的评分标准（单位：mg/L）

序号	指标	评分标准 5	评分标准 3	评分标准 1
1	颜色	色度≤15度，不呈现其他异色	无明显其他异色	有明显其他异色
2	挥发酚（以苯酚计）	≤0.002	0.002～0.005	＞0.005
3	铅	≤0.01	0.01～0.05	＞0.05
4	氨氮（以N计）	≤0.5	0.5～1.0	＞1.0
5	溶解氧	≥6	6～5	＜5
6	BOD$_5$	≤3	3～4	＞4
7	高锰酸盐指数	≤4	4～6	＞6
8	总磷（以P计）	≤0.025	0.025～0.05	＞0.05
9	总氮（以N计）	≤0.5	0.5～1.0	＞1.0
10	汞	≤0.00005	0.00005～0.0001	＞0.0001
11	氰化物	≤0.05	0.05～0.2	＞0.2
12	硫化物	≤0.1	0.1～0.2	＞0.2
13	粪大肠杆菌（个/L）	≤2000	2000～10000	＞10000
14	异味物质	未检出	检出但低于控制标准	高于控制标准

流域水源涵养功能由林草覆盖率表征，等级划分标准参照良好湖泊保护要求，林草覆盖率应不低于60%；拦截净化功能由自然岸线率及缓冲带污染阻滞功能指数表征，参照良好湖泊保护要求，自然岸线率根据水质较好湖泊规划设定，缓冲带污染阻滞功能指数≥80为优秀。栖息地服务功能和人文景观功能主要由湿地面积保护率、珍稀物种生境代表性和自然保护区级别表征，详见表 2.2-12。

表 2.2-12 生态服务功能指标等级划分标准

指标名称	单位	一级	二级	三级	四级	五级
林草覆盖率	%	N≥60	45≤N＜60	30≤N＜45	10≤N＜30	N＜10
湿地面积比例	%	N≥45	42≤N＜45	40≤N＜42	30≤N＜40	N＜30
自然岸线率	%	根据水质较好湖泊相关规划或管理要求设定				

(续表)

指标名称	单位	指标等级				
		一级	二级	三级	四级	五级
缓冲带污染阻滞功能指数	无	N≥80	60≤N<80	40≤N<60	20≤N<40	N<20
自然保护区级别	/	国家级	省级	市级	县级	其他
珍稀物种种群变化	t/(km²·a)	大多了	明显增加	差不多	明显减少	少多了

④ 调控管理指标等级划分标准

调控管理指标通过人类的调控管理来表征,调控管理指标反映人类的"反馈"措施对社会经济发展的调控及湖泊水质水生态的改善作用。调控管理指标主要体现在经济政策、部门政策和环境政策三个方面。因此,调控管理指标包括资金投入、污染治理、监管能力建设和长效机制等。

环保投入指数等级划分参照国内外文献资料报道;污染治理情况主要有城镇生活污水集中处理率、农村生活污水处理率、水土流失治理率组成,等级划分标准参照地方生态环境保护规划、水土保持规划等要求;监管能力主要由饮用水源地规范化建设情况、环境监测能力、环境监察标准化能力和科技支撑能力四项表征,等级划分标准主要参照《湖泊生态安全调查与评估指南》中的评分标准确定;长效机制主要由流域统一监管机制、法律法规政策体系和市场化长期投融资制度三项表征。各项调控管理措施等级划分标准详见表2.2-13。

表 2.2-13 调控管理指标等级划分标准

指标名称	单位	指标等级				
		一级	二级	三级	四级	五级
环保投入指数	%	>1.5	1.0~1.5	0.6~1.0	0.2~0.6	<0.2
城镇生活污水集中处理率	%	根据地方生态环境保护规划等相关管理要求设定				
农村生活污水处理率	%	根据地方生态环境保护规划等相关管理要求设定				
水土流失治理率	%	根据地方水土保持规划等相关管理要求设定				
饮用水源地规范化建设程度	/	非常规范	规范	基本满足要求	较差	很差

(续表)

指标名称	单位	指标等级				
		一级	二级	三级	四级	五级
环境监测能力	/	每月监测,有详尽监测报告,每年开展应急演练	每月监测,有详尽监测报告	每季度监测,有详尽监测报告	有间断的监测报告	没有水质监测
环境监察能力	/	已通过验收	等待验收	基本满足要求	满足队伍、装备、业务用房建设任意两项要求	其他
科技支撑能力	/	有长期科学研究,数据资料全面	已开展5年研究,数据资料较全	开展2年研究,有相应监测资料	刚开展基础调查,部分或无系列数据	无计划
流域统一监管	/	有统一监管机构,机制健全	有统一监管机构,机制待完善	有领导小组	监管机构拟定建设中	其他
法律、法规、政策体系	/	体系健全	较健全	基本涵盖三项	有少量相关文件	无任何相关文件
市场化的投融资制度	/	形成稳定长期投融资制度	市场化投融资制度初步形成	正在建立投融资制度	有个别成功案例	其他

2.2.5 数据的预处理和标准化

环境与生态的质量-效应变化符合 Weber-Fischna 定律,即当环境与生态质量指标成等比变化时,环境与生态效应成等差变化。根据该定律,进行指标无量纲化和标准化。

① 正向型指标:$r_{ij}=x_{ij}/s_{ij}$

② 负向型指标:$r_{ij}=s_{ij}/x_{ij}$

式中,x_{ij} 是 i 指标在采样点 j 的实测值;s_{ij} 是指标因子的参考标准;r_{ij} 为评估指标的无量纲化值,此处需满足 $0 \leqslant r_{ij} \leqslant 1$,大于1的按1取值。

对于不符合 Weber-Fischna 定律的指标,借鉴该定律从质量-效应变化分析确定转换方法。对于有阈值指标,在阈值内以阈值为标准值进行转换,阈值外作 0 处理。

2.2.6 权重的确定

确定权重的方法主要有主观赋权法和客观赋权法。主观赋权法最常见的是专家打分法,其优点是概念清晰、简单易行,可抓住生态安全评估的主要因素,但需要寻求一定数量的有深厚经验的专家给予打分;客观赋权法是由评估指标值构成的判断矩阵来确定指标权重,最常用的熵值法,其本质就是利用该指标信息的效用值来计算,效用值越高,其对评估的重要性越大。

(1) 专家打分法

将评估指标做成调查表,邀请专家进行打分,打分采用 1~9 标度法,分值越高表示越重要。通过对咨询结果进行整理后的判断矩阵,计算指标的权重系数。

(2) 熵值法

① 构建 n 个样本 m 个评估指标的判断矩阵 $\mathbf{Z}$

$$\mathbf{Z} = \begin{bmatrix} x_{11} & x_{12} & \cdots & x_{1m} \\ x_{21} & x_{22} & \cdots & x_{2m} \\ \cdots & \cdots & \cdots & \cdots \\ x_{n1} & x_{n2} & \cdots & x_{nm} \end{bmatrix}$$

② 将数据进行无量纲化处理,得到新的判断矩阵,其中元素的表达式为:

$$R_{ij} = (r_{ijn \times m})$$

③ 根据熵的定义,n 个样本 m 个评估指标,可确定评估指标的熵为:

$$H_i = -\frac{1}{\ln(n)} \left[\sum_{i=1}^{n} f_{ij} \ln f_{ij} \right]$$

$$f_{ij} = \frac{r_{ij}}{\sum_{i=1}^{n} r_{ij}}$$

其中,$0 \leqslant H_i \leqslant 1$,为使 $\ln f_{ij}$ 有意义,假定 $f_{ij}=0, f_{ij}\ln f_{ij}=0, i=1,2,\cdots,m$;

$j=1,2,\cdots,n$。

④ 评估指标的熵权(W_i)的计算：

$$W_i = \frac{1-H_i}{m-\sum_{i=1}^{m}H_i}$$

式中，W_i为评估指标的权重系数，且满足$\sum W_i = 1$。

2.2.7 生态安全分级标准

评估指数数值大小的本身并无形象意义，必须通过对一系列数值大小的意义的限值界定，才能表达其形象的含义。综合评估参考了全国重点湖泊水库生态安全评估的方法，对流域社会经济影响、生态系统健康、生态服务功能、生态环境调控管理确定了等级划分标准，并将湖泊生态安全指数分为安全、较安全、一般安全、欠安全、很不安全五个等级，详见表2.2-14～表2.2-15。

表2.2-14　方案层等级划分说明

分级	生态系统健康指数	生态系统健康状态
Ⅰ	80～100	很好
Ⅱ	60～80	较好
Ⅲ	40～60	中等
Ⅳ	20～40	较差
Ⅴ	0～20	很差

表2.2-15　生态安全指数等级划分标准

分级	生态安全指数（ESI）	安全状态	状态描述	预警颜色
Ⅰ	80～100	安全	生态系统未受到或受到极小的人为干扰，生态系统结构较为完整，能为人类提供较好的服务功能，基本没有生态风险	蓝色
Ⅱ	60～80	较安全	生态系统受到较少的人为干扰，生态系统部分敏感结构丧失，服务功能有少量缺失，存在较小程度的生态风险	绿色

(续表)

分级	生态安全指数（ESI）	安全状态	状态描述	预警颜色
Ⅲ	40～60	一般安全	生态系统受到一般程度的人为干扰,生态系统中耐污物种占据优势,生态服务功能部分缺失,存在中等水平的生态风险	黄色
Ⅳ	20～40	欠安全	生态系统受到的人为干扰程度较高,生态系统中小群落出现单一化趋势,生态功能大部分丧失,存在较高水平的生态风险,生态环境脆弱	红色
Ⅴ	0～20	很不安全	生态系统受到严重的人为干扰,生态结构破坏严重,基本丧失服务功能,存在非常高的生态风险,容易出现不可逆的生态灾害	黑色

第三章

重点湖泊生态安全评估实践

　　江苏省共有 14 个湖泊列入国家水质较好湖泊名单,均为浅水湖泊,本书遴选了阳澄湖、长荡湖、骆马湖和塔山湖作为典型对象开展评估应用与研究,这四个湖泊地形地貌差异、水质现状以及人类活动强度等方面都具有较大差异,具有一定的代表性。一是地貌特征的差异,阳澄湖与长荡湖位于太湖流域,地貌特征以平缓平原为主,地势低平;骆马湖位于缓和流域,地貌属黄淮冲积平原,为冲积平原的河滩及河谷平原,地形开阔,地势低平,湖底由西北向东南倾斜。塔山湖位于淮河流域,是青口河中游的一座大型水库,地势西北高,东南低,属低山丘陵~剥蚀残丘。二是近年水质的差异,根据 2017—2020 年的水质监测数据,塔山湖维持在Ⅲ类水质,阳澄湖及长荡湖水质已经分别下降至Ⅳ类、Ⅴ类水质。三是流域社会经济与人类活动的差异,根据 2018 年统计数据,阳澄湖流域人均 GDP 为 15.45 万元,高于全省平均水平 11.52 万元。长荡湖次之,流域人均 GDP 为 6.45 万元。骆马湖第三,流域人均 GDP 为 5.91 万元,塔山湖最低,流域人均 GDP 为 2.22 万元。同时,阳澄湖、长荡湖、骆马湖、塔山湖的人口密度分别为 1 669 人/km^2、958 人/km^2、731.78 人/km^2、582 人/km^2。这四个湖泊一定程度上代表了江苏省受人类活动影响高、中、低水平的不同湖泊类型。研究分析这四个湖泊的生态安全状况,以期为全省水质较好湖泊生态安全保护提供科技支撑与建议。

　　重点湖泊生态安全评估实践采用现场调查与资料收集相结合的方法,开展系统的生态环境调查工作。在此基础上,进行湖泊水生态健康、流域社会经济影响、生态服务功能、生态环境保护调控管理措施评估。通过综合分析流域社会经济压力、流域污染负荷、入湖河流水量水质、湖泊水环境质量、湖滨带开发利用状况,以及人类的反馈及生态系统的响应状况,对湖泊生态安全状态进行了综合评估。

3.1 阳澄湖

阳澄湖位于苏州相城区、工业园区和昆山市交界处。湖形不规则,湖岸曲折多湾,湖周港汊纵横交织,湖荡星罗棋布。湖中有两条带状圩埂纵贯南北,将该湖分割为东湖、中湖、西湖三部分。其中东湖面积约 52.5 km², 平均水深约 1.7 m;中湖面积约 34.6 km², 平均水深约 1.6 m;西湖面积约 32.0 km², 平均水深约 2.6 m。东、中、西三湖彼此间均有河流港汊相互贯通而汇为一体。整个湖区合计总面积 118.20 km², 平均水深 2.05 m,是太湖平原上第三大淡水湖,蓄水量 1.90×10^8 m³。阳澄湖上设有苏州工业园区阳澄湖水源地一处饮用水源地,阳澄湖一级保护区内设有昆山傀儡湖水源地,在区域经济社会和生态环境方面发挥着重要作用,具有供水、渔业养殖、灌溉、旅游、航运、防汛等多种功能,在社会、经济发展和生态环境保护方面具有重要地位。

阳澄湖调查范围为:望虞河常熟段以东和以南,望虞河相城段以东,西塘河相城段及姑苏段以东,张家港河常熟段下浜处折向库浜至沙家浜镇小河与尤泾塘及张家港河常熟其余段以南,张家港河相城段及昆山段以西,姑苏区外城河北段、糖坊湾桥向南纵深 2 km 以及自娄门沿娄江至昆山西仓基河止向南纵深五百米的控制线以北,以及昆山市境内的七浦塘和杨林塘沿岸 1 km 控制线内,所共同包围的水域和陆域,面积约 844 km²(如图 3.1-1 所示)。

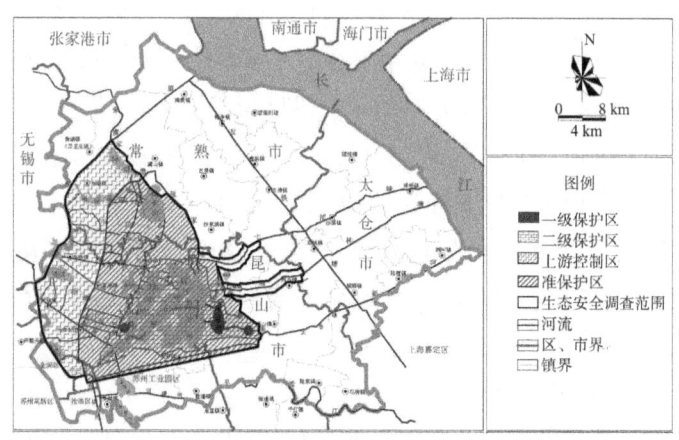

图 3.1-1 阳澄湖流域生态安全调查范围

3.1.1 阳澄湖流域社会经济影响调查

3.1.1.1 社会经济

阳澄湖流域 2016 年总人口 1 409 300 人,其中农业人口 302 824 人,农业人口占总人口比重为 21.48%。常熟市沙家浜镇、昆山市巴城镇农业人口占比较高。分区镇来看,苏州姑苏区和工业园区城镇人口比重较高,整体上拉高了阳澄湖流域的城镇化水平。对比 2016 年江苏省城镇化率 67.7%,阳澄湖流域城镇化率约 74%,高于江苏省平均水平。

3.1.1.2 流域水污染排放

阳澄湖流域水污染源分为外源和内源两个大类。其中外源主要包括点源与面源两个类别。点源包括工业企业、规模养殖、污水处理厂尾水(含接管的城镇生活和工业企业)三个方面,面源包括未接管生活(含城镇和农村)、农业种植、分散养殖、水产养殖、城镇径流、水土流失六个方面。工业企业、规模养殖、污水处理厂尾水排放主要来源于环境统计资料;生活源(包括城镇生活、农村生活)、养殖面源(包括分散养殖、水产养殖)、种植源(包括农业种植)、地表径流(包括城镇地表径流、水土流失)、内源(河湖塘水产养殖、底泥释放)等其他污染源,主要应用输出系数法及其改进模型的核算思路,建立核算体系、应用科学方法、确定合理系数进行计算。

2016 年,阳澄湖流域 COD_{Mn}、NH_3-N、TN、TP 四项主要水污染物入河总量分别为 COD_{Mn} 9 699.67 t、NH_3-N 771.44 t、TN 2 639.78 t、TP 125.38 t。就单位流域面积污染负荷而言,2016 年阳澄湖流域单位面积污染负荷(入河量)为 COD_{Mn} 11.49 t/km^2、NH_3-N 0.91 t/km^2、TN 3.13 t/km^2、TP 0.15 t/km^2。统计的九大污染源中,COD_{Mn} 排放以污水处理厂尾水最高,占 37.9%,其次是未收集的农村生活污水和城镇地表径流;氨氮排放以水产养殖为主,占 33.1%,其次是未收集的城镇生活和农村生活污水;TN 排放以污水处理厂尾水为主,占 53.4%,其次是水产养殖和未收集的农村生活污水;TP 排放以水产养殖为主,占 27.9%,其次是未收集的农村生活和污水处理厂尾水。

3.1.1.3 生态环境压力状况

根据国土部门提供的土地利用数据,阳澄湖流域内建设用地面积及农业用地 663.13 km^2,总面积为 843.68 km^2,具有一定人类活动强度干扰。阳澄西湖西岸太渔村附近沿岸长达约 3 km 的岸线为沟塘/农田,阳澄西湖西岸阳西村附近沿岸长达 3.4 km 的岸线为农田/沟塘，阳澄中湖北部湖区西岸马路咀附近沿岸约 2.6 km 的岸线为沟塘/农田，阳澄中湖南部东岸吴家村附近 3 km 的岸线为未开发地。湖泊近岸 3 km 缓冲区总面积 316 km²，其中建设用地 80.27 km²，农用地 86.89 km²。水产养殖面积 1.6 万亩①，湖泊水面面积 118.2 km²。近岸缓冲区受建设、农业种植及水产养殖干扰。

3.1.2 阳澄湖及其流域生态环境调查

3.1.2.1 湖泊水质现状及时空变化趋势

阳澄湖位于太湖流域下游，是流域内第三大湖，跨苏州工业园、常熟市、苏州相城区和昆山多个行政区。阳澄湖形态不规则，湖岸线曲折多湾，湖周河道港汊纵横交织、湖荡星罗棋布，湖中有两条带状圩埂纵贯南北，将该湖分割为东湖、中湖和西湖三部分。阳澄东湖、中湖以及西湖均有河流港汊相互贯通而融为一体，水力相通，但水动力交换过程复杂。阳澄湖水质现状监测共设置 16 个断面，现状监测时段为 2018 年 2 月到 11 月，监测频次为每月一次。

2018 年调查数据显示（如图 3.1.2-1 至图 3.1.2-5 所示），营养盐方面，阳澄湖湖体高锰酸盐、总氮、氨氮较历史数据均有较显著的降低，总磷没有明显改善。常规水质指标中，阳澄湖主要的超标因子为总氮和总磷，均呈现西高东低的空间分布特征，在阳澄西湖南部湖湾污染聚集，浓度全湖最高。总氮、总磷均在阳澄西湖年均值最高，阳澄东湖年均值最低。除阳澄西湖南部湖湾，阳澄中湖北部湖湾地区的总氮浓度也较中湖其他地区高。阳澄中湖以及阳澄湖东湖中部在夏秋两季出现了较明显的升高。

富营养化方面，阳澄中湖的叶绿素 a 浓度最高，阳澄中湖的富营养化程度也最高。从 2013—2018 年阳澄湖富营养化指数的变化来看，全湖总体上表现出波动中轻微上升的趋势，2018 年富营养化指数最高，相较于 2013 年上升 0.76%。不同湖区的富营养化指数差别较大，2016 年以前阳澄西湖富营养化指数最高，中湖次之，东湖最低；但是 2017 年开始情况有所改变，2017 和 2018 年阳澄中湖富营养化指数最高。

---

① 1 亩≈666.67 m²

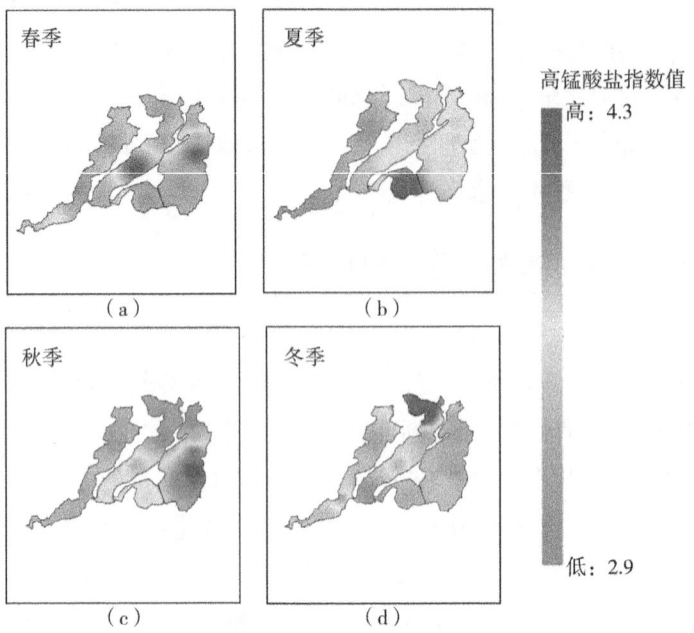

图 3.1.2-1　阳澄湖 2018 年高锰酸盐浓度空间分布

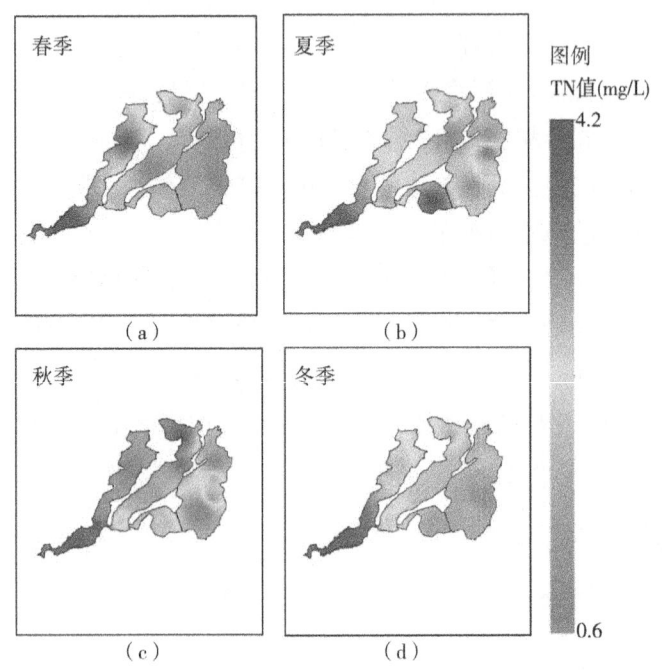

图 3.1.2-2　阳澄湖 2018 年不同季节总氮浓度空间分布

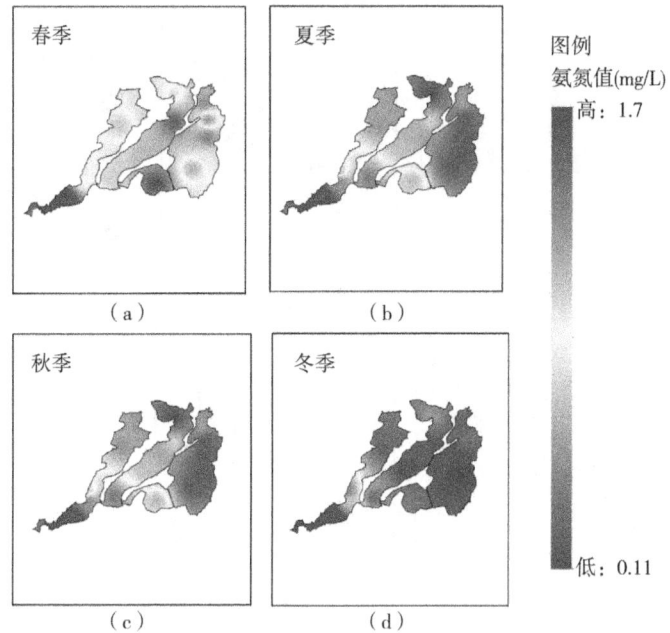

图 3.1.2-3　阳澄湖 2018 年不同季节氨氮浓度空间分布

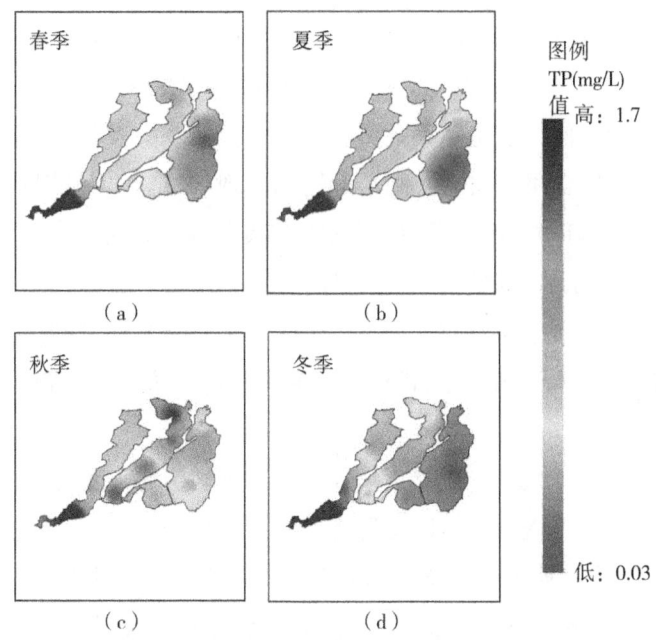

图 3.1.2-4　阳澄湖 2018 年不同季节总磷浓度空间分布

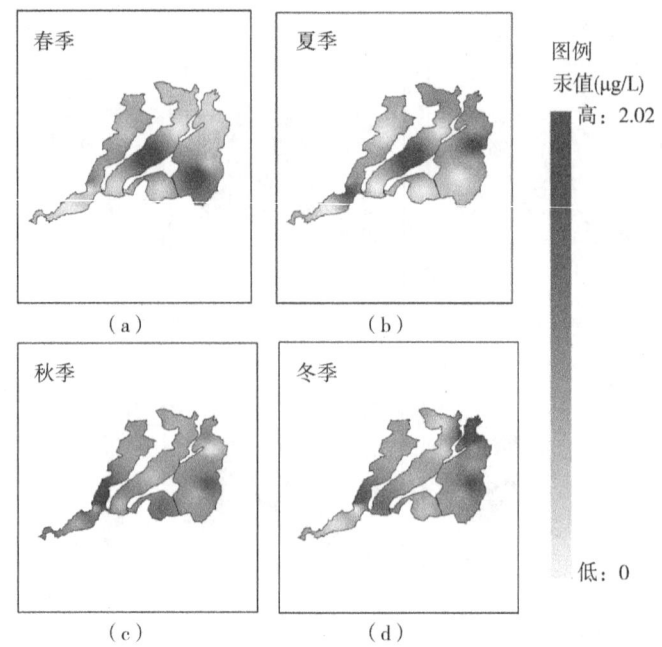

图 3.1.2-5　阳澄湖 2018 年不同季节汞浓度(μg/L)空间分布

重金属方面,湖体主要超标重金属为汞,超标月份集中在春季,空间分布没有明显规律,个别点位个别月份检出浓度较高(图 3.1.2-5)。由于汞在历史监测数据中并没有出现超标,周边也并没有大型(规上)的汞排放工业企业,本次调查个别点位个别月份的汞超标一方面可能存在偶然或突发的排污事件,二是考虑周边或许有使用含汞的农药及肥料的情况出现,三是考虑长期富集重金属的底泥有可能向水体释放,四是可能存在采样瓶受污染的情况。

3.1.2.2　入湖河流水质现状和变化趋势

2018 年主要对受流域生产、生活影响较大的圣塘港桥、渭塘河口、沈桥、济民塘口、蠡塘河口、阳澄湖大道、肖泾和七浦塘共计 8 条主要入湖河道开展河流水质现状调查。

营养盐方面,总氮污染情况严重,8 条河流总氮的年均浓度较高的河流为圣塘港桥、沈桥、济民塘口、蠡塘河口以及阳澄湖大道。从时间变化上看,总氮表现出枯水期、平水期高,丰水期季低的特点。总磷污染情况相对缓解,8 条河流中只有沈桥 1 条入湖流总磷污染水质类别为Ⅳ类,其余均满足Ⅲ类水质标准。从时间变化上看,8 条河道总磷浓度丰水期出现上升的趋势,在枯水期浓度也处于高位。

重金属方面,超标重金属主要为锑和汞。锑浓度的超标月份集中在4月、5月和6月份,8条入湖河流中圣塘港桥锑浓度的超标率相对比较严重;汞浓度全年不同月份均有超标情况出现,较高浓度检出集中在2~5月,8条入湖河流中圣塘港桥汞浓度的超标率最高。

8条入湖河流在2013—2018年的水质情况变化显示:总体水质情况有所改善,但个别入湖河流污染还比较严重。鳖塘河、北河泾、济民塘、外塘河总氮、氨氮、总磷污染情况仍较严峻。

3.1.2.3 湖体及入湖河道底质现状调查

底质的物理属性、营养水平、污染物种类以及底泥与上覆水之间的营养盐和其他污染物的交换等特性对于一个湖泊生态系统的综合健康状况起到十分重要的影响。因此,弄清湖泊底质污染状况,对于科学制订湖泊水环境的综合整治规划具有重要的意义,尤其是针对浅水湖泊,易于受风浪扰动作用的影响,底泥极易发生再悬浮,从而加速营养盐、污染物向上覆水体中释放,加剧湖泊水体富营养化与水体污染。因此,有效控制内源污染对湖泊富营养化与污染治理意义重大。

对阳澄湖底泥进行分析,结果显示:

(1)根据阳澄湖不同季节不同湖区湖泊沉积物中总氮的含量变化,发现全湖总氮夏季＜秋季＜春季＜冬季。从不同湖区的年均值来看,阳澄东湖沉积物中总氮的含量最高,其次是阳澄中湖,阳澄西湖沉积物中总氮的含量最低,如图3.1.2-6所示。根据EPA关于沉积物氮磷的分类标准,阳澄东湖及阳澄中湖总氮属于"重度污染",阳澄西湖总氮属于"中度污染"。8条入湖河道沉积物中,渭泾河及圣塘港桥总氮浓度较高,鳖塘河浓度较低。

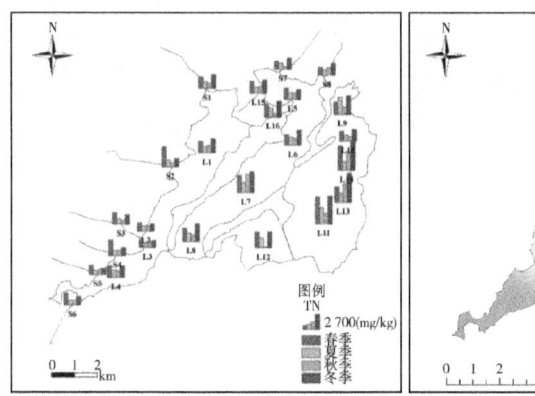
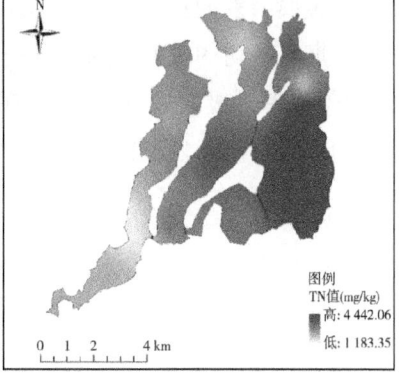

图3.1.2-6 阳澄湖湖体及入湖河道沉积物中总氮含量空间分布

而全湖沉积物的总磷均属于"中度污染"。从不同季节全湖沉积物中氮磷均值来看,冬季沉积物中氮磷含量最高,夏季氮磷含量最低。8条入湖河道沉积物中,圣塘港、渭泾塘及北河泾总磷浓度较高,肖泾及七浦塘浓度较低,如图3.1.2-7所示。

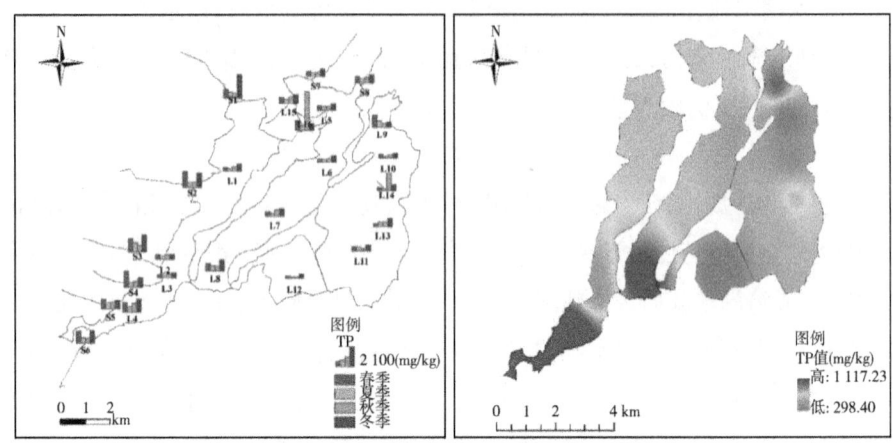

图3.1.2-7　阳澄湖湖体及入湖河道沉积物中总磷含量空间分布

(2) 沉积物大部分点位的总氮、总磷垂向分布具有一致性,如图3.1.2-8和图3.1.2-9所示。总体来说,表层底泥中TN/TP赋存含量较高,随着底泥深度的增加,TN/TP含量下降。表明在底泥的沉积过程中,受到比较持续的污染负荷输入,导致污染物逐层富集。

(3) 阳澄湖柱状底泥中除锑(Sb)外,其余8种重金属含量水平空间上呈河道高于湖区,阳澄西湖高于中湖,东湖含量最低的分布格局。河道及湖体柱状沉积物中各重金属因素的垂向分布规律并不一致,无明显规律,这与周边产业变迁与排放的时期有密切的关系。随着环境整治的开展,部分"涉重"排放的工业企业淘汰、关停或者升级改造,造成重金属的排放时期不同,导致重金属元素在沉积物垂向的分布没有明显规律,如图3.1.2-10所示。

第三章 重点湖泊生态安全评估实践

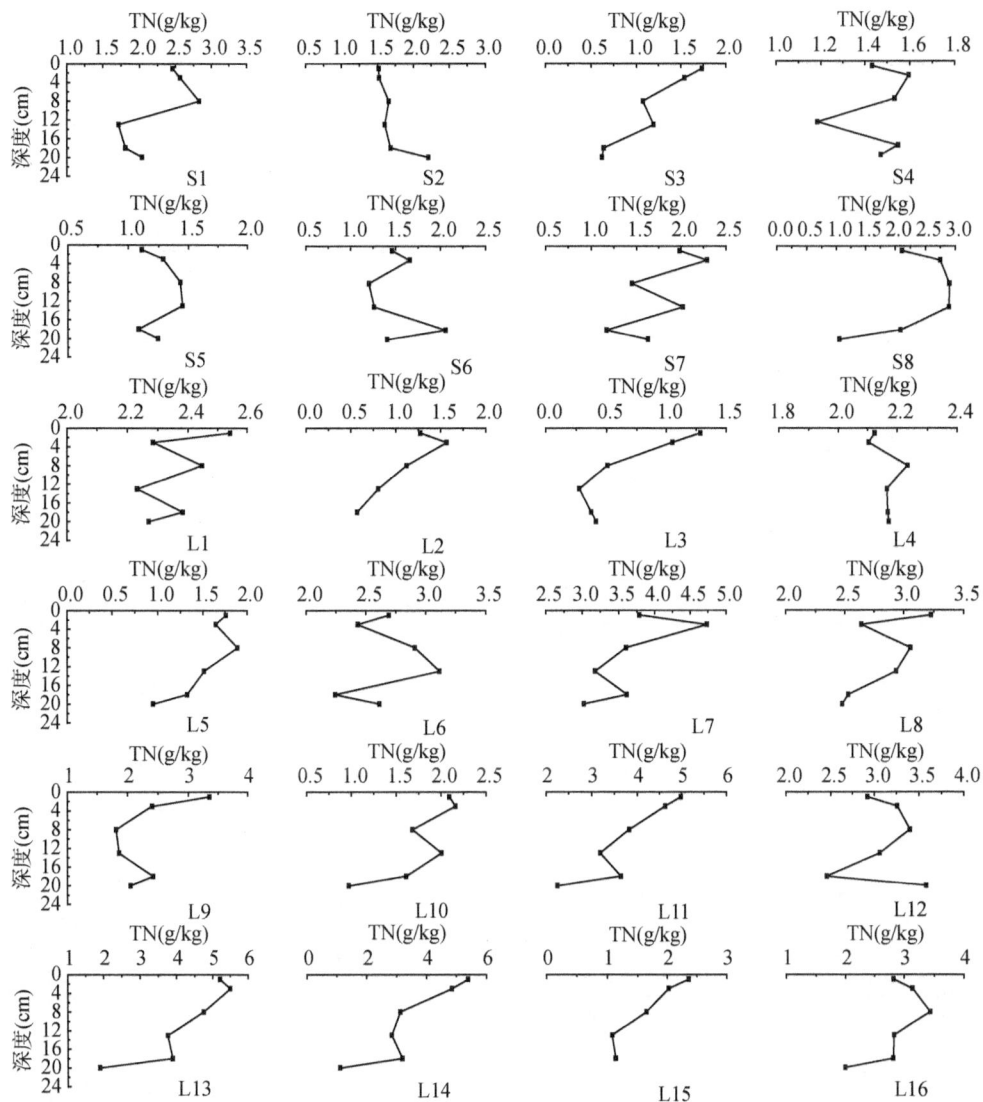

图 3.1.2-8 阳澄湖柱状沉积物中 TN 垂向分布特征

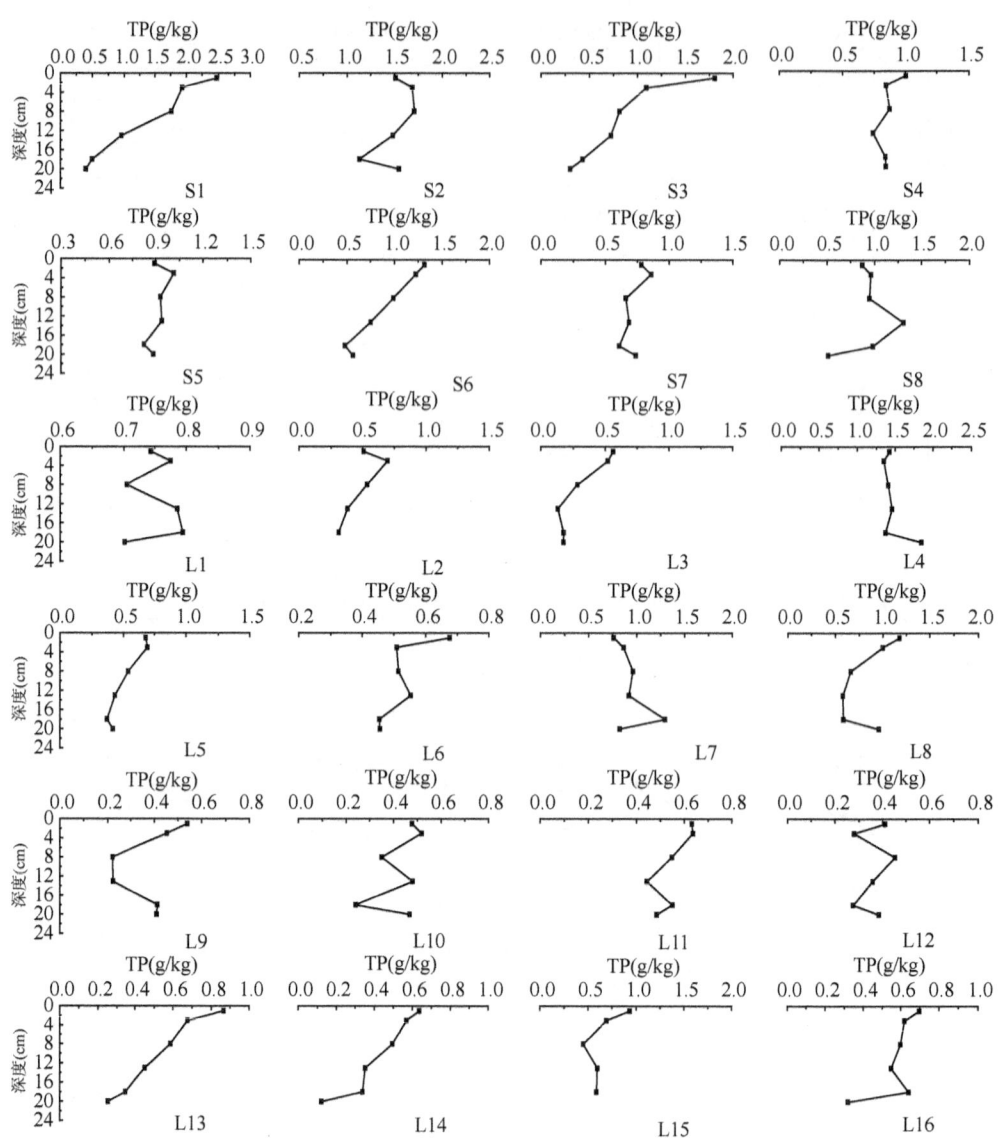

图 3.1.2-9 阳澄湖柱状沉积物中 TP 垂向分布特征

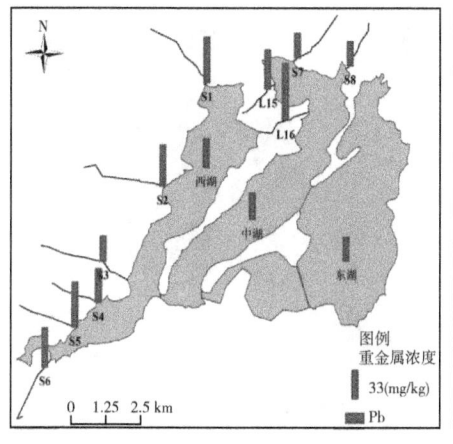 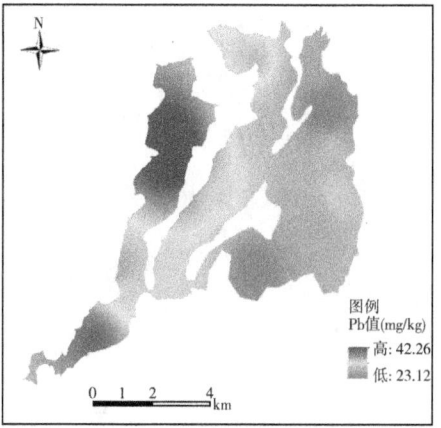

(a)

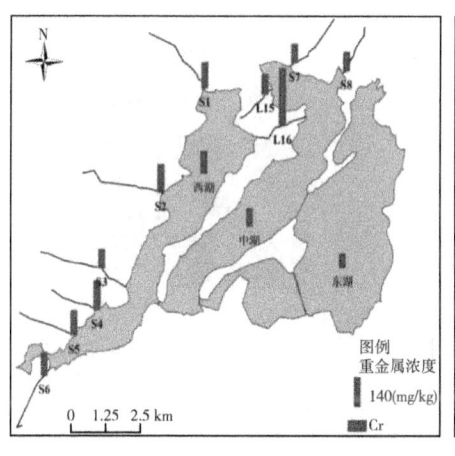 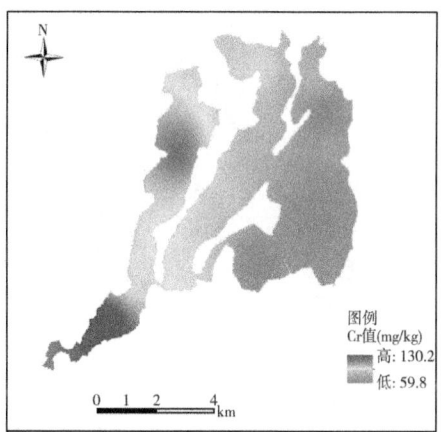

(b)

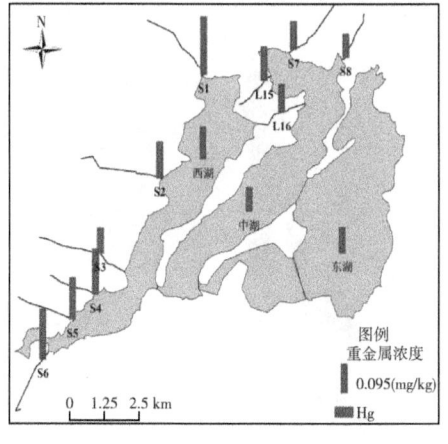 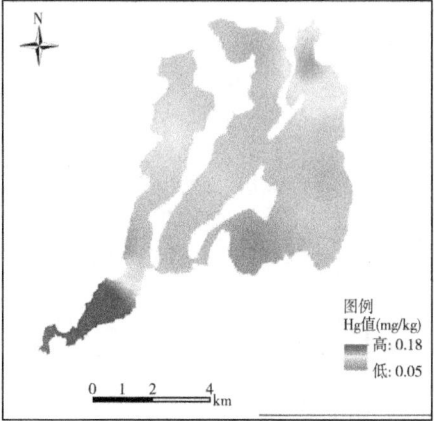

(c)

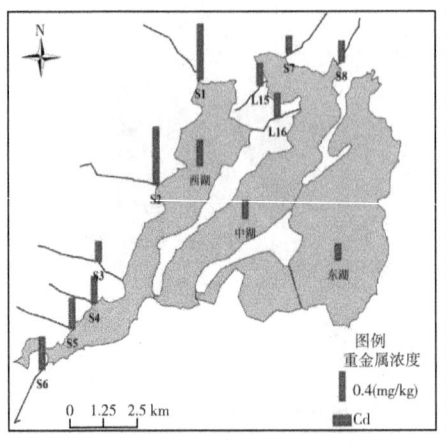
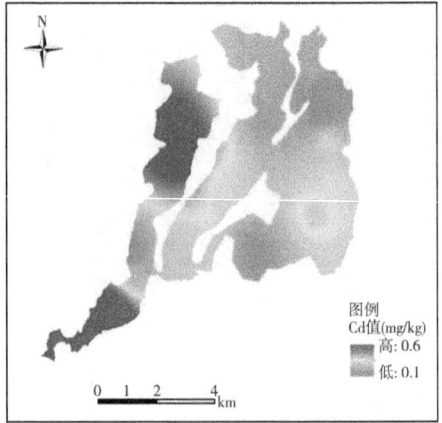

(d)

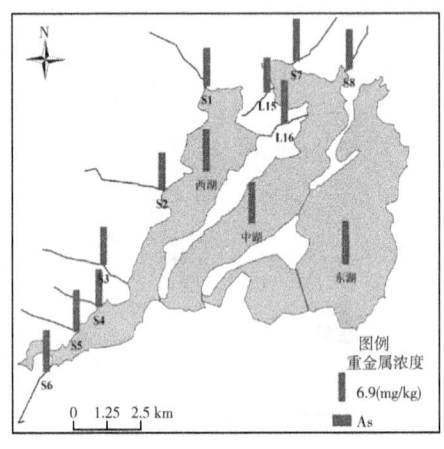
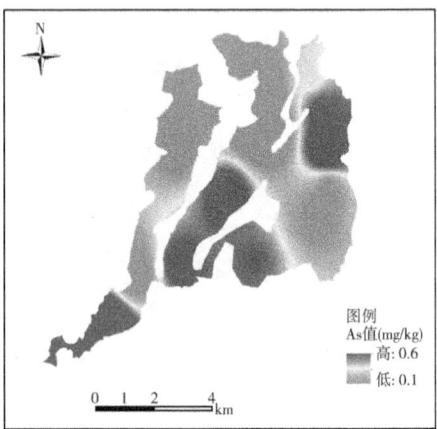

(e)

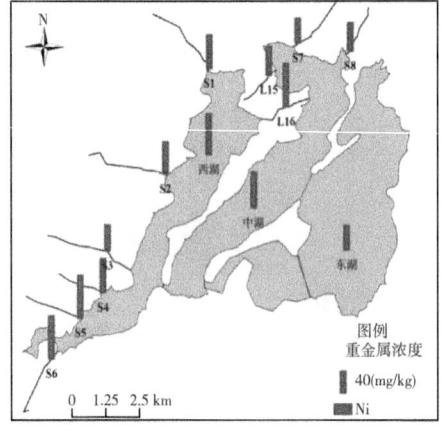
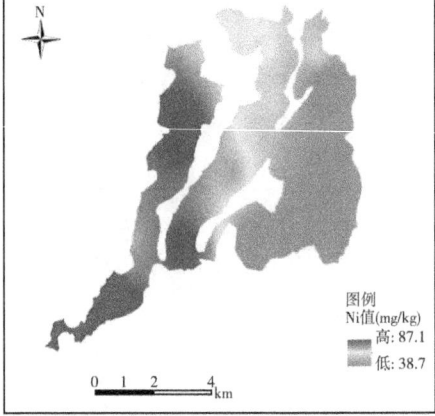

(f)

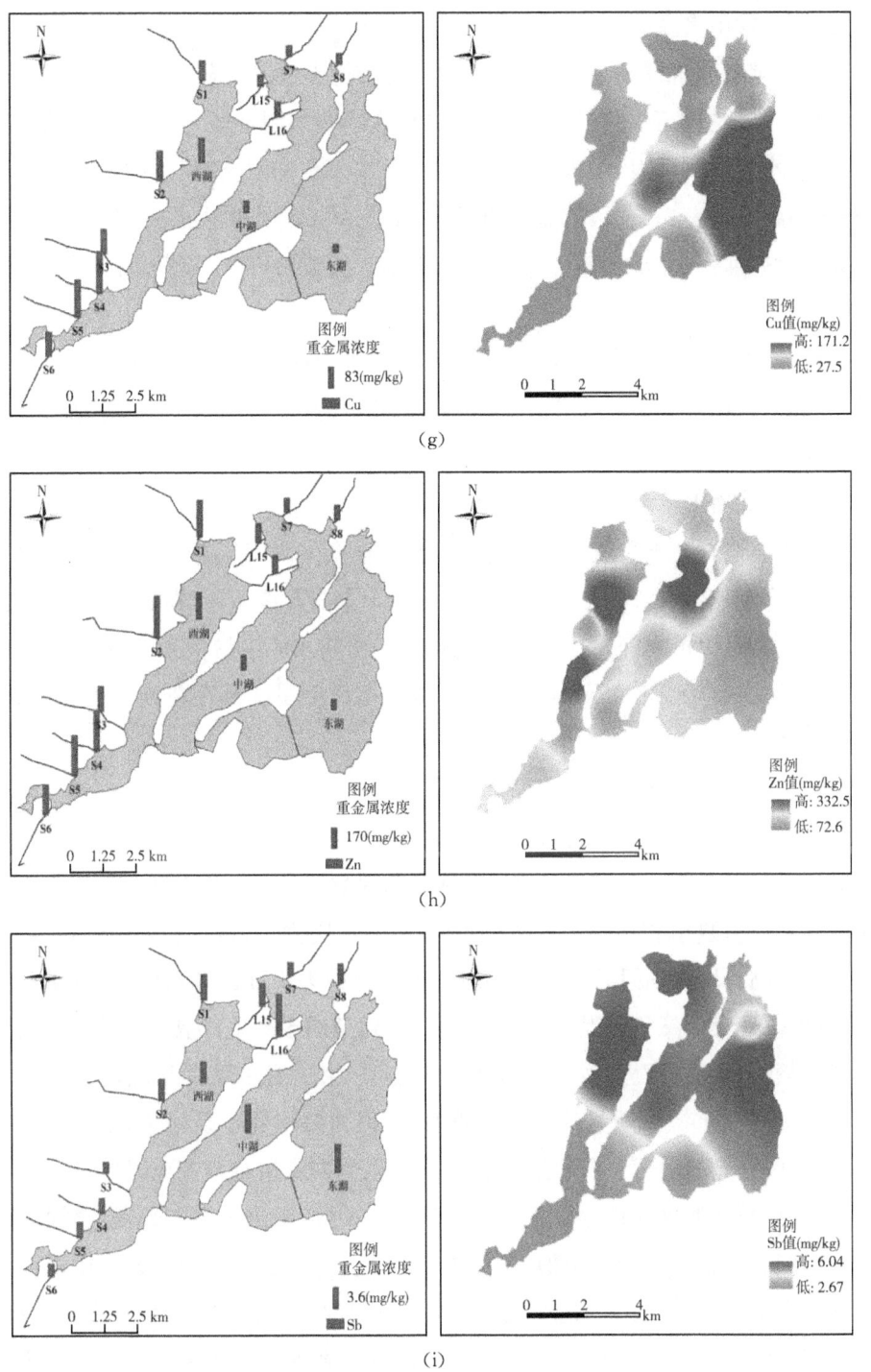

图 3.1.2-10 阳澄湖及入湖河道沉积物中重金属含量空间分布

3.1.2.4 饮用水源地水质状况

阳澄湖有苏州市工业园区阳澄湖水源地和昆山市傀儡湖水源地两个重要的水源地。当地主管部门对阳澄湖水源地和傀儡湖水源地每月开展一次例行监测,地表水监测项目为《地表水环境质量标准》(GB 3838—2002)中表1(23项,COD_{Mn}除外)和表2(5项)的监测项目,以及表3特定项目中的33项,共61项;每年6月开展一次108项全分析监测。根据上报数据,108项指标中有74项未检出。

对照《地表水环境质量标准》(GB 3838—2002)中表2和表3的被检出项目。其中铁、三氯甲烷、邻苯二甲酸二丁酯、锑等虽达标,但其检出浓度为限值的50%以上。

3.1.2.5 湖泊水生态环境现状及变化趋势

水生态调查基于文献资料及现状监测。根据阳澄湖形态特征,均匀布设了16个采样点,分别于2018年春、夏、秋、冬四个季节开展了浮游植物、浮游动物、底栖动物和水生植物等生态指标的采样观测,分析水生生物种类、空间分布及生物多样性,在此基础上对阳澄湖各季节水生态环境现状及存在问题进行分析。结果显示:

(1) 藻类时空变化特征

① 阳澄湖藻类物种数量俱存在明显的季节特征(如图3.1.2-11所示),冬季硅藻种类最多,春季、夏季和秋季绿藻门物种数量占优。冬季硅藻数量和生物量较高,春季、夏季和秋季蓝藻数量占优,但单细胞生物量较大的硅藻门生物量各季节生物量均为各门类最高。冬季藻类优势种为小环藻和蓝隐藻,春季优势种为微囊藻、束丝藻和鱼腥藻,夏季水体藻华污染趋于严重,优势种为微囊藻、鱼腥藻和颤藻,秋季微囊藻消失,优势种为平裂藻、束丝藻和颗粒直链藻。

② 藻类分布具有明显的空间异质性,阳澄西湖藻类不易聚集,密度和生物量较低,中湖北部湖湾和东湖湖心藻类密度和生物量相对较高(如图3.1.2-12所示)。夏季藻类数量和生物量的空间分布不一致,阳澄中湖南部藻类数量多,但是单细胞生物量小的微囊藻、鱼腥藻比例较高,因此总生物量较小;阳澄东湖南部藻类密度小,但是单细胞生物量较大的颗粒直链藻(硅藻门)数量高,样点生物量相应较高。硅藻门比例相对较高,是阳澄东湖藻类生物量全湖最高的主要原因。

第三章 重点湖泊生态安全评估实践

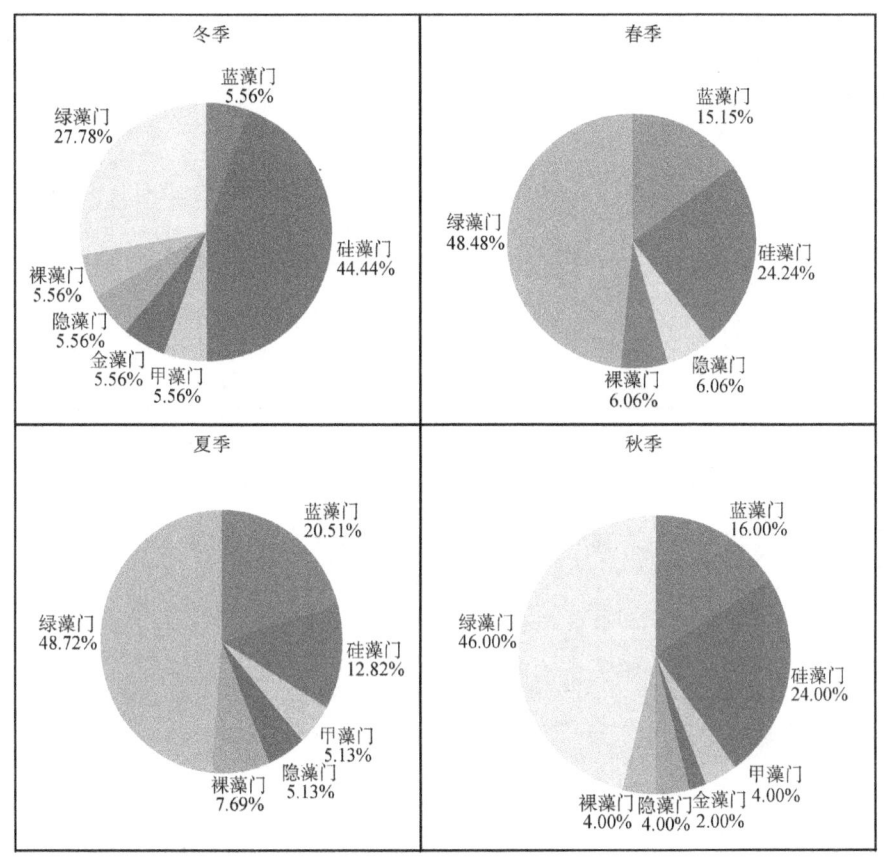

图 3.1.2-11　阳澄湖湖体不同季节浮游植物种属组成

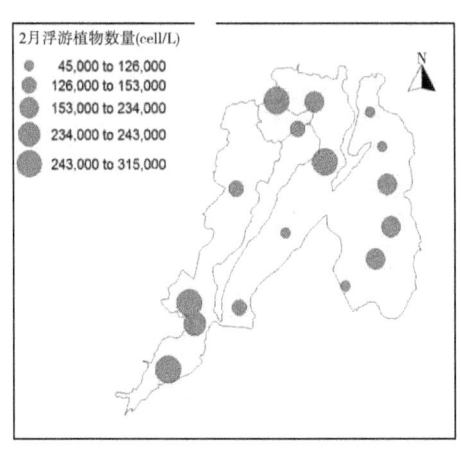
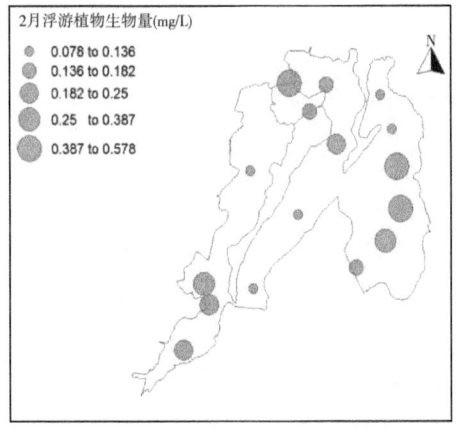

(a)

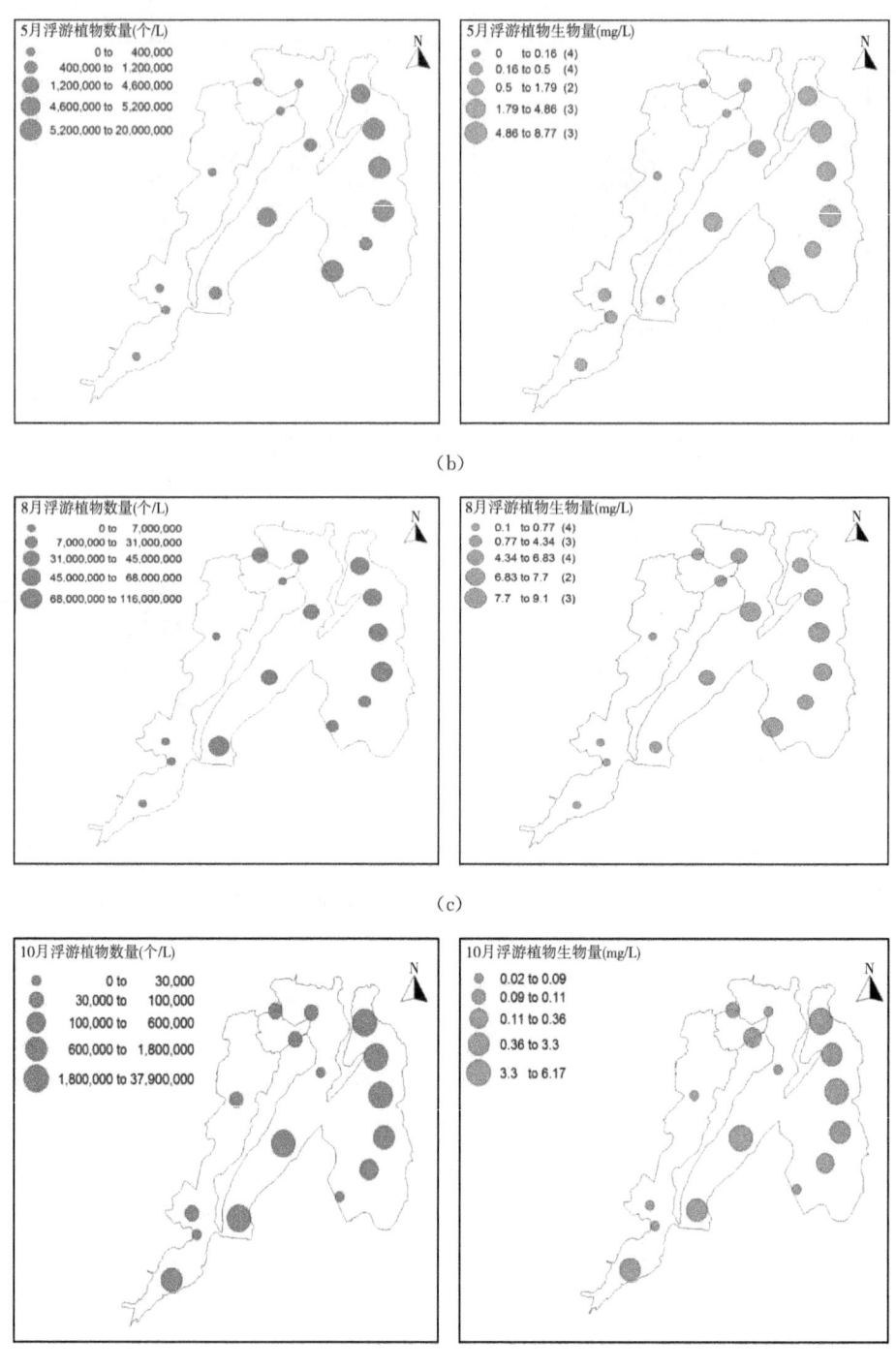

图 3.1.2-12 阳澄湖不同季节浮游植物数量和生物量空间分布

③ 藻类生物多样性指数季节变化明显,春季和夏季多样性指数较高(如图3.1.2-13所示)。夏季藻类数量急剧增多,但增加的藻类主要为微囊藻和鱼腥藻,对多样性指数并未产生明显影响;秋季微囊藻的消失造成藻类数量大幅下降,但单一物种变化对多样性指数影响不大。空间分布上,藻类数量和生物量较大的阳澄中湖北部湾和东湖具有相对较高的多样性指数。

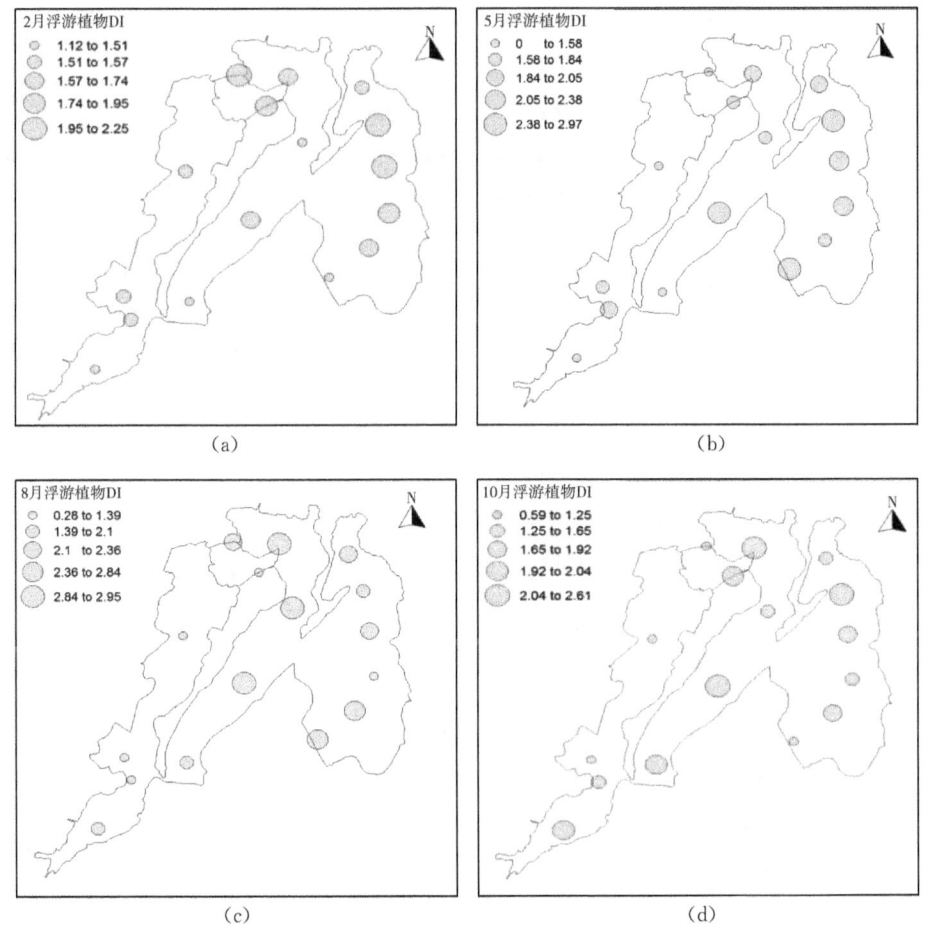

图3.1.2-13 阳澄湖不同季节浮游植物多样性指数空间分布(左上、右上、左下和右下分别为冬季、春季、夏季和秋季)

(2) 浮游动物时空变化特征

① 阳澄湖浮游动物物种数量较高的为轮虫,在各季节数量占优(如图3.1.2-14所示)。冬季、春季和夏季优势度较高的物种均为针簇多肢轮虫和萼花臂尾轮虫,秋季优势物种为针簇多肢轮虫等刺异尾轮虫。总体上阳澄湖浮游动物以耐污

种轮虫占主要优势。

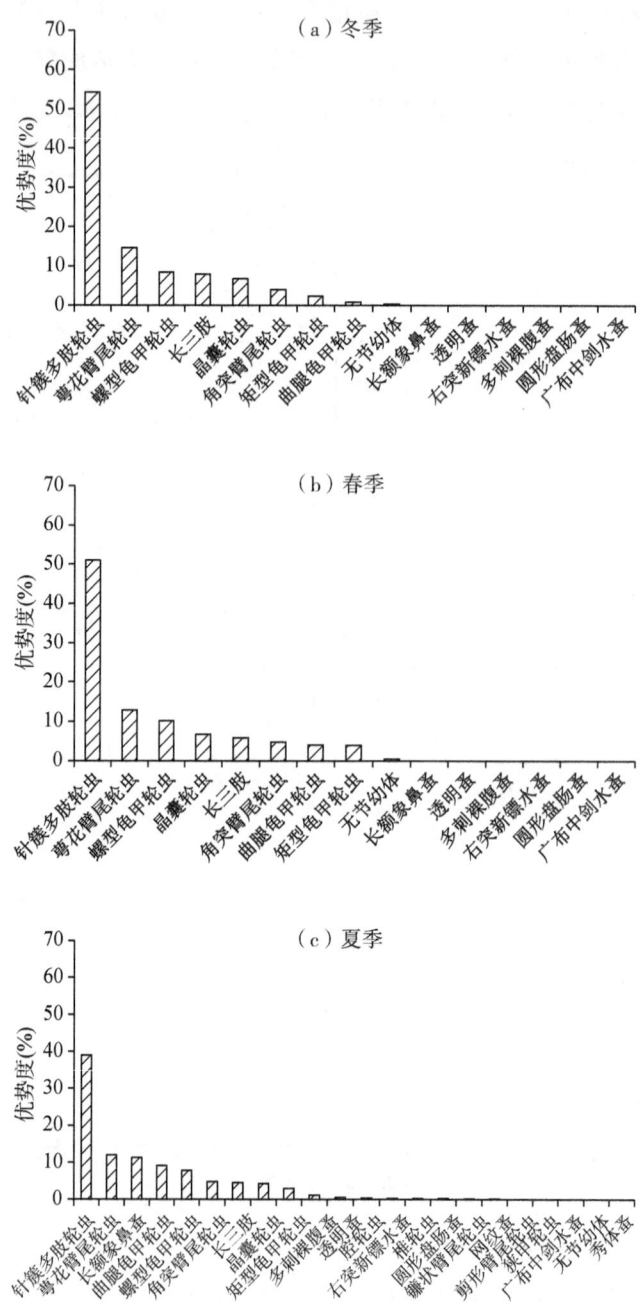

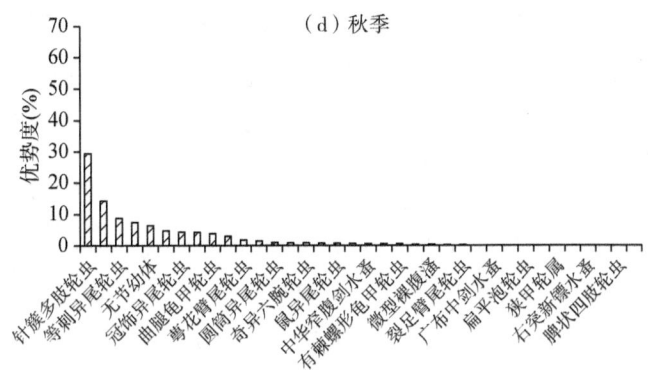

图 3.1.2-14　阳澄湖不同季节浮游动物各物种优势度

② 浮游动物分布具有明显的空间异质性,阳澄湖浮游动物数量和生物量在各季节均呈现出由西湖往东湖升高的趋势(如图 3.1.2-15 所示)。阳澄中湖主要物种为较为耐污的针簇多肢轮虫,阳澄东湖主要物种为长额象鼻蚤和晶囊轮虫。对阳澄中湖和东湖生物量贡献较大的物种有所不同,前者为短尾秀体溞、微型裸腹溞,后者为剑水蚤幼体、微型裸腹溞、秀体溞属。

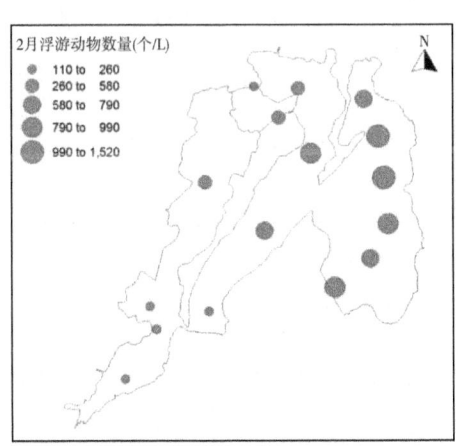
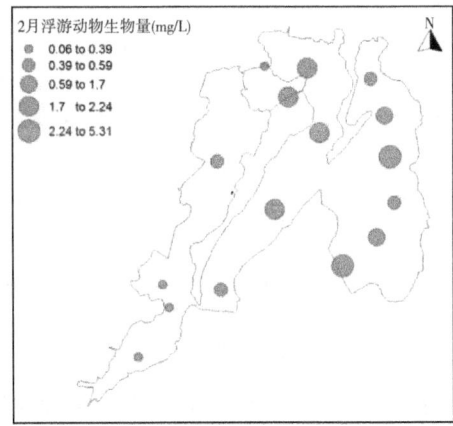

(a)

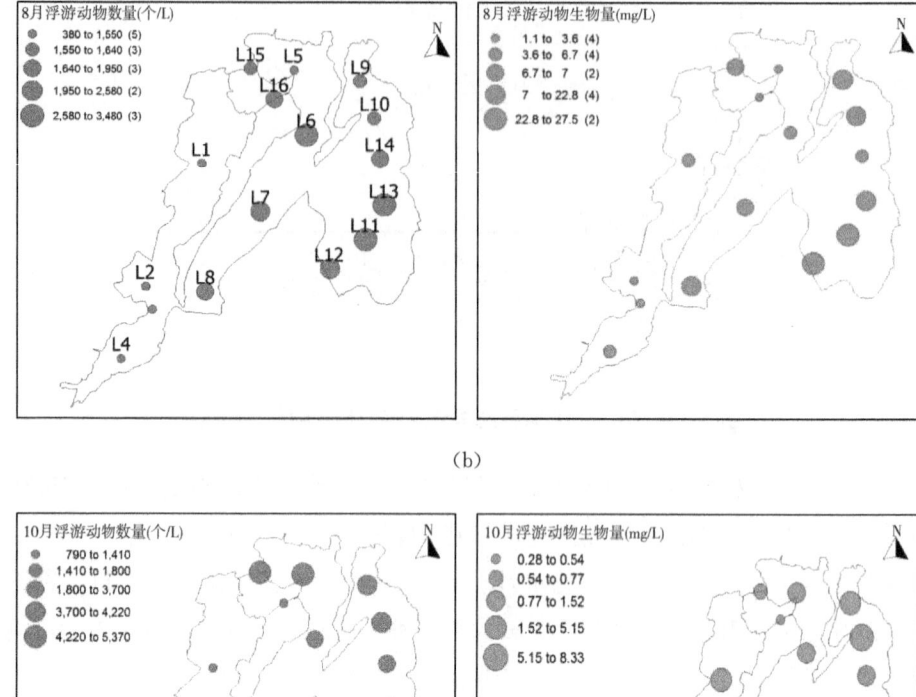

图 3.1.2-15　阳澄湖浮游动物数量和生物量空间分布

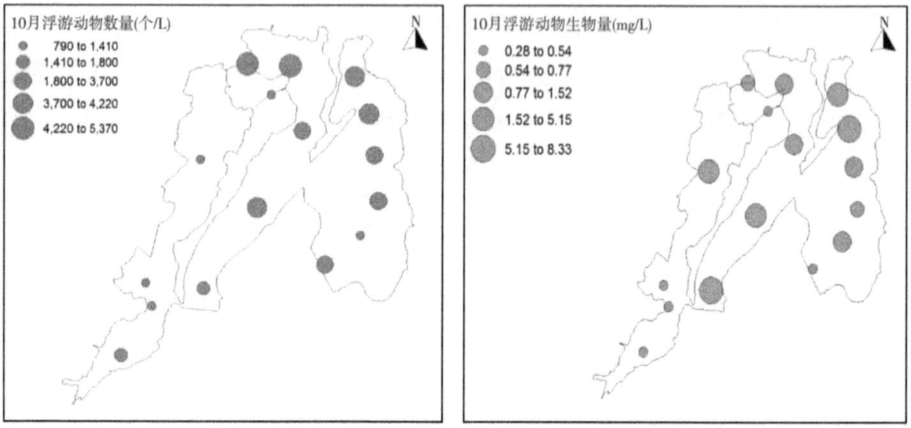

③ 浮游动物多样性指数冬季、春季偏低,夏季和秋季升高(如图 3.1.2-16 所示)。多样性指数空间分布与数量和生物量的空间分布明显不同,阳澄西湖浮游动物数量和生物量较低,物种均匀度较高,多样性指数相对较高。阳澄中湖多样性指数分布较为均匀。

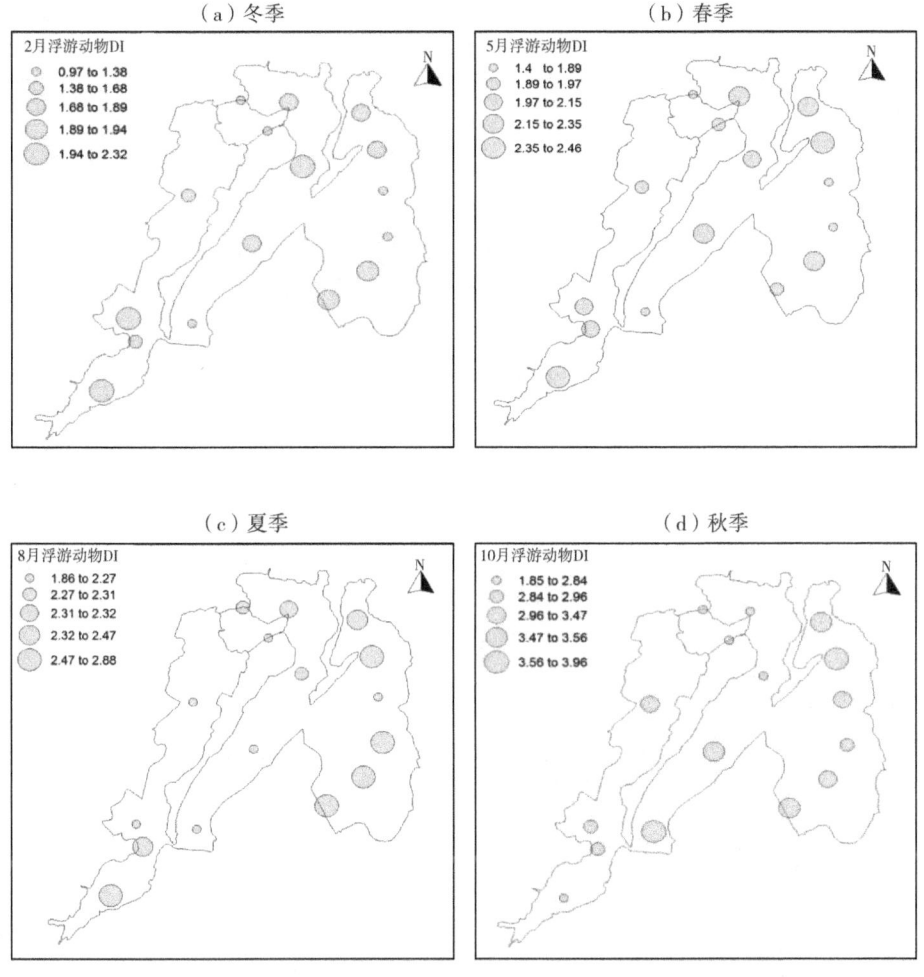

图 3.1.2-16　阳澄湖不同季节浮游动物多样性指数空间分布

(3) 底栖动物时空变化特征

① 阳澄湖底栖动物物种数量较为丰富的是昆虫纲和腹足纲，冬季物种数量较高(如图 3.1.2-17 所示)。冬季优势种为霍甫水丝蚓、铜锈环棱螺、寡鳃齿吻沙蚕，春季为中国长足摇蚊、霍甫水丝蚓、寡鳃齿吻沙蚕和铜锈环棱螺，夏季为中国长足摇蚊、霍甫水丝蚓、苏氏尾鳃蚓和寡鳃齿吻沙蚕，秋季为铜锈环棱螺、河蚬和中国长足摇蚊。总体上，阳澄湖底栖动物优势种为寡毛纲、摇蚊幼虫等耐污种类，表明底泥中有机质污染严重，尤其是西湖和中湖南部湖区。

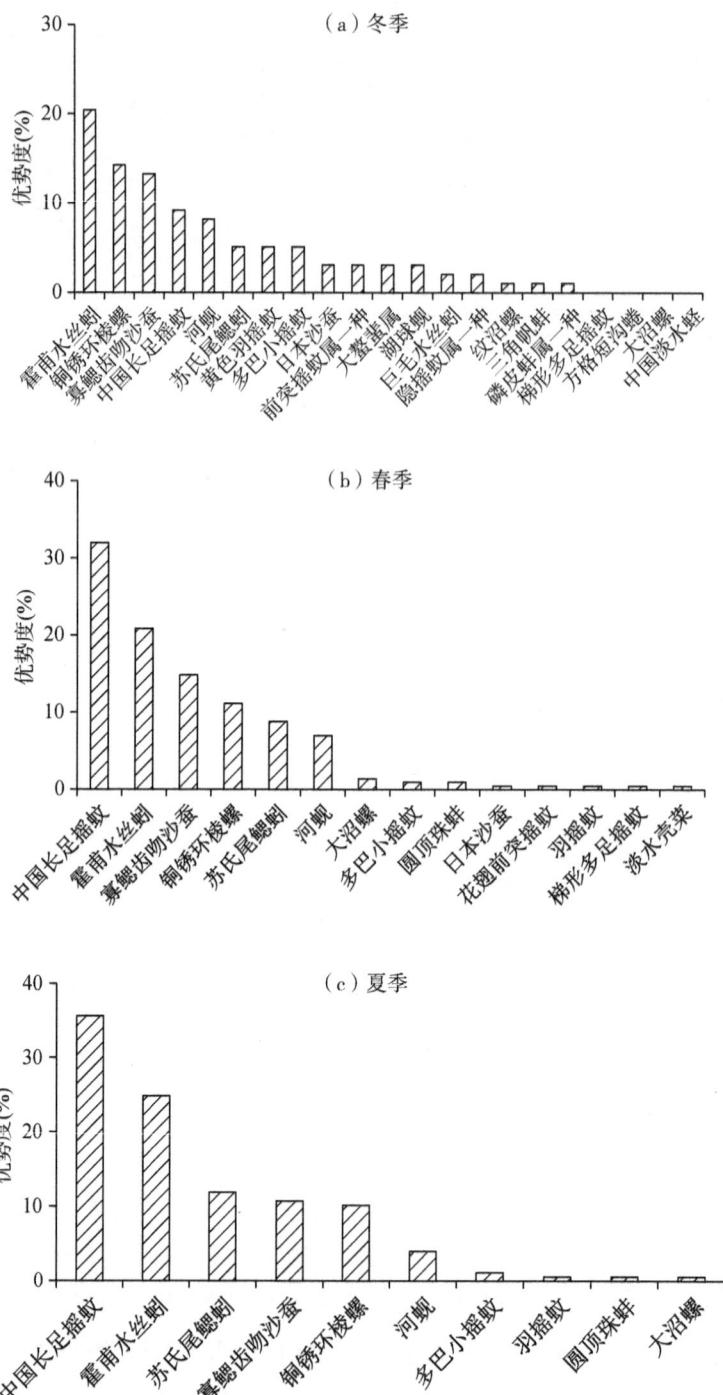

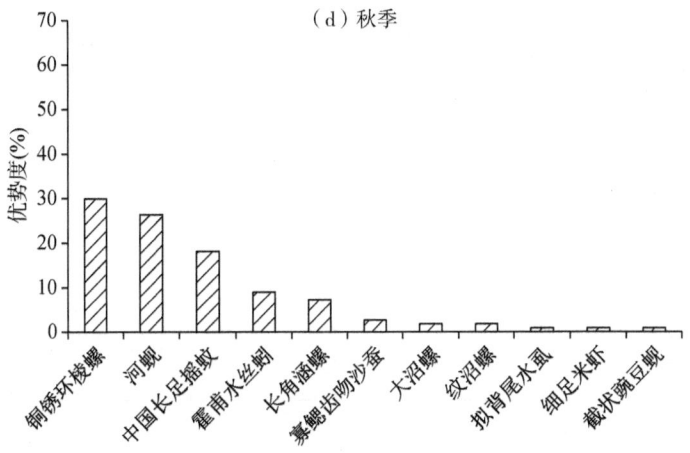

图 3.1.2-17　阳澄湖底栖动物各物种优势度

② 阳澄湖底栖动物主要分布在水质相对较差的湖区,尤其是湖湾内,西湖南部和中湖具有较高的底栖动物密度和生物量,东湖南部湖区密度和生物量较低(如图 3.1.2-18 所示)。秋季阳澄东湖北部分布较多的小体型中国长足摇蚊,因此底栖动物数量较高,但生物量偏低。

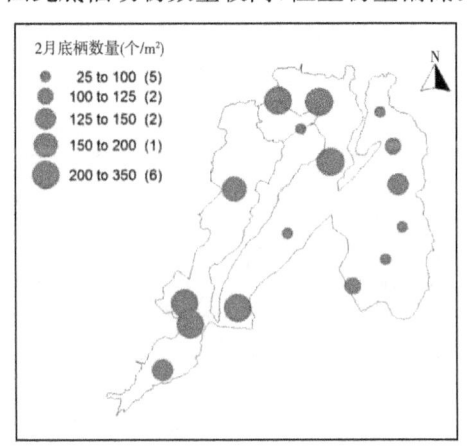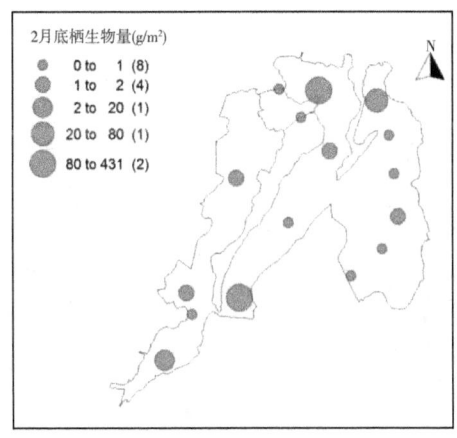

(a)

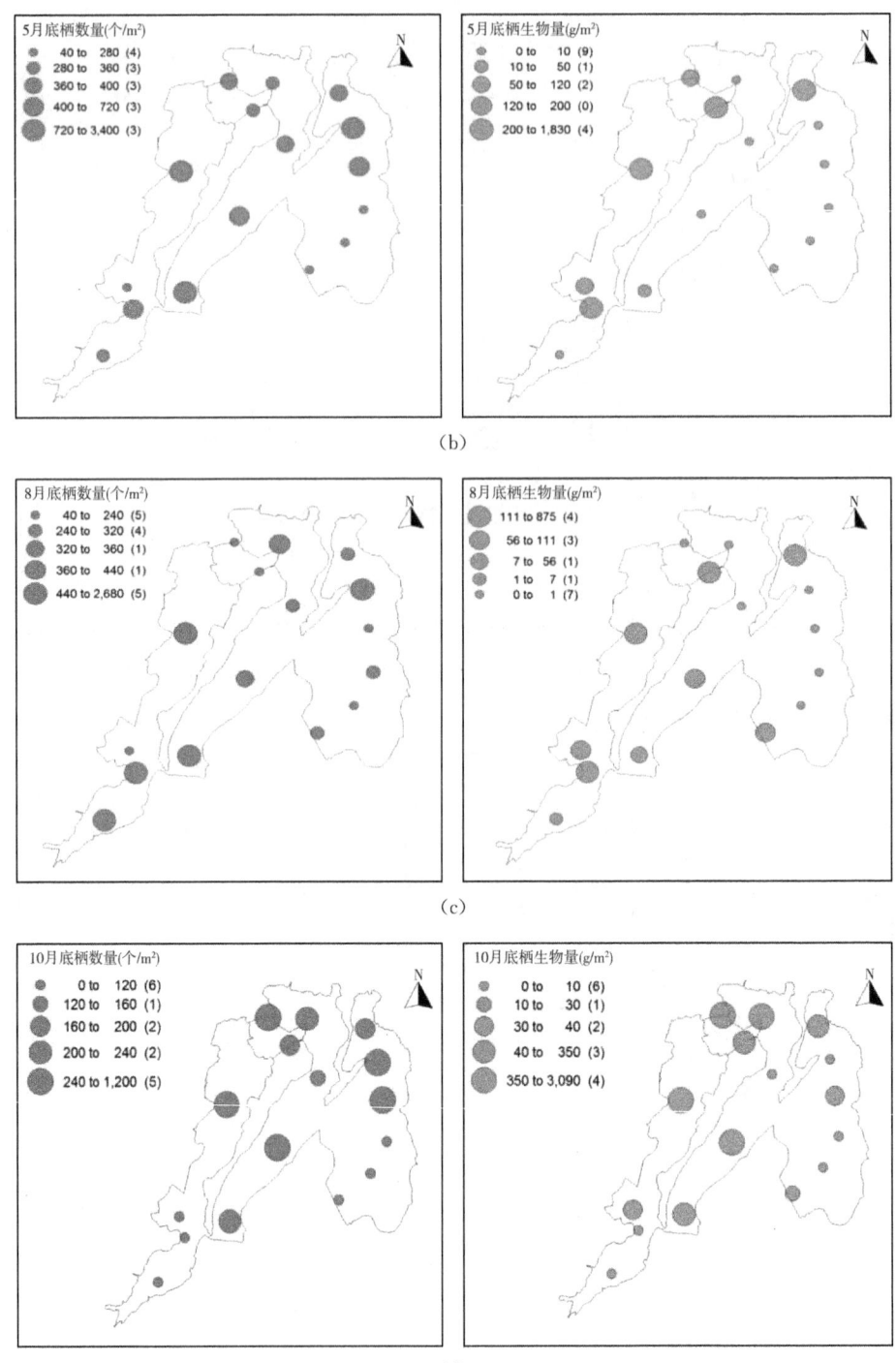

图 3.1.2-18　阳澄湖底栖动物数量和生物量空间分布

③ 阳澄湖底栖动物多样性指数时空差异较为明显,冬季多样性指数较高,秋季偏低(如图 3.1.2-19 所示)。阳澄西湖的近岸区、中湖北部和南部湖湾,以及东湖北部湖湾内底栖动物多样性指数相对较高,而开阔水体多样性指数较低。

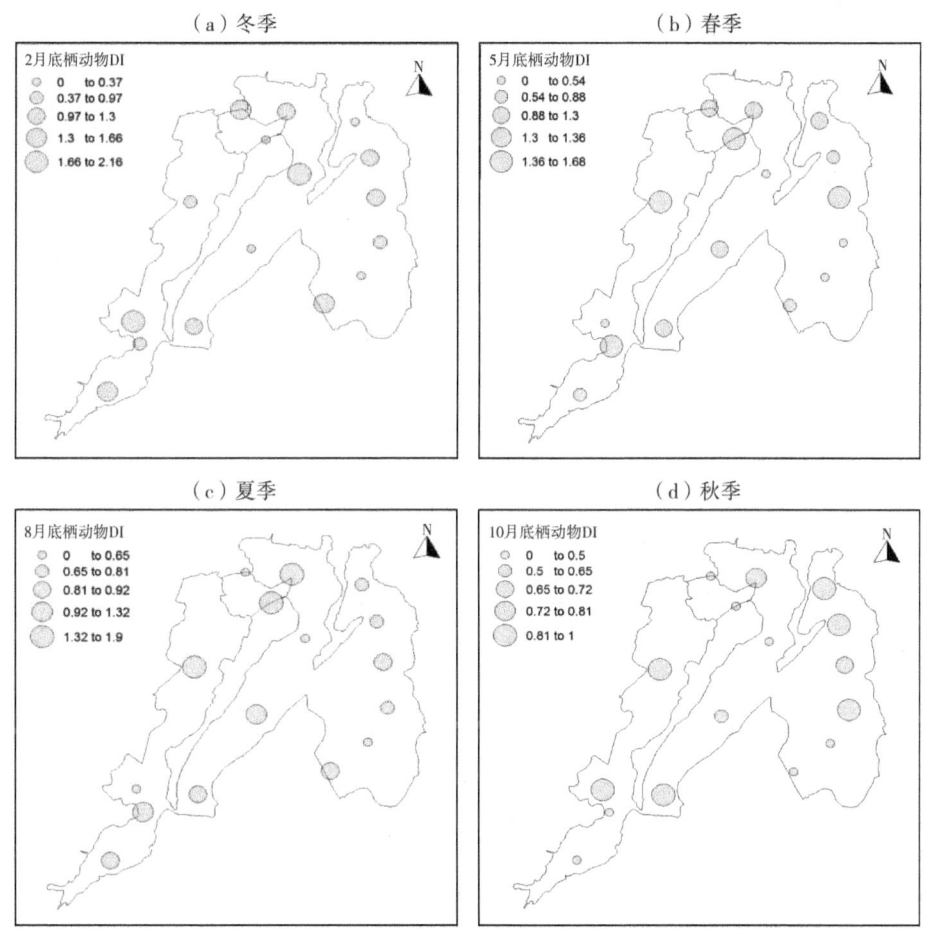

图 3.1.2-19　阳澄湖不同季节底栖动物多样性指数空间分布

(4) 水生植物时空变化特征

① 阳澄湖开阔水体水生植被共有 7 种,为金鱼藻、狐尾藻、马来眼子菜、苦草、菹草和浮叶植物菱、荇菜。冬季和春季菹草为优势种,夏季狐尾藻和菱优势度较高,秋季狐尾藻和金鱼藻为优势种。

② 水生植被的年内分布和空间配置均具有明显的异质性(如图 3.1.2-20 所示)。冬季菹草和狐尾藻主要分布在阳澄中湖南部以及阳澄东湖南部;春季

植被现存量迅速增加,尤其是狐尾藻分布范围明显扩增,主要分布在阳澄中湖南部及阳澄东湖中部和南部;夏季和秋季水生植物达到密度制约期和衰亡期,水生植被空间分布与春季一致,生物量高值区位于阳澄东湖南部开阔水域和围网养殖箱的航道区域。

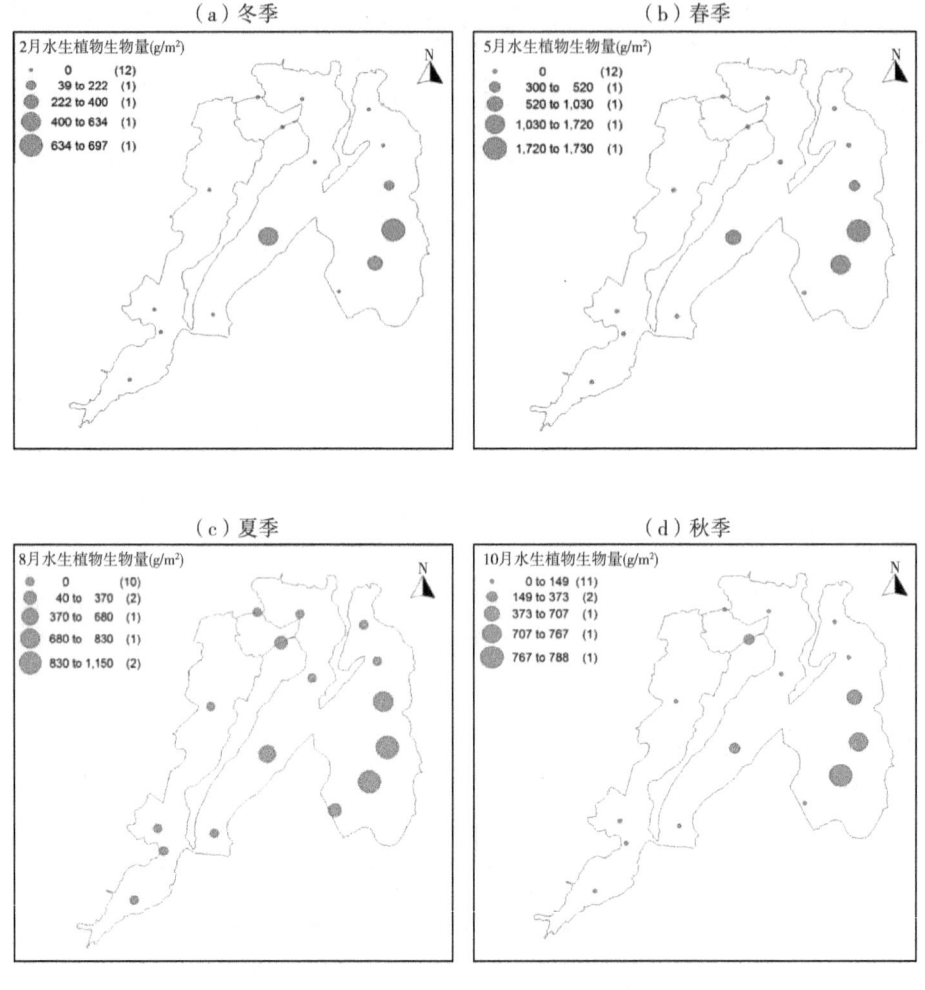

图 3.1.2-20　阳澄湖水生植物生物量空间分布

③ 阳澄湖水生植被多样性指数偏低(如图 3.1.2-21 所示)。冬季除阳澄东湖南部植被具有一定的多样性,其他区域多样性指数为 0;春季、夏季和秋季植被呈多样性分布的水体增大至阳澄东湖中部和中湖小范围水域,全年最大多样性指数 1.7。

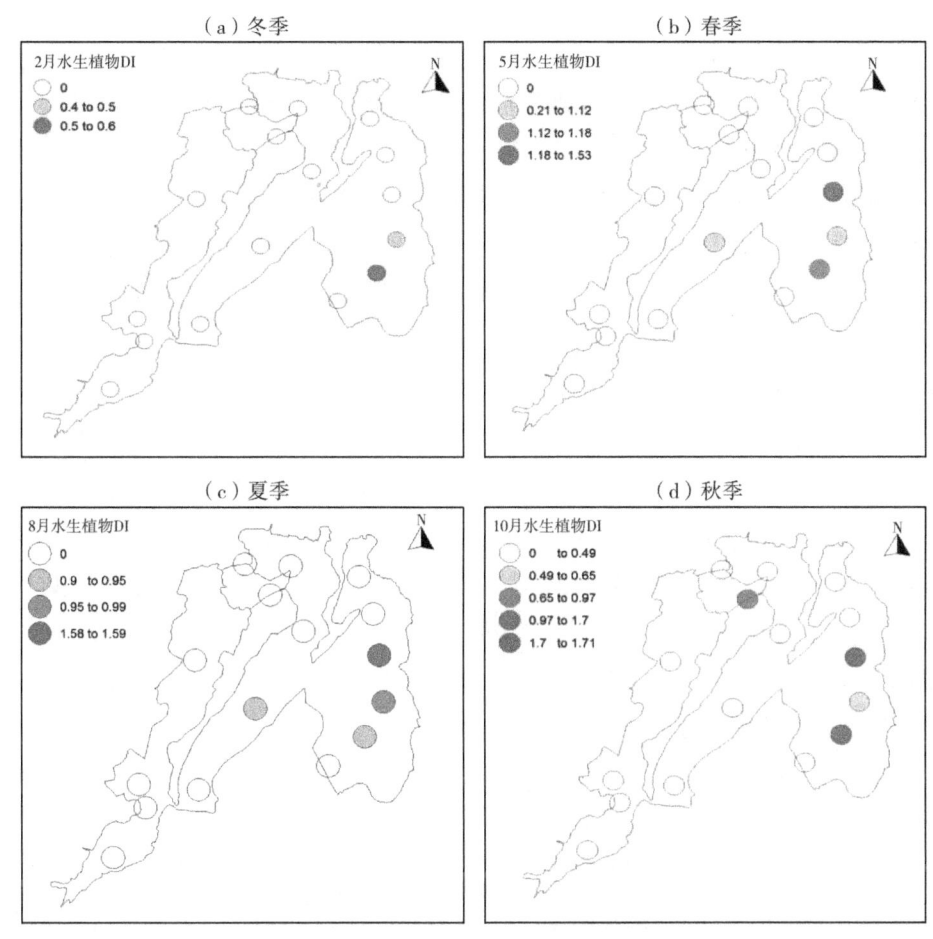

图 3.1.2-21 阳澄湖不同季节水生植物多样性指数空间分布

3.1.3 阳澄湖生态服务功能调查

3.1.3.1 水产品服务功能

水产品供给服务功能是指河湖库塘水生态系统通过初级生产和次级生产,繁衍了丰富多样的水生动物和水生植物,极大地推动了全流域捕捞业和淡水养殖业的发展,为人类生活需求提供了丰富的鱼类、蟹类、贝类等水产品,从而带来直接的价值量。根据其他湖泊流域对于水产品服务功能及价值的研究成果,水产品直接价值按 8 000 元/t 计算,2016 年阳澄湖流域水产品供给服务功能的直接经济价值为 23 123 万元。

3.1.3.2 栖息地服务功能

湖泊是野生动植物、鱼类及候鸟等生物的栖息地,对维持生物多样性具有重要的作用。栖息地功能调查主要包括鱼类种类数、天然湿地的面积、林草覆盖率、候鸟种类及数量等。

通过资料搜集和现状调查结果显示,阳澄湖除蟹类养殖规模较大以外,养殖的鱼类种类也较丰富,鱼类共有67种,以四大家鱼(青鱼、草鱼、鲢鱼、鳙鱼)的养殖为主,同时养殖有鲤鱼、鲫鱼、鳊鱼、鳜鱼、鲥鱼等鱼类品种,多属于常见经济鱼类物种。此外,通过查阅相关资料,阳澄湖流域鸟类种类共有81种,主要涉水鸟类有白鹭、灰鹤、野鸭子等。

根据2016年土地利用现状调查结果,阳澄湖区域林地面积共计0.25 km²,草地面积0.24 km²,林草覆盖率为0.06%。湿地类型分天然湿地和人工湿地,区域天然湿地主要包括河流水面、湖泊水面、坑塘水面、滩涂,总面积406.06 km²,人工湿地主要包括沟渠、水工建筑用地,人工湿地面积共计8.46 km²。天然湿地面积占流域湿地面积的97.96%,湿地面积占流域总面积的比例达49.11%。受保护湿地面积占流域湿地面积比例达到42.1%。

3.1.3.3 拦截净化功能

湖滨带可以吸收、分解和沉淀多种污染物和营养盐,对面源污染物有净化和截留效应,是污染负荷进入湖泊的最后一道屏障。湖滨带主要分为天然湖滨带和人工恢复湖滨带,自然湖滨带占比越大,湖滨带拦截净化功能越强。

根据调查结果显示,阳澄湖湖滨缓冲区人工岸线长度为51.7 km,天然岸线长度为99.3 km。根据《阳澄湖生态环境保护规划(2015—2020)》的内容,在2018—2020年期间,苏州市人民政府实施相城区建设阳澄湖岸生态湖滨岸线工程(在阳澄湖岸建设生态湖滨岸线,长度8 950 m),工业园区建设阳澄湖岸生态湖滨岸线工程(阳澄湖岸建设生态湖滨岸线,长度12 700 m)。至2020年,湖泊自然湖滨岸线占全湖岸线的比例将提高到75%,进一步实现阳澄湖生态岸线修复和整治。

3.1.3.4 人文景观功能

目前,阳澄湖流域调查范围内虽没有自然保护区,但是阳澄湖重要湿地对保护阳澄湿地生态系统、提升区域生态环境质量、维系区域生物多样性具有至关重要的作用。苏州市委、市政府严格落实《江苏省国家级生态保护红线规划》和《苏州市湿地保护条例》,加强对阳澄湖重要湿地的保护,加强湿地公园、湿地保护区建设。

阳澄湖保护区形成了春季有成片的油菜花、夏季岸柳成荫、秋季稻谷飘香、冬季芦花四放的秀丽景色。其中部的"美人腿"和莲花岛区域大面积的芦苇荡成了越冬野鸭和鸟类理想的栖息地，大量的候鸟南来北往，形成了极具特色的生态景观。此外，阳澄湖保护区植物种类繁多，各类挺水、浮生、沉水及岸边湿生植物相互干扰作用，形成了水生植物占优势的生态单元，为鸟类提供了良好的栖息和生存环境。

3.1.4 阳澄湖流域生态环境调控管理措施调查

3.1.4.1 环境保护投入调查

环保投入占GDP的比重是国际上衡量环境保护问题的重要指标，根据发达国家经验，为有效地控制污染，环保投入占国内生产总值比例需在一定时间内持续稳定地达到1.5%，才能在经济快速发展的同时保持良好稳定的环境质量。2014—2016年，阳澄湖流域环保投入占GDP比重平均值为1.17%，环保资金投入现状尚未达到满足改善阳澄湖环境质量、维持流域生态环境持续稳定要求的水平。根据收集资料统计结果显示，截至2016年底，2014—2016年阳澄湖流域环境保护累计投入826 108.7万元。

3.1.4.2 污染治理情况调查

在强化农村生活污水收集与处理上，阳澄湖流域各个区县、乡镇主要以村庄环境整治、覆盖拉网式农村环境综合整治为抓手，推进具体工作。由于姑苏区和工业园区农村人口基本为0，不再考虑农村生活污水的收集与治理。

在阳澄湖流域的城镇地区，城镇居民生活所产生的粪便主要通过城镇污水收集管网进行收集处理，最终进入城镇生活污水处理厂处理达标后排放，进入河湖水体。农村地区，农村居民生活产生的粪便，部分经过简单处理（或不处理）而直接用作有机肥进入耕地，为农业种植提供养分，不直接排放进入河湖水体造成污染；另一部分未经处理直接排放进入河湖水体，该部分造成的污染统一纳入农村生活污染中考虑。

截至2016年底，阳澄湖流域五个区县（市）合计21个乡镇场，共建成20个城镇生活污水处理厂（其中相城区有11个污水处理厂，苏州工业园区有1个污水处理厂，昆山市有3个污水处理厂，常熟市有5个污水处理厂，姑苏区阳澄湖流域内无污水处理厂），覆盖其中10个乡镇（街道），形成污水处理能力50.45万 m^3/d。其中，工业园区唯亭街道的苏州市排水有限公司娄江污水处理厂实际处理量占阳澄湖流域总污水处理量的比例最大，达到32.46%，其次是相城区元和街道的苏州市相润排水管理有限公司城区污水处理厂和常熟市虞山镇常熟市污水处理厂(城西厂),分别达 11.95% 和 10.03%。

阳澄湖流域工业经济规模呈现差异化分布。常熟市辛庄镇工业企业数量最多,有 10 家重点工业企业,从流域工业企业水污染物排放情况来看,常熟市高新区和辛庄镇的工业废水排放的污染物总量较高,仅这 2 个镇/街道的 COD_{Mn} 和氨氮排放量就达到了全流域排放量的 92% 左右。其他乡镇规模以上工业企业数量较少或没有重点工业企业,其工业废水集中排放较少,且工业企业废水大多经自身处理后达标排放进入周边地表水体,对于整个流域工业污染物贡献较小。

3.1.4.3 产业结构调整情况调查

2016 年阳澄湖流域总体处于工业企业快速发展、新兴产业不断崛起的阶段,呈现出工业化进程占微弱主导优势的特征,目前正处于产业化发展的中级阶段,第二产业为主导产业,第二产业增加值在流域经济总量中的占比达 51.7% 左右;其次是第三产业,第三产业增加值占流域经济总量的 47.5% 左右;第一产业占比较低,仅占 0.8%。

阳澄湖流域工业经济规模呈现差异化分布。流域范围内,常熟市辛庄镇规模以上工业企业数量最多,有 10 家工业企业,常熟市高新区和相城区相城高新区分别有 3 家和 4 家工业企业,其工业用水量均相对较高。其他乡镇规模以上工业企业较少或没有重点工业企业,其工业用水量相对较少。

在阳澄湖流域内,相城区 2016 年工业万元生产总值用水量最高,为 0.668 t/万元。对比于苏州市 2016 年工业万元生产总值用水量约为 7.89 t/万元,阳澄湖流域工业水资源利用效率高于苏州市平均水平,2016 年全流域工业万元生产总值用水量为 0.315 t/万元,工业企业用水量相对较少,这与阳澄湖流域大力发展节水型企业建设具有一定关系。

3.1.4.4 生态建设情况调查

2018 年 7 月,苏州市政府召开专题会议,研究阳澄湖生态湿地建设方案,阳澄湖生态湿地是阳澄湖综合整治工程的一个子项目,主要包括阳澄中湖生态净化工程和阳澄西湖屏障带工程,拟在阳澄湖来水方向修复岸线 74.65 km,新增湿地 385 万 m^2。

区域生态建设状况调查指标主要为方案基准年及方案规划期间湖泊流域内天然湿地恢复面积、森林覆盖率以及沿湖 3 km 缓冲区内建筑用地面积等。阳澄湖流域调查范围内湿地面积总计 414.52 km²。

阳澄湖湖滨岸线总长为 151 km，岸线无序开发导致沿湖湿地及湖滨带遭到破坏，通过现场调查，阳澄湖沿岸自然岸线率为 65.75%，沿湖 3 km 缓冲区建设用地面积达 80.3 km²。2016 年，苏州市人民政府批准了《苏州市阳澄湖生态优化行动实施方案（2016—2018 年）》，阳澄湖新一轮生态优化行动实施以来，政府投入大量的人力、物力开展阳澄湖水源地水质保护及生态修复，加强湖滨带岸线生态环境整治，共开展包括加强生态修复、保障饮用水安全、严控工业点源污染、削减面源污染、推进河网畅流等 157 项重点工程，共计划投资约 44.9 亿元。

3.1.4.5 监管能力调查情况

为维持和改善阳澄湖流域的生态安全，促进阳澄湖流域的经济社会可持续发展，确保阳澄湖流域自然生态服务功能、环境质量安全和自然资源利用均能得到保障，阳澄湖流域依据划定的生态保护红线管控范围，强化区域生态保护红线管控，划定建立最为严格的生态保护制度，对阳澄湖流域生态功能保障、环境质量安全和自然资源利用等方面提出更高的监管要求。

阳澄湖的开发建设需以主体功能区规划为基础，充分发挥城市总体规划、土地利用总体规划和生态保护红线规划的引导和控制作用，进一步控制开发建设规模和力度，强化国土空间管控，避免土地资源无序开发、城镇粗放蔓延和产业不合理布局，形成湖泊流域良好的空间结构，保持湖泊流域完整的生态系统。至 2020 年阳澄湖自然湖滨岸线比例维持在 75% 以上。

阳澄湖湖区共设 6 个监测点，为常规监测点，每个月监测一次，且在阳澄湖 26 条主要河流共设 35 个例行监测断面，每个月监测一次。负责水质监测的主要为苏州市环境监测中心。监测指标涵盖 24 项地表水环境质量标准基本项目和反映湖库富营养化状态的指标项目。此外，阳澄湖流域还加强水生态环境调查，2013 年至 2014 年，对阳澄湖各主要湖区多次开展水生态环境专项调查，主要涉及指标为水生植物、浮游植物、浮游动物和底栖动物。

根据省厅《关于进一步加强全省环境监察标准化建设工作的通知》（苏环办〔2012〕257 号）文件的要求，苏州市致力开展环境监察标准化建设工作。同时为进一步严格验收程序，加快推进苏州市环境监察标准化工作，制定了《苏州市环境监察标准化建设达标验收方案》。基本满足环境监察标准化建设能力的要求。为更进一步提升阳澄湖流域环境监察能力，苏州市环保局积极开展环境监察能力标准化建设,编制完成并执行《苏州市污染源日常环境监管随机抽查制度实施方案》《苏州市网格化环境监管体系实施方案》等相关监察方案,下发《2017年苏州市环境监察工作要点》(苏环字监察〔2017〕12号),落实开展苏州市环境违法行政处罚监管平台建设,重点试行《苏州市环境监察执法全过程记录制度》等,开展了一系列加强环境监察标准化能力建设的工作,提高了阳澄湖环保监测的实验室检测能力和环境监察能力,将苏州市的环境监管监察能力提升到一个新的水平。

"十三五"以来,组织跨学科、多领域合作攻关团队,开展阳澄湖区域经济社会发展与水环境保护综合研究,为阳澄湖生态环境保护提供决策支持,使阳澄湖水污染治理效率与水平不断提高。针对氮磷污染严重和锑超标的突出问题,组织跨学科、多领域合作攻关团队,对水环境综合治理关键技术进行联合攻关。重点解决城镇生活污水脱氮除磷最佳实用技术工艺的选择与推广应用、农村分散生活污水处理技术与运作模式、农业面源污染的减排和治理控制技术措施、河道与河浜水体氮磷的生态化降解技术等。在城建、水利、农业、环保等方面,要加大对科研成果和适用技术的推广应用。地方政府积极协调、加强指导,做好规划范围水环境治理技术集成和适用技术的开发、示范和推广培训工作。

3.1.4.6 长效机制调查情况

阳澄湖流域生态环境整治长期以来一直都是苏州市政府、苏州市环保局等关注的重点,苏州市已先后印发多份关于阳澄湖生态环境保护的法律、法规、政策、方案等文件20余项。综合来看,已颁布的法律、法规、政策、方案等文件重点在于水环境质量改善、流域污染源整治等方面,而关于流域环境保护管理、相关环保资金投入建设、环境绩效挂钩的奖惩机制等方面还有待加强,阳澄湖流域法律法规政策体系还待进一步完善。

3.1.5 阳澄湖生态安全评估结果及分析

湖泊生态安全调查评估分方案层评估和目标层评估。方案层包括社会经济影响评估、水生态健康评估、生态服务功能评估、调控管理评估等四个方面。目标层评估即湖泊生态安全综合评估。

3.1.5.1 社会经济影响评估

社会经济活动对湖泊的影响评估旨在从湖泊保护的需要角度出发,评价人类活动是否适当,包括人类活动的方式和活动的强度。一方面,评价人类活动对湖泊产生的环境压力的大小所处水平,是否超出湖泊发生富营养化的控制范围。

另一方面,评价人类活动对湖泊水环境的影响大小、影响范围和影响程度,并据此控制、调整、改变人类活动的方式和强度,达到控制湖泊富营养化、改善湖泊环境的目的。评估主要内容是人类社会经济活动对湖泊环境造成的压力大小和对生态系统影响的程度。

根据流域社会、经济、人类活动对湖泊影响程度的等级划分标准,阳澄湖流域社会经济活动对湖泊的影响程度处于"一般"的水平,说明社会经济压力较大,接近生态阈值,系统尚稳定,但敏感性强,已有少量的生态异常出现,湖泊水质处于Ⅲ~Ⅳ类水质状态。

通过模型计算与分析,阳澄湖 2016 年人口、污染负荷与入湖河流指数得分较低,流域经济发展处于快速增长时期,对环境带来的压力较重,由此产生的污染问题非常严重,主要污染物排放量居高不下,污染负荷超出环境容量。

表 3.1.5-1　社会经济影响评估结果

方案层		因素层		指标层		
名称	状态指数值	名称	状态指数值	名称	指标值	标准化数值
社会经济影响（A1）	57.27	人口（B1）	0.45	人口密度（C11）	1 669	0.24
				人口增长率（C12）	6	0.67
		经济（B2）	1.00	人均GDP（C21）	154 500	1.00
		社会（B3）	0.80	人类活动强度指数（C31）	0.786	0.76
				湖泊近岸缓冲区人类活动扰动指数（C32）	0.265 8	0.83
		流域污染负荷（B4）	0.50	单位面积面源 COD_{Mn} 负荷（C41）	7.01	0.47
				单位面积面源 TN 负荷（C42）	1.44	0.31
				单位面积面源 TP 负荷（C43）	0.12	0.42
				单位面积点源 COD_{Mn} 负荷（C44）	4.48	0.73
				单位面积点源 TN 负荷（C45）	1.69	0.40
				单位面积点源 TP 负荷（C46）	0.03	0.67
		入湖河流（B5）	0.48	主要入湖河流 COD_{Mn} 浓度（C51）	20.90	0.96
				主要入湖河流 TN 浓度（C52）	2.41	0.42
				主要入湖河流 TP 浓度（C53）	0.16	0.32

从各项指标来看,阳澄湖流域关键性评价指数中,人口密度、人口增长率、单

位面积面源及点源污染物排放量以及主要入湖河流 TN/TP 浓度等指数得分低是造成流域社会经济压力较大的主要原因。这主要是随着阳澄湖流域经济发展和城市化进程的迅速加快，人口数量急剧增长，阳澄湖流域及湖泊近岸缓冲区内未利用地逐渐被侵占，导致河湖调蓄能力不足，工业污染、畜禽及水产养殖、生活废水急剧增加，导致阳澄湖流域污染日趋严重，湖体处于富营养状态。

3.1.5.2 水生态健康评估

为评价阳澄湖水生态健康状况，选取涵盖湖体水质、富营养化状态、沉积物、水生生物多样性 4 个因素层的 16 项指标。

根据 2018 年监测数据，评估阳澄湖水生态健康状况 $A_2=58.18$，全湖以及分湖区的水生态健康状况评估结果见表 3.1.5-2 至表 3.1.5-5。

表 3.1.5-2 阳澄湖全湖水生态健康状况评估结果

方案层		因素层		指标层			
名称	状态指数值	名称	状态指数值	名称	单位	指标值	标准化数值
水生态健康状况（A2）	58.18	湖体水质（B6）	0.759	溶解氧(C61)	mg/L	8.27	0.919
				透明度(C62)	m	0.837 2	0.837
				氨氮(C63)	mg/L	0.24	1.000
				总磷(C64)	mg/L	0.1	0.500
				总氮(C65)	mg/L	1.54	0.649
				高锰酸盐指数(C66)	mg/L	4.21	1.000
				水体重金属达标率(C67)	%	100	0.095
		富营养化（B7）	0.537	叶绿素 a(C71)	mg/m³	18	0.278
				综合营养指数(C72)	无	54.02	0.926
		沉积物（B8）	0.615	总氮(C81)	mg/kg	2 195.770	0.455
				总磷(C82)	mg/kg	542.990	0.773
				重金属 Hakanson 风险指数(C84)	无	242.87	0.618
		水生生物多样性（B9）	0.441	浮游植物多样性指数(C91)	无	1.710	0.570
				浮游动物多样性指数(C92)	无	2.280	0.760

(续表)

方案层		因素层		指标层			
名称	状态指数值	名称	状态指数值	名称	单位	指标值	标准化数值
水生态健康状况（A2）	58.18	水生生物多样性（B9）	0.441	底栖生物多样性指数(C93)	无	0.780	0.260
				沉-浮-漂-挺水植物覆盖度(C94)	%	10.430	0.174

表 3.1.5-3　阳澄西湖水生态健康状况评估结果

方案层		因素层		指标层			
名称	状态指数值	名称	状态指数值	名称	单位	指标值	标准化数值
水生态健康状况（A2）	56.50	湖体水质（B6）	0.701	溶解氧(C61)	mg/L	7.92	0.880
				透明度(C62)	m	0.854	0.854
				氨氮(C63)	mg/L	0.31	1.000
				总磷(C64)	mg/L	0.13	0.385
				总氮(C65)	mg/L	1.87	0.535
				高锰酸盐指数(C66)	mg/L	3.7	1.000
				水体重金属达标率(C67)	%	100	0.094
		富营养化（B7）	0.606	叶绿素 a(C71)	mg/m³	12.84	0.389
				综合营养指数(C72)	无	53.73	0.931
		沉积物（B8）	0.640	总氮(C81)	mg/kg	1 441.800	0.694
				总磷(C82)	mg/kg	594.170	0.707
				重金属 Hakanson 风险指数(C84)	无	301.18	0.498
		水生生物多样性（B9）	0.393	浮游植物多样性指数(C91)	无	1.540	0.513
				浮游动物多样性指数(C92)	无	2.300	0.767
				底栖生物多样性指数(C93)	无	0.830	0.277
				沉-浮-漂-挺水植物覆盖度(C94)	%	1.000	0.017

表 3.1.5-4　阳澄中湖水生态健康状况评估结果

方案层		因素层		指标层			
名称	状态指数值	名称	状态指数值	名称	单位	指标值	标准化数值
水生态健康状况(A2)	58.16	湖体水质(B6)	0.766	溶解氧(C61)	mg/L	8.27	0.919
				透明度(C62)	m	0.796	0.796
				氨氮(C63)	mg/L	0.2	1.000
				总磷(C64)	mg/L	0.1	0.500
				总氮(C65)	mg/L	1.41	0.709
				高锰酸盐指数(C66)	mg/L	4.2	1.000
				水体重金属达标率(C67)	%	100	0.095
		富营养化(B7)	0.515	叶绿素a(C71)	mg/m³	20.5	0.244
				综合营养指数(C72)	无	54.3	0.921
		沉积物(B8)	0.632	总氮(C81)	mg/kg	2 121.760	0.471
				总磷(C82)	mg/kg	553.470	0.759
				重金属Hakanson风险指数(C84)	无	223.34	0.672
		水生生物多样性(B9)	0.440	浮游植物多样性指数(C91)	无	2.030	0.677
				浮游动物多样性指数(C92)	无	2.210	0.737
				底栖生物多样性指数(C93)	无	0.890	0.297
				沉-浮-漂-挺水植物覆盖度(C94)	%	3.000	0.050

表 3.1.5-5　阳澄东湖水生态健康状况评估结果

方案层		因素层		指标层			
名称	状态指数值	名称	状态指数值	名称	单位	指标值	标准化数值
水生态健康状况(A2)	62.80	湖体水质(B6)	0.825	溶解氧(C61)	mg/L	8.89	0.988
				透明度(C62)	m	0.913 2	0.913
				氨氮(C63)	mg/L	0.19	1.000
				总磷(C64)	mg/L	0.08	0.625
				总氮(C65)	mg/L	1.25	0.800
				高锰酸盐指数(C66)	mg/L	4.7	0.957
				水体重金属达标率(C67)	%	100	0.095
		富营养化(B7)	0.533	叶绿素 a(C71)	mg/m³	19.22	0.260
				综合营养指数(C72)	无	53.13	0.941
		沉积物(B8)	0.628	总氮(C81)	mg/kg	2 747.740	0.364
				总磷(C82)	mg/kg	501.880	0.837
				重金属 Hakanson 风险指数(C84)	无	217.09	0.691
		水生生物多样性(B9)	0.514	浮游植物多样性指数(C91)	无	1.760	0.587
				浮游动物多样性指数(C92)	无	2.400	0.800
				底栖生物多样性指数(C93)	无	0.650	0.217
				沉-浮-漂-挺水植物覆盖度(C94)	%	27.250	0.454

根据评估结果，阳澄湖水生态健康的状态指数为 58.18，健康状况等级为"中等"。从水生态健康状况的空间差异性来看，阳澄湖生态健康状况由西向东逐渐好转。阳澄西湖水生态健康状况最差，得分为 56.50，其次为阳澄中湖 58.16，都属于"中等"级别，最好为阳澄东湖 62.8，属于"较好"级别。

分因素来看,湖体水质得分 0.759,处于"较好"水平,西湖＜中湖＜东湖,其中东湖达到"很好"水平,对于阳澄西湖,入湖河道以及周边旅游开发导致的污染仍然是水质恶化的首要原因;

富营养化得分 0.537,处于"中等"水平,中湖＜东湖＜西湖,中湖以及东湖的叶绿素 a 浓度较高,导致湖区富营养化程度较重;

沉积物状态得分 0.615,东湖＜中湖＜西湖,东湖与中湖沉积物的主要问题为氮磷,湖区内的围网养殖集中在东湖与中湖,残余饲料和鱼类排泄物对湖泊形成了可观的污染负荷量,同时密集网围使得湖水流速减慢,氮磷污染物沉积在底泥中;而西湖沉积物的主要问题是重金属,西湖重金属风险指数为 301.08,处于"重风险"水平,中湖和西湖在 150～300,处于"中等风险"水平。这与入湖河道周边工业企业的污染排放密切相关。

水生生物多样性状态得分 0.441,西湖＜中湖＜东湖,水生生物多样性总体较差,浮游植物及浮游动物多样性处于"中等"水平,底栖生物多样性处于"极差"水平,水生植被覆盖度处于"低覆盖"水平。

阳澄湖水生态系统健康下降有外在的,也有内在的因素。近年来,阳澄湖流域社会经济快速发展,由于污染物排放大大超过阳澄湖环境容量,造成目前阳澄湖整体上处于Ⅳ类水质。较差的水质严重影响了其生态系统结构和功能。阳澄湖浮游植物种群数量减少,种类以绿藻为主,其次为硅藻,种类组成单一,群落结构简单,生物多样性降低,水生态系统初级生产力失衡。浮游动物整体上数量偏低,以耐污种轮虫占主要优势。底栖动物种类减少、个体小型化和耐污种占优势。水生植物分布面积和种类减少,种群结构单一。

阳澄湖西湖水质恶化较严重,中湖和东湖富营养化程度较高,全湖生态系统严重恶化,生态调节机制已经不能保证系统的良性循环,健康状况不佳。为恢复阳澄湖健康的水生态系统,进一步改善水质,在治理污染的同时,必须对水生植被生物量的空间布局和群落结构配置进行优化提升,构建以沉水植物为主要初级生产者的清水型湖泊生态系统,同时调整水生态系统的结构,使其更合理和种群更加多样化,满足阳澄湖高品质供水需求。

3.1.5.3　生态服务功能评估

阳澄湖生态系统服务功能状态评估的指标体系包括饮用水服务功能、水源涵养功能、栖息地功能、拦截净化功能及人文景观功能。

根据阳澄湖生态服务功能的各项指标值及权重,计算得到阳澄湖流域生态

服务功能 A_3＝58.2。

表 3.1.5-6　生态服务功能评估结果

方案层		因素层		指标层			
名称	状态指数值	名称	状态指数值	名称	单位	指标值	标准化数值
生态服务功能（A3）	58.2	饮用水服务功能(B10)	0.222	集中饮用水水质达标率(C101)	%	22.2	0.222
		水源涵养功能(B11)	0.002	林草覆盖率(C111)	%	0.11	0.002
		栖息地功能(B12)	1.000	湿地面积占总面积的比例(C121)	%	49.11	1.000
		拦截净化功能(B13)	0.877	湖(库)滨自然岸线率(C131)	%	65.75	0.877
		人文景观功能(B14)	0.700	自然保护区级别(C141)	无	5	1.000
				珍稀物种生境代表性(C142)	无	2	0.400

根据湖泊生态服务功能总体评估标准，判断阳澄湖生态服务功能等级为Ⅲ级，总体状态处于"不太好"（黄色预警）的状态。从各因素层指标状态指数数值来看，阳澄湖饮用水服务功能和水源涵养功能很不好，拦截净化功能和人文景观功能较好，栖息地功能优良。因此，影响阳澄湖生态系统服务功能的主要因素是流域植被覆盖度低，缺乏对生态资源的有效保护，导致水源涵养功能差；湖滨带自然岸线破坏严重，污染拦截功能低下，水体丧失自净能力，导致水体总磷、高锰酸盐指数、五日生化需氧量浓度高，影响饮用水服务功能的同时，造成湖体富营养化，进而带来鱼类及鸟类栖息地质量下降。因此，在阳澄湖综合治理工作中，流域植被恢复、湖滨带生态修复与水体富营养化防治应摆在重要的位置，同时应在阳澄湖区域建立野生生物资源自然保护区，针对性地保护流域野生动植物及珍稀物种，应严格限制人类生产活动及开发利用对湿地生态资源的侵占，杜绝肆意扩张造成的生态系统破坏。

3.1.5.4　调控管理评估

调控管理的响应指标主要体现在经济政策、部门政策和环境政策三个方面，包括湖泊流域污染治理能力、环境保护财政投入力度、监管能力及长效机制等情况，综合反映人类的"反馈"措施对社会经济发展的调控及湖泊水质水生态的改善作用。

根据阳澄湖调控管理的各项指标值及权重,计算得到阳澄湖流域调控管理 $A_4=76$。

表 3.1.5-7　调控管理评估结果

方案层		因素层		指标层			
名称	状态指数值	名称	状态指数值	名称	单位	指标值	标准化数值
调控管理(A4)	76	资金投入(B15)	0.6	环保投入指数(C151)	%	3	0.6
		污染治理(B16)	0.8	城镇生活污水集中处理率(C162)	%	4	0.8
				农村生活污水处理率(C163)	%	5	1
				水土流失治理率(C164)	%	2	0.4
		监管能力(B17)	0.8	监管能力指数(C171)	无	4	0.8
		长效机制(B18)	0.8	长效管理机制构建(C181)	无	4	0.8

根据流域生态环境保护调控管理措施对阳澄湖社会经济发展的调控以及湖泊水质水生态的改善作用等级划分标准,阳澄湖流域人类活动的调控管理水平处于"较好",说明各项调控管理措施能够有效控制流域社会经济活动对湖泊生态环境质量的影响,促使湖泊水质水生态不断好转,保障湖泊生态环境质量状况由一般向健康过渡。

从各项指标得分可知,2014—2016 年阳澄湖流域环境保护累计投入 826 108.7 万元,阳澄湖环保投入虽然总数较高,但是占 GDP 比重较低,小于 1.5%,同时阳澄湖生态治理仍不太乐观。污染治理的水平和投入需要和地方经济水平挂钩。

3.1.5.5　湖泊生态安全综合评估

目标层评估即湖泊生态安全综合评估。湖泊生态安全是指:从人类角度考虑,湖泊对人类是安全的,即湖泊为人类提供的生态服务功能健康安全。

根据社会经济影响、水生态健康、生态服务功能和调控管理四个方案层状态指数及权重,采用加权求和法计算湖泊生态安全指数(ESI),其结果是 1 个

1～100的数值：

$$\mathrm{ESI} = \sum_{k=1}^{4} A_k \times W_k$$

式中，ESI 为生态安全指数，A_k 为第 k 个方案层的分值，W_k 为第 k 个方案层对目标层的权重系数。

计算得到阳澄湖生态安全指数 ESI 为 62.89，处于"较安全"状态。详见表 3.1.5-8、表 3.1.5-9 和图 3.1.5-1。

表 3.1.5-8　湖泊生态安全评估指数

湖泊名称	社会经济影响	生态健康	服务功能	调控管理	生态安全指数（ESI）
阳澄湖	57.27	58.18	58.21	76.00	62.42
预警颜色	◉	◉	◉	●	●

表 3.1.5-9　湖泊生态安全评估结果描述

目标层			方案层		
名称	状态	描述	名称	状态	特征
阳澄湖生态安全指数	较安全	社会经济压力较大，湖泊水质处于Ⅲ～Ⅳ类水质状态，生物多样性较低，有少量的生态异常出现，水源涵养及饮用水服务功能较差，湖泊生态系统接近生态阈值，系统尚稳定，但敏感性强	流域社会经济活动	Ⅲ级（一般）	人口压力大、流域入湖污染负荷较高、入湖河流 TN/TP 污染压力较大
^	^	^	水生态健康	Ⅲ级（中等）	湖泊水质处于Ⅲ～Ⅳ类水质状态，湖泊富营养化程度较重、水生生物数量和种类减少，群落结构简单，生物多样性降低，已有少量的生态异常出现
^	^	^	生态服务功能	Ⅲ级（不太好）	流域植被覆盖度低，水源涵养功能差，饮用水服务功能较差
^	^	^	调控管理	Ⅱ级（较好）	各项调控管理措施能够有效控制流域社会经济活动对湖泊生态环境质量的影响，促使湖泊水质水生态不断好转，保障湖泊生态环境质量状况由一般向健康过渡

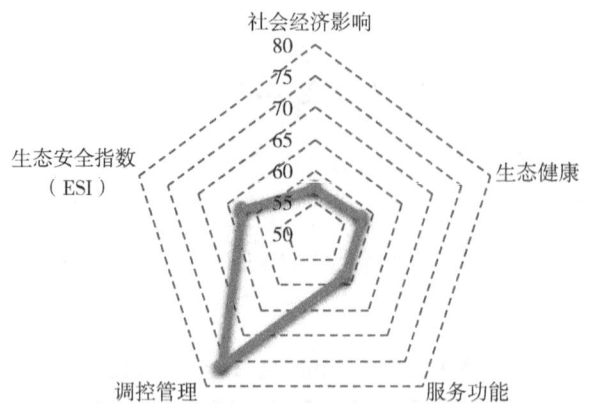

图 3.1.5-1 阳澄湖生态安全评估指数

社会经济压力较大、生态健康水平一般、生态服务功能不太好是影响阳澄湖生态安全水平的主要原因。社会经济压力较大的主要因素是人口压力大、流域入湖污染负荷较高、入湖河流 TN/TP 污染压力较大。生态健康水平一般的主要原因是湖泊富营养化程度较重、水生生物数量和种类减少，群落结构简单，生物多样性降低。生态服务功能不太好的主要原因是流域植被覆盖度低，水源涵养功能差，饮用水服务功能较差。

综合而言，阳澄湖相关生态环境保护措施的实施，对流域污染减排、湖体水质都有较好的正向作用，环保资金投入、污染治理水平、监管能力以及长效机制等对阳澄湖生态安全水平有较好的提升和改善作用。而影响阳澄湖生态安全因素的人口压力大、流域污染负荷较高、入湖河流对湖泊水体压力大、湖泊富营养化程度较重、生物多样性降低、水源涵养功能差等方面将成为今后阳澄湖生态环境保护要重点解决的问题。

3.1.6 阳澄湖生态安全主要问题

3.1.6.1 湖区氮磷污染突出，富营养化问题没有明显改善

阳澄湖水质氮磷污染问题突出。阳澄湖 2018 年的水质现状变化情况总结为：① 营养盐浓度方面，整体呈现出从东湖到西湖水质逐渐恶化的现象，阳澄西湖的总氮浓度最高，阳澄东湖的总氮浓度最低，西湖约是东湖的 1.5 倍；不同湖区总磷浓度年均值都超标，峰值集中在 5—9 月，阳澄西湖的总磷浓度最高，阳澄东湖的总磷浓度最低，西湖约是东湖的 1.75 倍；② 富营养化方面，阳澄中湖的

叶绿素 a 浓度最高,湖体总体上属于轻度富营养化状态,其中中湖营养程度略高于西湖、东湖。

近两年来,虽然湖体水质于个别时段有所好转,但是污染趋势未根本扭转,湖体富营养化程度没有明显改善,水质反弹风险较大。

3.1.6.2 沉积物氮磷浓度高,部分重金属指标风险较高

阳澄湖沉积物总氮全年平均值属于 EPA 分类标准的重度污染,西湖(中度污染)<中湖(重度污染)<东湖(重度污染);总磷全年平均值属于 EPA 分类标准的中度污染,东湖(中度污染)<中湖(中度污染)<西湖(中度污染)。

表层沉积物中铅、铬、汞、镉、砷、镍、铜、锌、锑,除铅和铬基本与江苏省土壤背景值持平,其他指标均高于江苏省土壤背景值,为背景值的 1.5~4.2 倍,其中汞和锑的浓度较高,分别为背景值的 3.0 倍、4.2 倍。空间上,西湖重金属含量较高,其次为中湖。全湖重金属 Hakanson 风险指数属于"中等风险"水平,其中西湖略高,处于"重风险"水平,与西部入湖河道密切相关。

沉积物是水体污染物的"源"和"汇",受温度、pH、动力扰动等条件的影响,起"富集吸附"或"释放"的作用,影响水体污染物浓度。沉积物污染的情况不容忽视。阳澄湖地区锑的污染主要与印染行业有关,目前相关排污企业已关停,在本次调查中,湖区水体锑超标的情况已基本消除,但仍要注意底泥中锑的富集,有对水体造成二次污染的风险。汞的来源较多,主要的人类来源包括燃煤、热电、化工、水泥、矿采、医药、医疗器械等,还包括不合理使用含汞的肥料和农药以及污水灌溉等,建议可对水体及沉积物中的汞开展进一步监测,对周边可能的来源开展进一步调查。

3.1.6.3 水生植被退化,生物多样性偏低

阳澄湖湖滨带水生植被生长较好,岸边大型水生植物的覆盖率为 40%~70%。种植有芦苇、茭草、蒲草、水花生等,伴生水芹、泽泻、水苋菜、丁香蓼、水苏、水葱、水莎草、稗草等,其间水面上常有槐叶萍、小浮萍、水葫芦、水浮莲、水绵等漂浮植物生长。在茭草群丛和蒲草群丛的外侧还常有荇菜、野菱等浮叶植物分布。这类湿地植物群落属原生态,在莲花岛较为典型。莲花岛东渚至西渚的南岸岸线滩地已种上荷花、睡莲等观赏植物,景观良好。

阳澄湖开阔水体水生植被类型相对较少,主要为沉水植物,伴生有少量的浮叶植物,其中沉水植物主要为金鱼藻、狐尾藻、马来眼子菜、苦草和菹草,浮叶植物主要为菱和荇菜。冬季和春季生物量较大物种主要为菹草和狐尾藻,夏季主

要物种为狐尾藻。植被主要分布在阳澄中湖南部及阳澄东湖中部和南部,调查到的最大生物量为 1 600 g/m²。以太湖 20 世纪 90 年代的水生植被分布作为参照,阳澄湖水生植被现阶段存在的问题是物种数量、多样性、总现存量偏低,植被分布较集中,部分湖区无水生植物生长,植被固定基底净化水质的功能得不到有效发挥。

阳澄湖浮游植物种类以绿藻为主,其次为硅藻,其密度和生物量在全湖的分布呈现"西低东高"趋势;浮游植物主要优势种有微囊藻、水华束丝藻、浮游蓝丝藻、类颤鱼腥藻和啮蚀隐藻。营养盐以及有机质对浮游植物生长存在较强的刺激作用。阳澄西湖藻类不易聚集,密度和生物量较低,中湖北部湖湾和东湖湖心藻类密度和生物量相对较高。

阳澄湖浮游动物整体上数量偏低,以耐污种轮虫占主要优势。浮游动物数量和生物量在各季节均呈现出由东高西低的空间分布。

阳澄湖底栖动物主要分布在水质相对较差的湖区,尤其是湖湾内,西湖南部和中湖具有较高的底栖动物密度和生物量,东湖南部湖区密度和生物量较低。阳澄湖底栖动物优势种为寡毛纲、摇蚊幼虫等耐污种类,表明底泥中有机质污染严重,尤其是西湖和中湖南部湖区。

整体来说,阳澄湖水生态的情况为植被分布较集中,群落结构简单,耐污种占优势,生物多样性偏低。

3.1.7 阳澄湖生态环境保护对策措施

3.1.7.1 调整优化产业结构和布局,严格生态空间管控

(1) 严格环境准入,淘汰落后产能,调整优化产业结构

严格执行国家《产业结构调整指导目录》《江苏省工业和信息产业结构调整指导目录》《江苏省太湖水污染防治条例》《苏州市阳澄湖水源水质保护条例》《"两减六治三提升"专项行动方案》《江苏省生态环境高质量发展工作方案》等关于产业准入方面的相关规定,优化规划范围内产业布局,调轻调优产业结构,实施最严格环保准入门槛、加快工业企业转型升级,积极腾笼换鸟,发展战略性新兴产业,加大现代服务业比重,转变经济增长方式,未经审批的企业一律取缔。重点提高印染、化工等项目环保准入门槛,严格限制新建排污量大的印染和化工企业。

全面排查装备水平低、环保设施差的纺织印染、化工、电镀等严重污染水环

境的生产项目,对规划范围上述企业进行清理整顿,对落后工艺设备、污染排放量大的企业一律进行淘汰。

(2) 严控旅游开发强度,强化区域生态保护红线管控

随着阳澄湖旅游开发建设的推进,阳澄湖生态环境保护面临的压力将进一步加大。阳澄湖的开发建设需以主体功能区规划为基础,充分发挥城市总体规划、土地利用总体规划和生态保护红线规划的引导和控制作用,进一步控制开发建设规模和力度,强化国土空间管控,避免土地资源无序开发、城镇粗放蔓延和产业不合理布局,形成湖泊流域良好的空间结构,保持湖泊流域完整的生态系统。远期阳澄湖自然湖滨岸线比例维持在75%以上。

严格落实《江苏省国家级生态保护红线规划》,加强饮用水水源保护区、湿地公园的湿地保育区和恢复重建区、水产种质资源保护区的核心区等涉水类红线区域保护,严守水生态保护红线。严格控制建设项目占用水域,新建项目一律不得违规占用水域,实行占用水域补偿制度,确保水域面积不减少。土地开发利用应按照有关法律法规和技术标准要求,留足河道和湖泊的管理和保护范围,保证生物栖息地、鱼类洄游通道、重要湿地等生态空间及空间连续性,挤占的要限期退出。

3.1.7.2 全面实施农业面源污染排放源头控制

(1) 强化农田面源源头污染控制

以相城高新区、相城经济开发区、新庄镇、尚湖镇等农业面源排放较大的乡镇为重点,大力发展有机农业,调整优化种植结构,开展无公害农产品生产全程质量控制,大力发展化肥减施工程,推广高效、低毒、低残留及生物农药替代工程,实行农药贴补,推广配方肥料,商品有机肥和种植绿肥,全面推广农业清洁生产技术。应用区域养分管理和精准化施肥技术,优化氮磷钾、中微量营养元素和有机、无机肥的投入结构,推广氮肥深施、测土配方施肥、分段施肥等科学施肥技术,推广保护性土壤耕作技术、合理轮作技术及秸秆还田,控制水田和坡地的水土流失,提高肥料利用率。

(2) 优化畜禽养殖布局,构建生态养殖体系

按照"种养结合、以地定畜"的要求,科学编制畜禽养殖产业发展规划,合理确定养殖区域、总量、畜种和规模。逐步关闭、整治小型养殖场。控制对规划区河湖水系、水面利用与开发的规模、方式与强度,严格限制各类水体的网围养殖规模,坚决禁止饮用水水源保护区内网箱养殖。

推广规模化养殖,并对规模化养殖场畜禽粪便、废水的处理设施及处置去向进行跟踪调查,完善畜禽养殖业的环境监督管理。按照"减量化、无害化、资源化、生态化"要求,整体推进畜禽养殖场综合治理。推行"种养控"一体化循环利用产业链模式,鼓励大中型规模畜禽养殖场流转承包周边农田林地,通过建设畜禽粪污还田设施,就地消纳粪污循环利用,因地制宜推广发酵床(零排放技术)圈舍改造。

在分散养殖较为集中的区域,建设畜禽养殖粪污集中收集处理服务体系。通过政府部门统筹,培育新型责任主体,鼓励分散养殖场(户)积极参与,推进畜禽粪污集中处理与资源化利用。

3.1.7.3 深化推进工业点源污染排放源头控制

(1) 继续推进重污染企业专项整治

对规划区内的印染、电镀、化工、造纸、食品等重污染行业进行专项整治,对污染严重、不能稳定达标的企业立即停产并限期整改,对不能按期完成整改任务,仍达不到排放标准的企业坚决关闭和淘汰。新建重污染型项目,必须进入通过区域环评且环保基础设施完善的开发区或工业集中小区。积极推动重污染行业工艺废水的深度处理与回用,推进环境管理从排污口向环保设施、生产设施延伸。

(2) 提高工业企业的清洁生产水平

对规划区内污染物排放不能稳定达标或污染物排放总量超过核定指标的,以及使用有毒有害原材料、排放有毒有害物质的企业,全面实行强制性清洁生产审核,并向社会公布企业名单和审核结果。鼓励和推进其他工业企业开展自愿性清洁生产审核。新建、改建项目,达到清洁生产国内先进水平。推动企业开发清洁产品,采用清洁工艺,采用高效设备,综合利用废物的工作。

以纺织染整、化工、电镀等重污染企业为重点,定期对不能稳定达标排放的工业企业实施强制性清洁生产审核,每年公布一批企业名单,不断提高其清洁生产水平。在审核的基础上,按照清洁生产标准完成清洁生产改造,全面提高工业企业清洁生产水平。各市、区政府要制定清洁生产改造年度计划,完成清洁生产改造任务。制订清洁生产审核计划、推进企业清洁生产实施。加快实施清洁生产改造方案,坚持"积极主动、先易后难、持续实施"的原则,优先实施无费、低费方案,稳步实施中、高费方案;严格标准、规范清洁生产审核行为,加强督促检查,全面提高区域内工业企业清洁生产水平。重点开展重金属及有毒有害物质的管控。

3.1.7.4 全面实施农业面源污染防治

(1) 强化畜禽养殖污染治理

现有规模化畜禽养殖场(小区)采取雨污分流、干湿分离等措施,根据养殖规模和污染防治需要,配套建设沼气池、生物净化池等粪便污水贮存、处理设施并确保正常运行;新建、改建、扩建规模化畜禽养殖场(小区)实施"三分离一净化"(雨污分流、干湿分离、固液分离、生态净化);在分散养殖较为集中的区域,建立畜禽养殖粪污集中收集、运输、处理服务体系。在相城区和常熟市建立畜禽废弃物有机肥生产示范基地,推广生态发酵床养殖技术,逐步扩大工厂化堆肥处理规模,为该区域农业种植提供有机肥肥料,建立畜禽粪污—有机肥—还田利用的资源化利用链条,实现畜禽养殖零污染排放。

(2) 控制种植业污染

构建生态拦截系统,实施污染过程阻断。在流域主要河道流经区域及河网水系密集区域,如相城区,通过稻田生态田埂技术、生态拦截缓冲带技术、生物篱技术、设施菜地增设填闲作物种植技术、果园生草技术(果树下种植三叶草等减少地表径流量)等措施,实施农田内部的拦截;利用现有沟、渠、河道支浜等,通过配置氮磷吸附能力较强的植物群落、格栅和透水坝等方式实施生态改造,建设生态拦截带、生态拦截沟渠,有效拦截、净化农田氮磷污染,阻断径流水中氮磷等污染物进入主要河流及阳澄湖。

实施污染末端强化净化技术。针对离开农田、沟渠后的农田面源污染物,通过汇流收集,采用前置库技术、生态塘技术、人工湿地技术等进行末端强化净化与资源化处理。主要对沿河区域现有池塘进行生态改造和强化,建设净化塘,利用物理、化学和生物的联合作用对污染物主要是氮磷进行强化净化和深度处理,处理尾水回田再利用,实现污染削减的同时,减少农田灌溉用水。

(3) 加强水产养殖污染防治

在相城区及常熟市开展水产养殖场(池塘)百亩连片标准化、生态化池塘改造,采用"生态沟渠+表流湿地+组合生态浮岛+生态水草+太阳能微孔充氧"组合工艺进行养殖废水生态治理,保证主要水质指标稳定达到《地表水环境质量标准》(GB 3838—2002)中Ⅲ类水标准,提高养殖废水回用率达到70%以上。禁止养殖尾水未经处理直接抽排入河湖,在养殖池塘配套建设养殖尾水净化区,通过种植水生植物、放养贝类等措施实施养殖废水生态净化处理,实现养殖尾水循环利用,降低养殖废水排放量。采用生态养殖技术和水产养殖病害防治技术,推广低毒、低残留药物的使用，严格养殖投入品管理，依法规范、限制使用抗生素等化学药品，开展专项整治。

3.1.7.5 提升城乡生活污染处理水平

（1）加强城镇污水处理配套设施建设与提标改造

加快城镇污水处理厂配套管网建设，并加强其运营管理。抓紧实施污水处理厂脱氮除磷提标改造，所有新建和扩建的污水处理厂必须采用具有除磷脱氮功能的处理工艺。保障规划范围内的污水处理厂改造和新（扩）建项目出水水质达到一级 A 标准；有条件的污水处理厂，配置人工型湿地净化尾水，进一步削减氮、磷等污染物；完善尾水在线监测系统和运行管理机制，提高尾水动态管理水平和应急处置能力。

坚持厂网并举、管网先行原则，新建污水处理设施的配套管网应同步设计、同步建设、同步投运。全面排查城镇建成区污水收集和处理现状，在姑苏、相城等城镇建成区进行合流制管网改造，建设雨污分流管网。加强城镇排水与污水收集管网的日常养护工作，提高养护技术装备水平，强化城镇污水排入排水管网许可管理，规范排水行为。

（2）实施农村环境综合整治

加快农村连片整治进度，靠近城镇的村庄配套建设污水管网，就近接入城镇污水处理厂统一处理；其余村庄就地建设小型污水处理及其配套设施进行相对集中处理；对于农村无法接入污水管网进行集中处理的自然村，采用无动力或微动力、无管网或少管网、低运行成本的生化、生态处理技术，进行分散处理。主要河道流经区域建立完善的"组保洁—村收集—镇转运—县（市）处理"生活垃圾收运和处理系统。完善农村有机废弃物处理利用和无机废弃物收集转运，严禁农村垃圾在水体岸边堆放。

加大湖面及沿湖餐饮业等服务性行业综合整治力度。全面取缔现有湖面船餐；对阳澄湖周边的船餐、酒店进行全面调查，依托污水处理厂及农村污水治理设施，确保这些单位的生活污水 100% 进行收集处理。凡不能稳定达标的船餐实施限期治理，不能完成限期治理任务的，予以关闭。

3.1.7.6 加强工业园区建设，推进工业废水集中收集和处理

工业企业逐步向园区集中，以实现对工业污染源的长效管理和集中治理。加快集中式污水处理厂建设进度，凡是能接入污水处理厂处理的工业废水必须接入污水处理厂进行处理，提高工业废水集中处理能力。建设污水处理厂再生

水处理工程和利用系统,鼓励回用于工业生产和市政用水等。加强管网建设,实施雨污分流。全面实施排水许可制度,工业废水须经预处理达标后方可接入集中污水处理设施。

加强企业内部污水收集系统建设和处理设施的运行管理,做到所有生产废水、生活污水和初期雨水全部得到收集和处理,加强污水处理设施运行状态的监测和监控,提高运行管理水平。

3.1.7.7 加强船舶污染治理

加强阳澄湖渔业作业船及元和塘、杨林塘通航船舶的管理和污染防治工作。加强对船舶污染收集设施配备和使用情况的监督检查,座舱机船必须全部安装油水分离装置,挂桨机船加装接油盘等防污设施,所有船舶必须配备生活污水和生活垃圾的收集和贮存装置,并检查这些设施的正常使用情况。强化危险品运输管理。

在阳澄湖水域建设船舶垃圾和油废水回收站,并配套建设辅助道路,确保船舶污染物实现集中处理。同时对连接西湖、中湖的小河浜内的渔业作业船舶乱停、乱放现象实施整顿,实施集中停泊,集中管理。及时清理废弃的船只,确保湖面清洁有序。

进入阳澄湖水域的船舶要配备油水分离器和垃圾储存器,配备率达100%,船舶垃圾和油废水集中收集率达90%以上,基本实现零排放,全面完成船舶污染物回收处理设施建设。

完成船舶污染事故应急救助体系建设,提高处置船舶溢油事故的快速反应能力。

3.1.7.8 强化入湖河流综合整治

湖区北岸及西岸的入湖河流是阳澄湖污染物的主要来源,针对圣港塘、济民塘、蠡塘河等入湖通量较大的河道,以入湖河流清水产流机制修复为思路,以清洁小流域建设和河流水质与生态环境整体提升为目标,通过重点污染河沟的整治工程、入湖河流水土流失治理和清水入湖工程、入湖河流清洁小流域建设工程、主要入湖河道清淤与管护工程的实施,使被治理河流入湖河口水质得到提升,河道形态得到较好地恢复,小流域生态环境得到较好的改善。

通过生态修复削减入湖河流污染物以提升河流水质是区域河流污染治理的重点。对于已实施或正在实施清淤、底泥疏浚、岸坡整治等基础治理措施的河道,应进一步强化其入湖河口生态湿地修复与建设,建立河流入湖河口湿地保护区,实施高效充氧＋生物强化＋水生植物恢复的生化、生物相结合的氮、磷水质净化工程,保证主要水质指标稳定达到《地表水环境质量标准》(GB 3838—2002)中Ⅲ类水标准,构筑污染物"防护墙",提升入湖河口污染净化能力。在区域主要入湖河道两侧退化湿地开展湿地生态建设,恢复植被缓冲带和生态隔离带,增强污染拦截功能。构建完整的水生生态群落,恢复河道生物多样性。

3.1.7.9 全面提升水体自净能力

(1) 继续推进生态岸线整治

加强对各入湖河口、岸线的治理,拆除岸线水上设施、船坞等,减少潜在污染发生,采取地带性水生植物种植、人工辅助自然恢复、水通道恢复等多样化的岸线恢复方式,营造生态、亲水、景观等功能于一体的生态岸线。

对现有河道硬质护岸进行改造,根据规划要求,至2020年阳澄湖自然湖滨岸线比例达75%,构建堤岸植物群落,加强河流水体与底质之间的物质循环;修复或部分修复河流的蜿蜒形态,改造河道的基底结构,恢复河流生态系统。提升河流入湖前污染物消纳力,减轻污染入湖压力。

(2) 加强湿地保护与修复

针对相城区入湖河流多、水域面积大、污染负荷入湖量大、低污染水量较大对阳澄湖水质造成较大影响的问题,建议在阳澄湖西岸设置生态调蓄系统,在具有拦截和净化西部片区入湖污染的功能,同时增加西部湖区水生植被种类及数量,兼顾景观功能,可成为污染物进入缓冲带的一道有力防线。

严格落实《苏州市湿地保护条例》和《江苏省国家级生态保护红线规划》,加强对阳澄湖、沙家浜、昆承湖等重要湿地的保护,加强湿地公园、湿地保护小区建设,采用"规范化管理湿地水生植物的收运,实现100%的无害化、资源化处理"的方式,以自然湿地保护为重点,以保护动植物生存环境为原则,优先在湖滨带、入湖河口等湿地功能关键区域和重要湿地沿线等生态功能特殊区域开展湿地恢复,提升湿地生态功能,保护和提高生物多样性。

(3) 实施水生生物多样性保护

制定阳澄湖水生生物多样性保护方案,开展阳澄湖珍稀濒危水生生物和重要水产种质资源的就地和迁地保护,提高水生生物多样性。全年1—3月,6—8月和11—12月,在张家港、青阳港、吴淞港、大直港等主要河道渔业水域及水环境整治后进行生态修复的湖泊增殖水域,开展水生生物增殖放流活动,以恢复和补充渔业资源。

(4) 开展生态清淤

制定生态清淤计划,根据河道淤积深度定期对主要入阳澄湖河道及规划范围内支流进行清淤。综合考虑河道服务功能、河道宽度和底泥厚度等多方面因素,制定生态清淤方案,一般当河道淤积深度大于 0.8 m 时,宜进行清淤,清淤后淤泥深度不大于 0.3 m。规划期内重点实施元和塘、界泾河、娄江和北河泾等河道生态清淤。加强含锑污泥等固体废物的分类收集、规范处置。

清淤过程中一方面应注重清淤方式,根据清淤河道特点,因地制宜地采用清淤方式和清淤器械,以减小对河体水生态系统的干扰和影响;另一方面应注重对两岸水生植物的保护,减小对沿岸生态系统的破坏,同时对清出的淤泥妥善处置,防止造成二次污染。

(5) 科学调水引流

七浦塘调水可有效增加流域水环境容量,调水引流的正面效应非常显著,也十分必要,但同时带来的磷源和湖体流态的变化也值得研究,不容忽视。建议进一步强化协调机制,总结多年实践经验,科学制定和实施调水引流计划,综合考虑水情、水质、藻情变化,做到防洪防污调度有机结合。开展相关模拟研究和跟踪调查研究,不断优化调水引流方案,制订科学的运行规程,加强流域机构的协调力度,实现统一管理,适时调水。控制调节调水水量、频次及调水时间,合理调控阳澄湖水位,最大限度发挥调水引流的正面效应,把负面效应控制到最低限度。

3.1.7.10 实施饮用水源保护工程

(1) 严格执行《苏州市阳澄湖水源水质保护条例》有关规定

根据《苏州市阳澄湖水源水质保护条例》设立的阳澄湖一级、二级、准保护区水源水质保护区内应严格遵守条例的相关要求。主要有:一级保护区内禁止新建、改建、扩建与取水设施及保护水源无关的一切建设项目;设置排污口;航行、停靠船舶(执行公务的除外);放养畜禽,设置鱼簖,进行网围、网栏、网箱养殖和捕捞等渔业活动;旅游、游泳、垂钓及其他污染水体的活动。二级保护区内禁止下列活动:在一级保护区范围外 1 000 m 水域范围内设置鱼簖,进行网围、网栏、网箱养殖;新建、改建、扩建向水体排放水污染物的工业建设项目;新建、扩建高尔夫球场和水上游乐、水上餐饮等开发项目;新建、扩建向保护区内直接或者间接排放水污染物的旅游度假、房地产开发和餐饮业项目;增设排污口;航运剧毒化学品以及国务院交通部门规定禁止航运的其他危险化学品;设置装卸垃圾、粪便、油类和有毒物品的码头、有毒有害化学品仓库及堆栈;排放屠宰和饲养畜禽污水、未经消毒处理的含病原体的污水,倾倒、坑埋残液残渣、放射性物品等有毒有害废弃物;设置危险废物贮存、处置、利用项目;规模化畜禽养殖;破坏饮用水源涵养林、护岸林、湿地以及与饮用水源保护相关的植被;法律、法规规定的其他污染饮用水源的行为。准保护区内禁止建设化工、制革、制药、造纸、电镀(含线路板蚀刻)、印染、洗毛、酿造、冶炼(含焦化)、炼油、化学品贮存和危险废物贮存、处置、利用项目;禁止在距二级保护区 1 000 米内增设排污口。禁止在保护区内水体中清洗装储油类或者有毒有害污染物的车辆、机械、船舶和容器。

(2) 继续推进水源地保护工程

完善阳澄湖水源水质保护监管机制,出台饮用水源保护区水环境保护规章制度,严格划定饮用水源保护区边界,并设置明确的界限标志。加强水源地的日常巡查、监测和管理;加强对危化物品运输车辆的监督管理,加大对危化物品运输车辆违法行为的执法力度。

蓝藻暴发季节,在取水头部一级保护区钢丝网外侧增挂滤布,以有效拦截蓝藻。在水源地主要入河口等地建设水质净化林工程,逐步建立稳定、高质、高效的森林生态系统,促进水体净化、水质提升。

(3) 落实应急措施,强化供水危机防范和应急管理

建立工业园区、昆山市水环境信息共享平台,完善规划区域供水安全动态监控体系,及时发布信息;加强应急队伍建设和应急物资储备,完善饮用水源应急预案,提高应急处理能力。加强锑污染物监测能力,加强入湖河道及阳澄湖湖体锑污染物的监控预警,制定相应应急预案。如发现阳澄湖湖体内的锑浓度超标,应根据超标情况,通过对污染实行关停、限产等措施,对整个阳澄湖地区的排污总量进一步削减,保证阳澄湖体水质逐步好转,确保水源地供水安全。

继续加强水源地水量和水质自动监测网建设,完善现有站网、监测能力;进一步完善和提高饮用水水源地环境有毒有机物质的监测分析能力。

完善蓝藻监测预警体系。根据《阳澄湖地区蓝藻预警监测工作方案》,建立健全日常巡查制度。建立蓝藻、水草打捞及水源地周边枯死植被收割工作的常态化机制,组建专业打捞队伍,在保护区内放流花白鲢、螺蛳,通过生态食物链防控蓝藻,改善水环境质量。

3.1.7.11 建立阳澄湖流域长效管理机制

(1) 监测、监管、预警体系建设

充分利用现有监测系统,组建市、区两级监测站网,建立区域水环境信息共

享平台,统筹规划规划区监测站网,分级建设,分级管理。抓紧制定统一的监测技术规范和标准,做到信息统一发布,实现信息共享。逐步提升水生态监测能力,建设集水量、水质、水生态于一体的监控中心,实现对阳澄湖湖区水质、主要出入湖河道、引排通道控制断面、排入城镇排水管网及污水处理厂进出水的水量、水质信息的实时监视、预警、评价和预测预报体系;建立阳澄湖流域水环境综合治理信息共享平台,实现信息共享和统一发布。

(2) 规范工程项目管护

严把项目初审关口,重视项目环境效益,制订项目验收考核办法,构建项目监管长效机制,建立科学评估体系,形成建设、评估、反馈的良性循环体系,实现科学化、规范化项目管理。高度重视已建成项目的运行管护,制订已建成项目的运行管理办法,建立完善的运行管理体制和机制,落实治理项目后期运行费用。积极探索农村面源及生态修复工程的长效管护新模式,已运行的污染治理设施或公益性生态湿地由环保服务型企业负责具体管护工作,有关部门监督实施。探索形成一套责任明确、奖惩到位的项目监管新机制,切实发挥已实施工程的环境效益。

(3) 加强区域及部门联动

针对阳澄湖分属不同区域管理的情况,首先应建立区域间的协作机制,明确各行政区职责。由苏州市政府牵头,苏州市环保局主要负责,发改、水利、渔业、交通、建设、规划、国土资源、农委等有关部门参与,对阳澄湖进行统一管理。尤其针对区域养殖污染、岸线破坏等问题,2019—2020期间应加快建立跨区域联动机制,制定跨县区治理方案,推动退圩退渔、岸线修复等湖泊治理工作有序开展。

切实加强相关职能部门的组织协调,加强对湖区围网养殖的监督管理;对开发的养殖水面要重新规划布局;严格对养殖过程中的饵料和药物的使用过程进行规范管理;加强环境监测力度,定期对养殖区的水质、水生生物等进行检测。各部门要互相配合,共同做好阳澄湖的保护与管理工作,以规范湖泊的开发利用行为。

(4) 提升科研支撑能力

重点支持生态修复关键技术、养殖业废弃物的无害化和资源化技术提升与集成、阳澄湖治理工程管理与运行机制方面的科学研究,持续跟踪对阳澄湖水体及沉积物重金属、有毒有害物质、水生态的监测研究分析,定期(每2~3年)开展一次流域生态安全评估,及时调整流域生态保护方向与对策,为流域水环境污染治理长效管理提供科研支撑。

3.2 长荡湖

长荡湖,又名洮湖,属于太湖水系,位于江苏省金坛区与溧阳市的交界处,西望茅山,东接滆湖,北连长江。地理坐标位于东经 $119°30'\sim119°37'$,北纬 $31°33'\sim31°40'$。长荡湖总面积 13 万亩,90%以上在金坛境内,为江苏十大淡水湖之一,也是江苏省太湖流域目前生态和水质最好的浅水湖泊之一,是常州市唯一被国家生态环境部列入《水质较好湖泊生态环境保护总体规划(2013—2020)》的湖泊。长荡湖是《江苏省湖泊保护名录》中的湖泊之一,是一个防洪调蓄、水资源、生态环境、渔业养殖、气候调节及旅游等多功能于一体的浅水型湖泊。

长荡湖流域内河道以长荡湖为中心,基本呈放射状,按河道流向分为入湖河道和出湖河道,其中入湖河道有 8 条,分别为新建河、方洛港、新河港、大浦港、白石港、仁河港、后渎港、庄阳港;出湖河道有 5 条,分别为湟里河、北干河、儒林中河、中干河及河下河。

长荡湖生态安全调查与评估项目的研究范围涉及 4 个乡镇、2 个街道,分别为金城镇、朱林镇、指前镇、儒林镇、尧塘街道、西城街道,总面积约 490.1 km²,生态安全调查范围如图 3.2-1 所示。

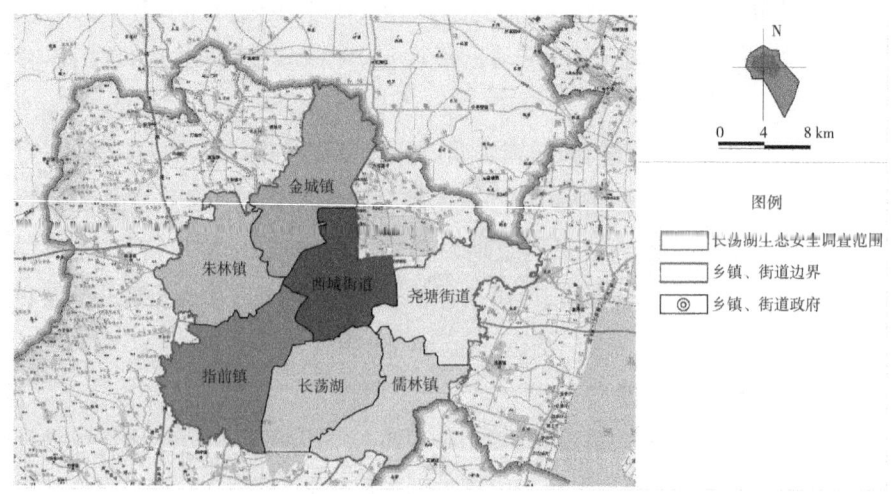

图 3.2-1 长荡湖流域生态安全调查范围

3.2.1 长荡湖流域社会经济影响调查

3.2.1.1 社会经济概况

长荡湖生态安全调查评估范围涉及江苏省常州市金坛区的六个乡镇/街道，分别为：金城镇、朱林镇、指前镇、儒林镇、尧塘街道、西城街道，流域总面积为 490.10 km²。

2017 年长荡湖流域常住总人口为 469 602 人，其中常住农村人口 218 306 人，农村人口占总人口比重为 46.49%。从密度上来看，长荡湖流域人口密度为 958 人/km²（按常住人口计算），高于江苏省人口密度 749 人/km²。考虑到长荡湖流域人口基数，长荡湖的人口增长对流域生态环境造成的生态压力不容忽视。

2017 年长荡湖流域实现地区生产总值约为 303.3 亿元。其中超过 50% 来自西城街道和金城镇，地区生产总值分别为 103.3 亿元和 59.6 亿元。2017 年长荡湖流域人均地区生产总值为 64 593 元（按常住人口计算），对比 2017 年全国人均 GDP 和江苏省人均 GDP，长荡湖流域经济发展的总体水平仍然较低，除了儒林镇和朱林镇外，其余乡镇/街道均低于全国平均水平，仅有儒林镇超过江苏省平均水平。

3.2.1.2 流域水污染源概况

长荡湖流域点源污染包括未接管的工业企业、规模养殖、污水处理厂尾水排放（含接管的城镇生活和工业企业），共 3 个方面；面源污染包括未收集的生活污水（含城镇和农村）、农业种植、分散养殖、水产养殖、城镇径流、水土流失，共 6 个方面。

2017 年，长荡湖流域 COD_{Mn}、NH_3-N、TN、TP 四项主要水污染物入河总量分别为 COD_{Mn}：12 911.20 t，NH_3-N：740.66 t，TN：1 455.44 t，TP：216.20 t。就单位流域面积污染负荷而言，2017 年长荡湖流域单位面积污染负荷（入河量）为 COD_{Mn}：26.34 t/km²、NH_3-N：1.51 t/km²、TN：2.97 t/km²、TP：0.44 t/km²。

细化到具体的八种污染来源（水土流失污染物排放为零，不予纳入分析），COD_{Mn}、NH_3-N、TN、TP 四项主要水污染物的来源呈现出较为明显的差异。总体上看，规模畜禽养殖、水产养殖、未收集的生活污染是最为主要的污染来源，三者对四项主要污染物排放入河量的贡献分别为 29%～74%、6%～35%、4%～20%。

从水污染物排放入河量按乡镇/街道分析来看，COD_{Mn} 和 TP 的来源趋势较为一致，NH$_3$-N 和 TN 的来源趋势较为一致。指前镇在 COD$_{Mn}$ 和 TP 的排放入河量中的占比均在 41%～43%之间。其次，金城镇、朱林镇、西城街道在 COD$_{Mn}$ 和 TP 的排放入河量中的占比均在 7%～28%之间，儒林镇、尧塘街道对 COD$_{Mn}$ 和 TP 的排放入河量贡献较低(4%～6%)。而金城镇在 NH$_3$-N 和 TN 的排放入河量中的占比较高(30%～34%)，其次，指前镇、朱林镇、儒林镇在 NH$_3$-N 和 TN 的排放入河量中的占比均在 9%～29%之间，尧塘街道、西城街道对 NH$_3$-N 和 TN 的排放贡献较低(7%～9%)。

3.2.1.3 生态环境压力状况

根据国土部门提供的土地利用数据，长荡湖流域内建设用地面积为 108.44 km^2，农业用地面积为 223.52 km^2，统计单元面积为 490.10 km^2。具有一定人类活动强度干扰(如图 3.2.1-1 所示)。根据实地调研，长荡湖流域水生生境中主要人类活动包括挖砂、航运交通和涉水旅游、网箱养殖。根据现场调研无人机航拍情况及遥感影像分析，湖泊近岸 3 km 缓冲区总面积为 145.56 km^2，其中建筑用地面积 20.36 km^2，农业用地面积 83.40 km^2。近岸缓冲区人类生活、生产开发活动对湖泊生态环境产生最直接的压力，湖泊近岸缓冲区受人类活动干扰。

3.2.2 长荡湖及其流域生态环境调查

3.2.2.1 湖泊水质现状及时空变化趋势

2013—2017 年间，长荡湖水环境质量整体良好，总体呈现出先下降后上升的趋势。除 2015 年外，其余时间监测结果显示长荡湖水质均符合地表水环境质量标准中Ⅲ类水水质标准。北干河口区和湖北区的综合富营养化指数于 2015 年达到最大值，污染超标因子为总磷。

长荡湖 2018 年—2019 年的监测结果表明，主要超标因子为总氮、总磷和 COD$_{Mn}$。全湖总氮、总磷的年均值水质类别为Ⅴ类。全湖水体氮磷污染情况严重，COD$_{Mn}$ 超标较多。长荡湖湖体水质氮磷污染问题突出，水体总氮总磷浓度均超出地表水Ⅲ类水质标准，总体为Ⅴ类水，化学需氧量也多有超标，总体为Ⅳ类。入湖河流普遍存在氨氮和化学需要量的超标情况，总氮浓度较高。长荡湖叶绿素 a 浓度普遍比较高，综合营养指数也比较高，年均值为 60.7。长荡湖的营养状态处于四级，属于中度富营养化状态。

2018 年夏季湖心区和东、西两侧近岸区 TP 与 TN 浓度高，西南角和东北区

TP 与 TN 浓度相对较低。东北湖区为出流区，受流域外源污染影响较小，氮磷浓度相对较低。长荡湖夏季氮磷污染严重，水体控氮控磷需求较为迫切。2018年夏季长荡湖 Chla 浓度空间分布差异大，西南湖区叶绿素浓度超过北部湖区3倍，如图 3.2.2-1 所示。

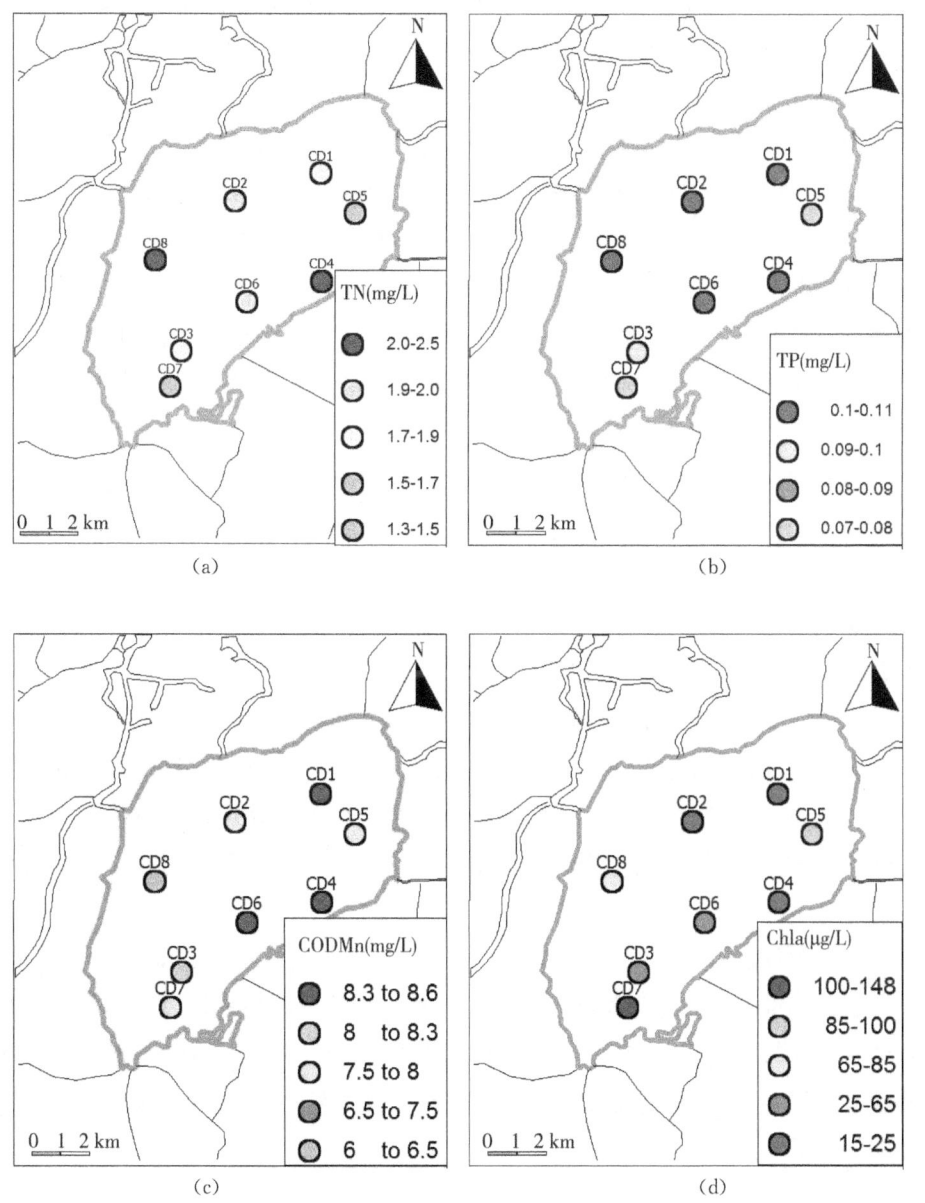

图 3.2.2-1　2018 年夏季长荡湖 TN、TP、COD_{Mn}、Chla 浓度空间分布

3.2.2.2 入湖河流水质现状和变化趋势

长荡湖主要入湖河道和出湖河道的水质现状情况为：入湖河流普遍存在氨氮和化学需氧量的超标情况，总氮浓度较高。中干河的氨氮浓度超标最严重，全年监测数据中有一半以上超过地表水Ⅲ类水质标准；后渎港的COD_{Mn}超标最多，超标率高达70%，可能与河道紧挨着后渎村，大量的生活污水排入河道所致。

3.2.2.3 湖体及入湖河道底质现状调查

湖南区的总氮年均值最高，湖北区的总氮年均值最低，长荡湖不同湖区总氮年均值的大小顺序为：湖南区＞北干河口区＞湖心区＞湖北区。从季节变化来看，夏季湖体总氮的均值最高，秋季湖体总氮的均值最低。湖南区的总磷年均值最高，湖北区的总磷年均值最低，不同湖区总磷年均值的大小顺序为：湖南区＞湖心区＞北干河口区＞湖北区。根据EPA关于沉积物氮磷的分类标准，长荡湖总氮属于"中度污染"，湖南区总氮属于"重度污染"。而全湖沉积物的总磷均属于"中度污染"。从不同季节全湖沉积物中氮磷均值来看，冬季沉积物中氮磷含量最高，夏季氮磷含量最低。

重金属污染方面，按照潜在生态风险指数RI的大小，湖心区的重金属污染程度最高，其次是湖南区，均属于严重污染。Cd（镉）的超背景值倍数最多，全湖平均超背景值倍数达到14.4，加上镉的毒性系数也很大，一定程度上导致长荡湖重金属潜在风险指数的急剧增加。

3.2.2.4 湖泊水生态环境现状及变化趋势

水生态调查基于文献资料及现状监测。监测频率为每季度一次。主要针对水生态的种属概况、空间分布和多样性指数进行分析，此外还对浮游植物和环境因子的关系，以及底栖动物和环境因子的关系进行了研究。研究还首次将无人机航拍技术应用到湖滨带调查中，结合工程制图，分析了长荡湖湖滨带挺水植物的分布范围和特征。

（1）浮游植物方面

长荡湖共鉴定出浮游植物6门41种，其中绿藻门物种数量最多。冬季主要优势种为小环藻，其次是席藻；夏季席藻、颤藻、微囊藻为优势种，蓝藻门物种优势度有所增加；秋季平列藻、颤藻优势度较高，微囊藻秋季优势度大幅下降（如图3.2.2-2所示）。

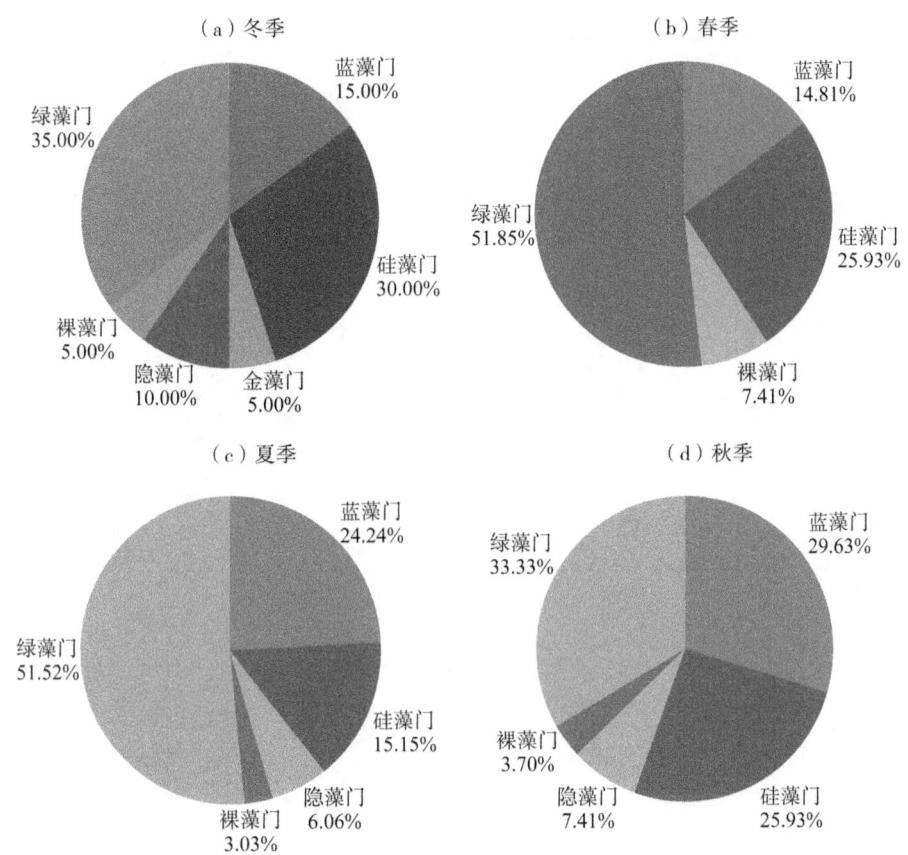

图 3.2.2-2 长荡湖各季节浮游植物种属组成

浮游植物具有较为明显的空间异质性和季节性变化(如图 3.2.2-3 所示),冬季河口区藻类密度较大,湖湾和近岸水体藻类密度相对较小,小环藻大规模的出现,需引起重视。夏季中部湖区藻类密度最大,南部湖区藻类密度最小,东北部和西南部湖湾生物量较低。秋季藻类空间分布与夏季较为一致,但藻类密度和生物量明显下降。

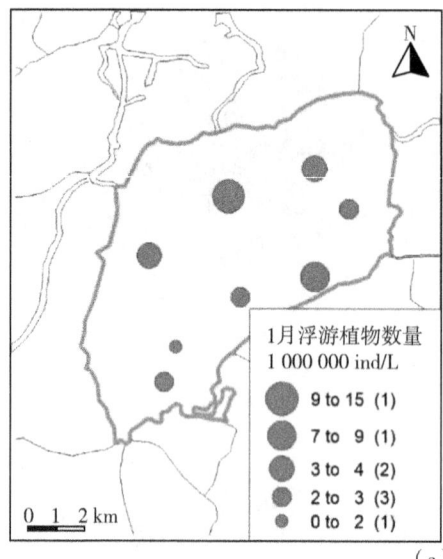
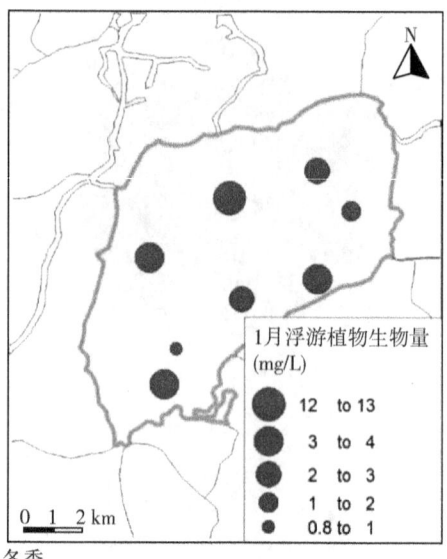

(a) 冬季

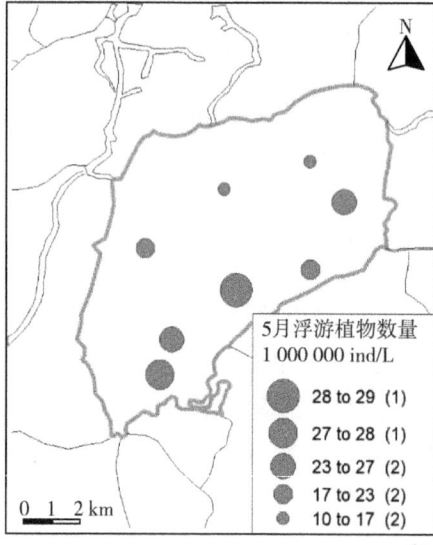
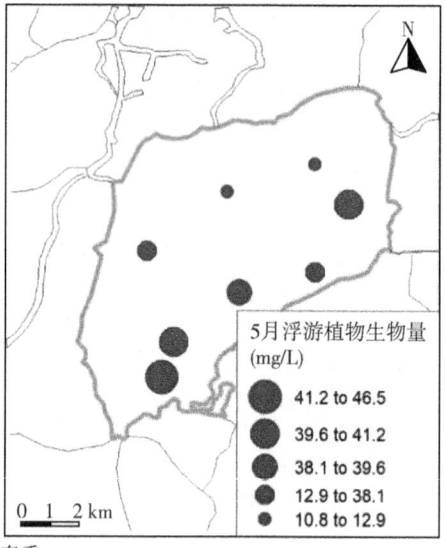

(b) 春季

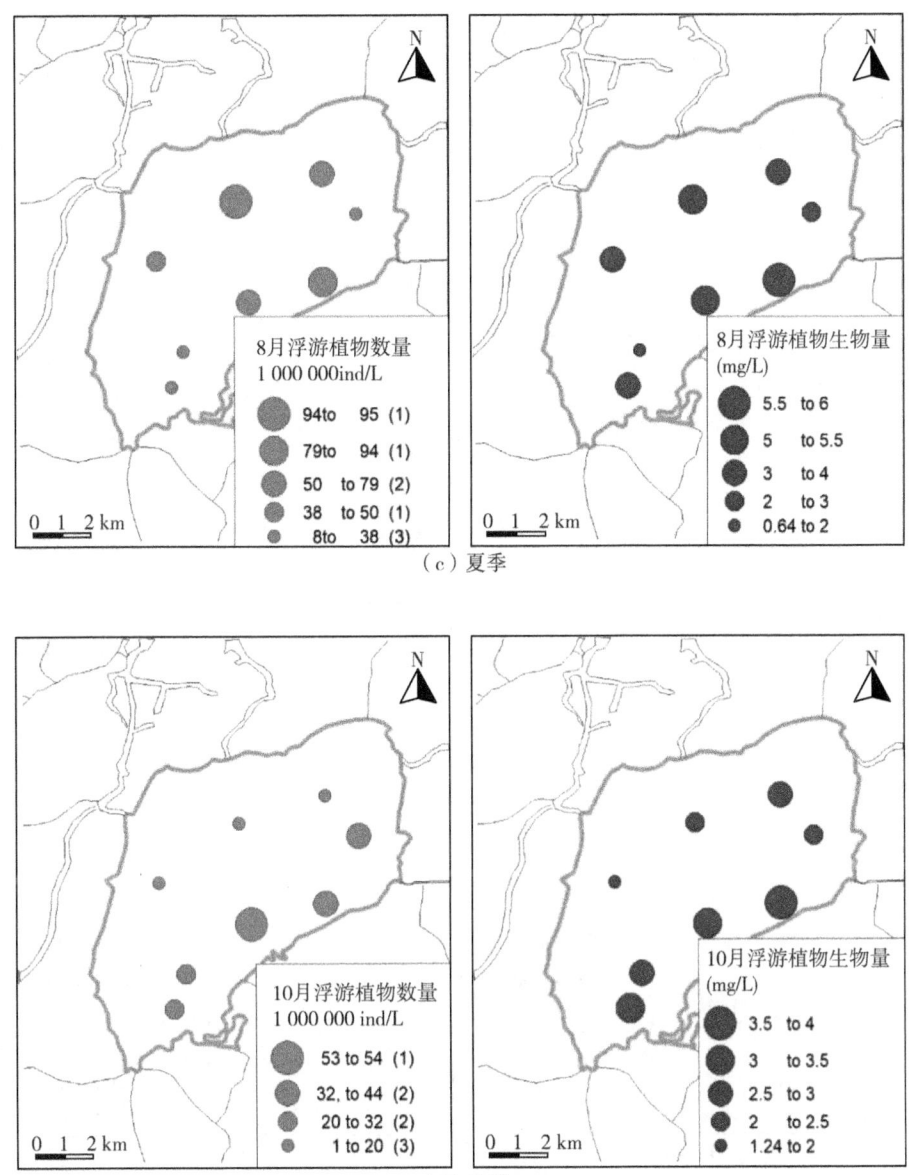

图 3.2.2-3　长荡湖不同季节浮游植物数量和生物量空间分布

浮游植物多样性指数(DI)具有空间异质性和季节性变化,冬季小环藻具有较高的优势度,因而藻类数量和生物量较高的河口区 DI 反而不高(如图 3.2.2-4 所示)。夏季藻类数量较大的中部湖区 DI 指数低于藻类数量较少的南部湖区,表明南部湖区物种分布相对均匀。

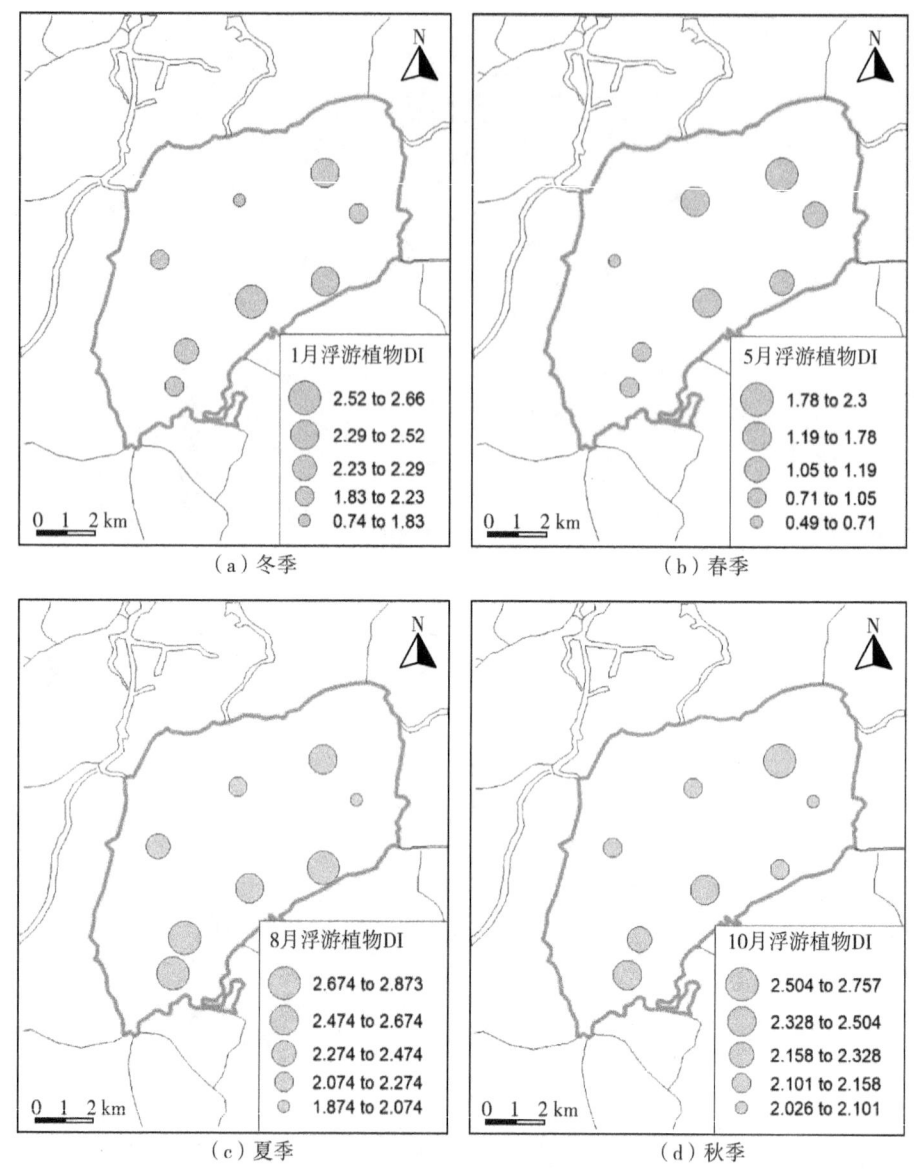

图 3.2.2-4　长荡湖不同季节浮游植物多样性指数空间分布

(2) 浮游动物方面

长荡湖共鉴定出浮游动物 49 种,轮虫物种数量最大。各季节暗小异尾轮虫、针簇多肢轮虫和筒弧象鼻溞均具有明显优势度,其他轮虫类优势度不超过 10%,浮游动物以耐污种轮虫占主要优势种(如图 3.2.2-5 所示)。

第三章 重点湖泊生态安全评估实践

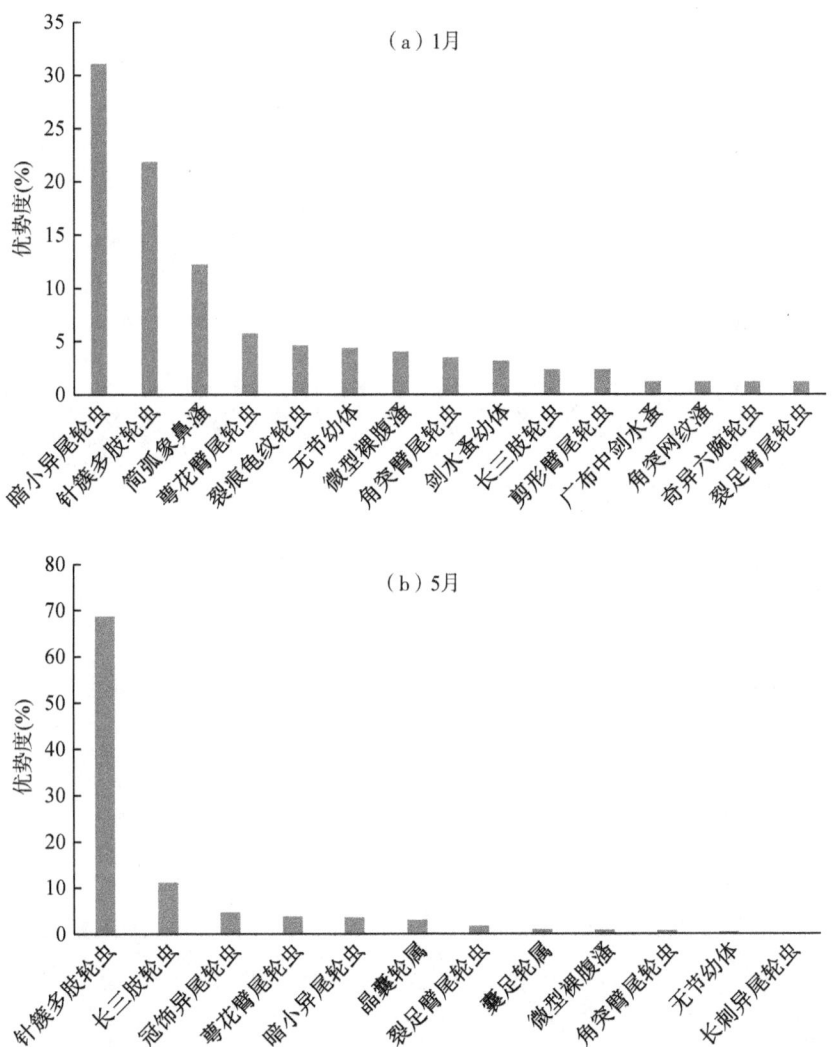

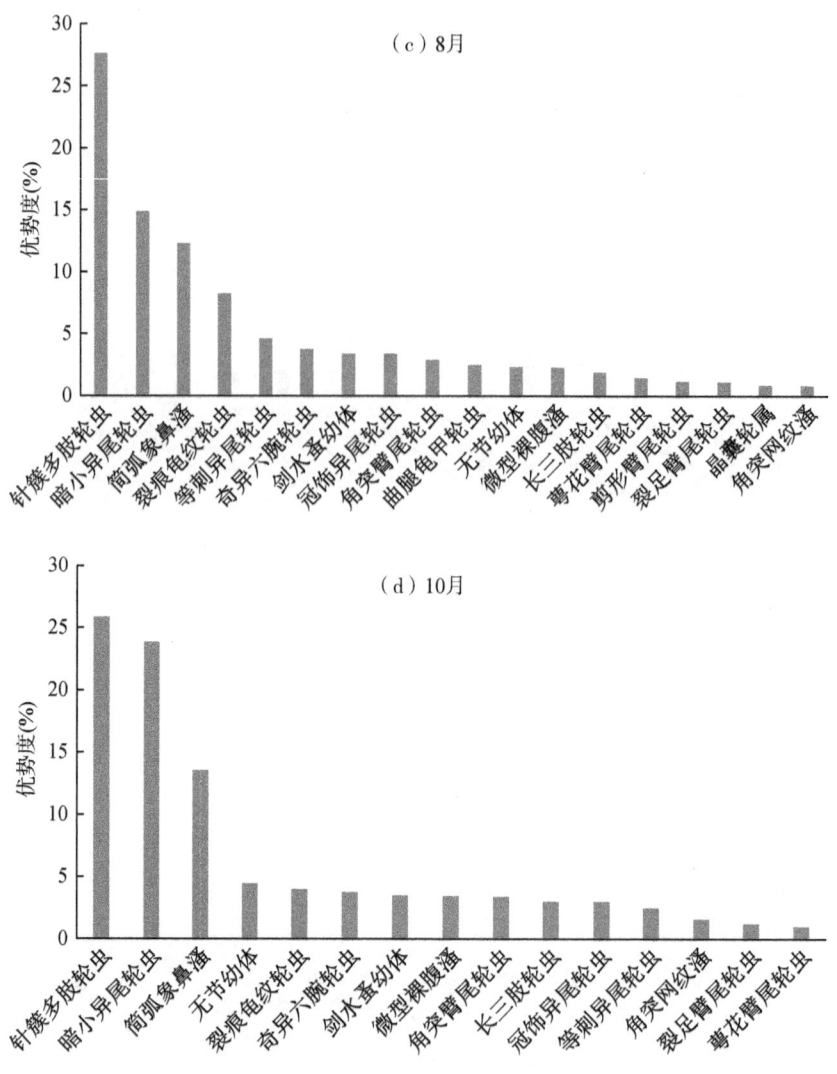

图 3.2.2-5 长荡湖不同季节浮游动物各物种优势度

长荡湖浮游动物分布具有一定的空间异质性,东北部湖湾和北部区浮游动物数量、生物量明显高于其他湖区,总体上浮游动物由东北部湖区往南呈减少趋势(如图 3.2.2-6 所示)。对浮游动物数量贡献较大的物种为简弧象鼻溞和暗小异尾轮虫。

第三章 重点湖泊生态安全评估实践

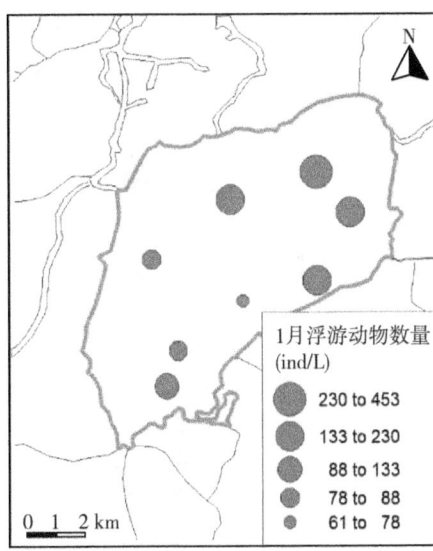
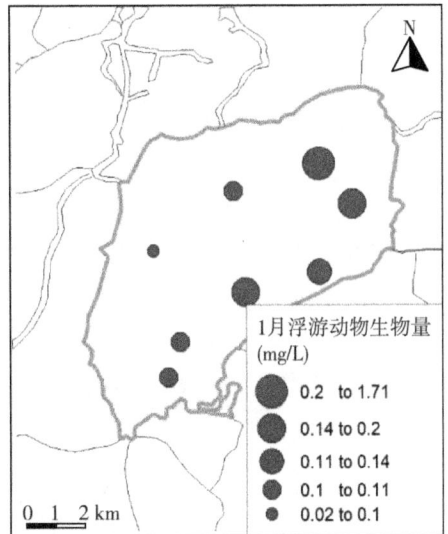

(a)

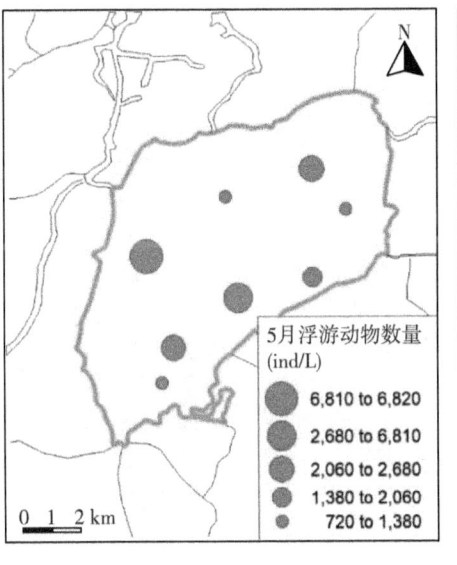
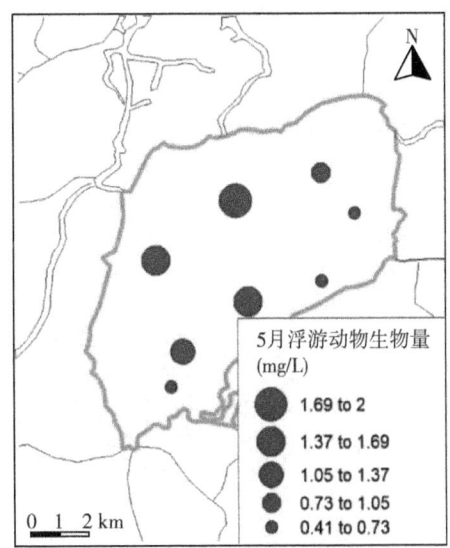

(b)

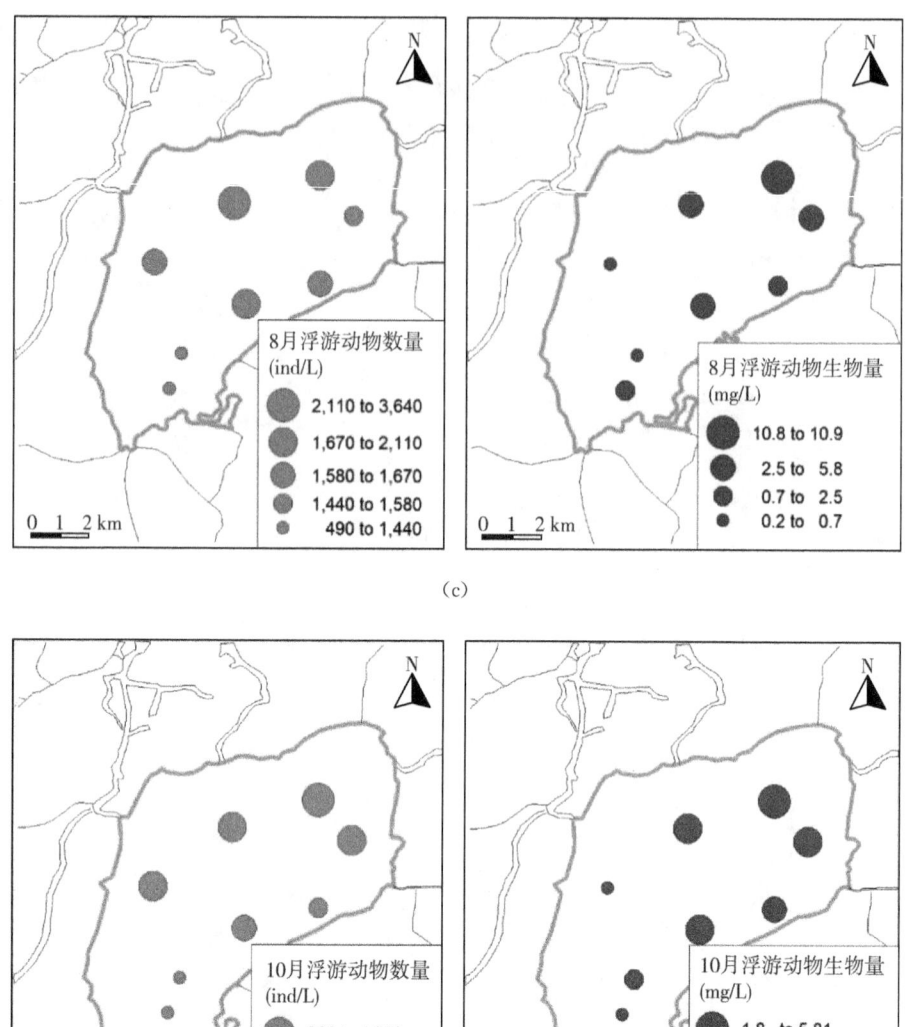

图 3.2.2-6 长荡湖不同季节浮游动物数量和生物量空间分布

浮游动物 DI 指数冬季和春季较低,夏季和秋季升高。从空间分布上看,DI 指数与浮游动物数量和生物量的空间分布明显不同,南部湖湾虽然数量和生物量较低,但 DI 指数高于湖心区和北部区,物种分布相对均匀(如图 3.2.2-7 所示)。

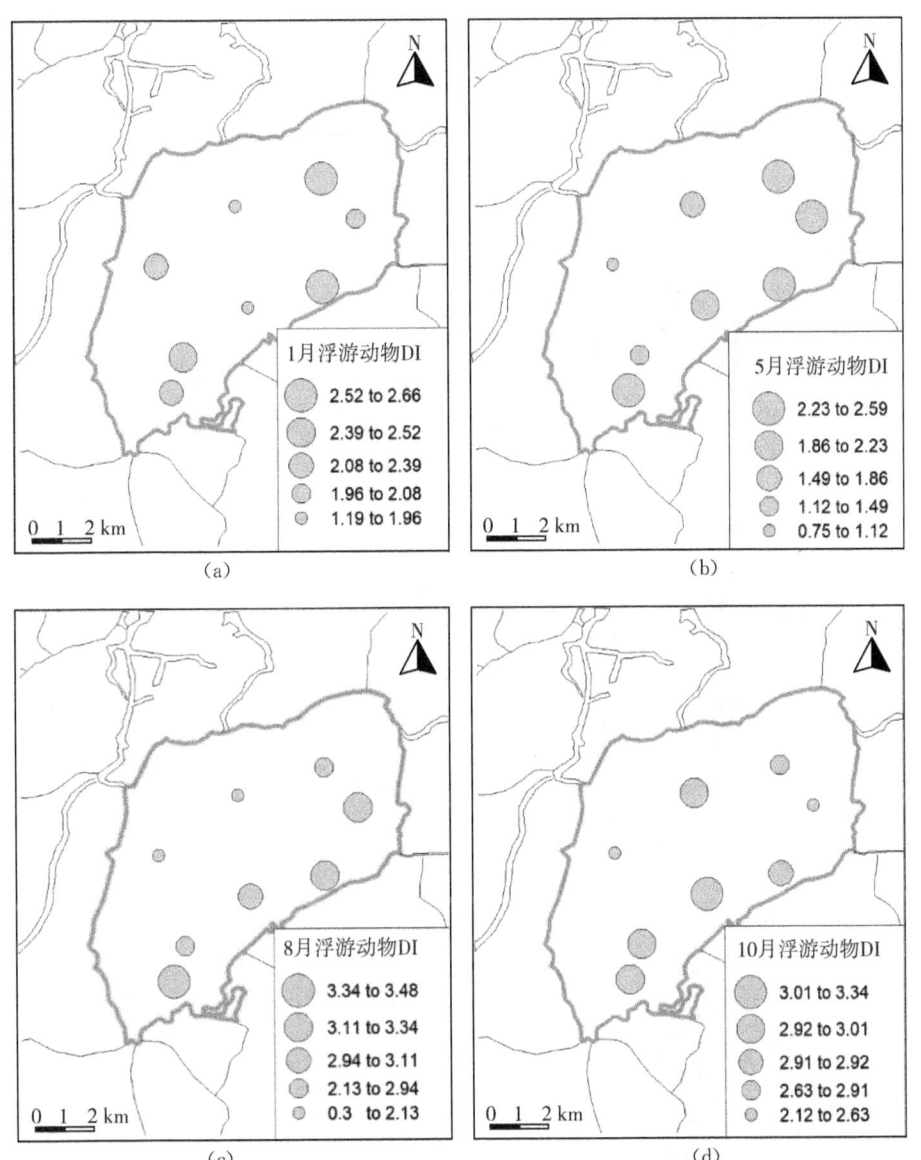

图 3.2.2-7 长荡湖不同季节浮游动物多样性指数空间分布

(3) 底栖动物方面

长荡湖底栖动物现存量较低。冬季优势种为中国长足摇蚊和红裸须摇蚊，其次是霍甫水丝蚓。夏季多巴小摇蚊优势度达 87.5%，其他物种为苏氏尾鳃蚓、中国长足摇蚊和凹铗隐摇蚊。秋季中国长足摇蚊、羽摇蚊、多巴小摇蚊和霍甫水丝蚓优势度相对较高。各季节优势度较高的物种为寡毛纲和摇蚊幼虫等耐污种类(如图 3.2.2-8 所示)。

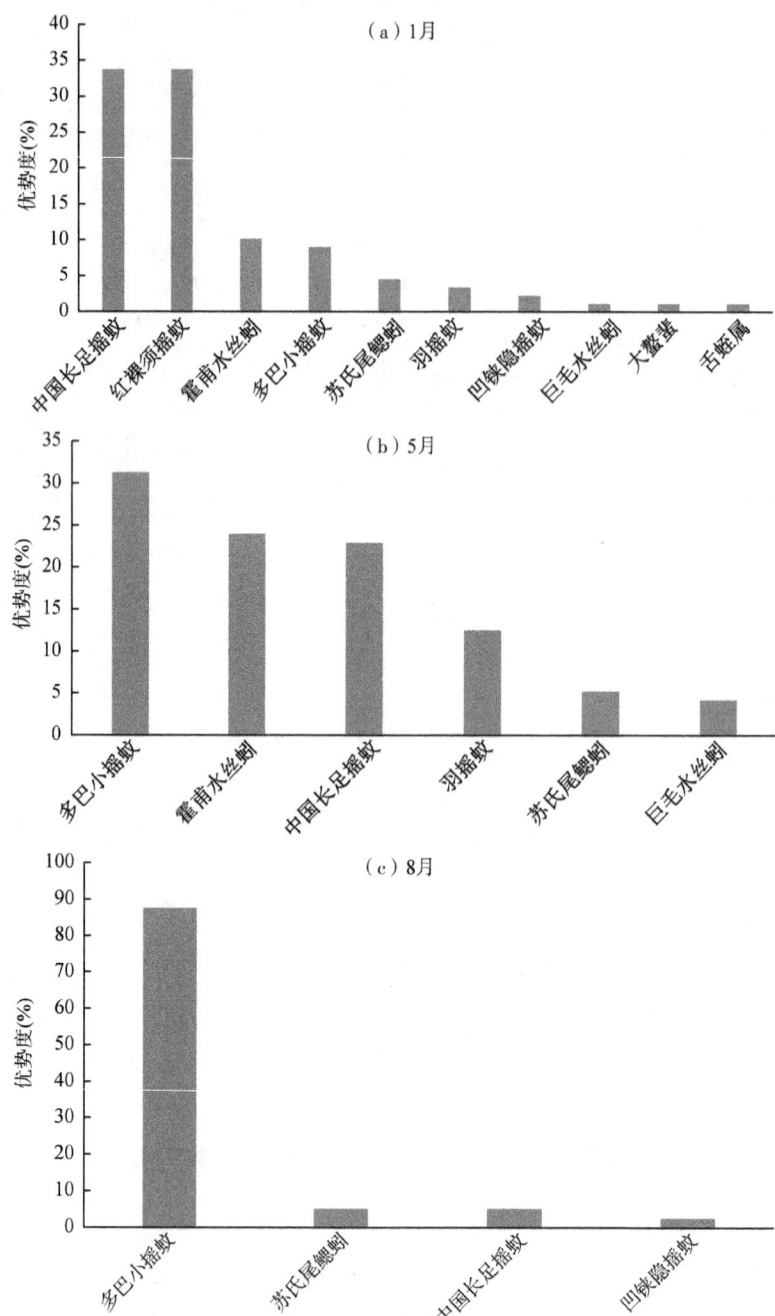

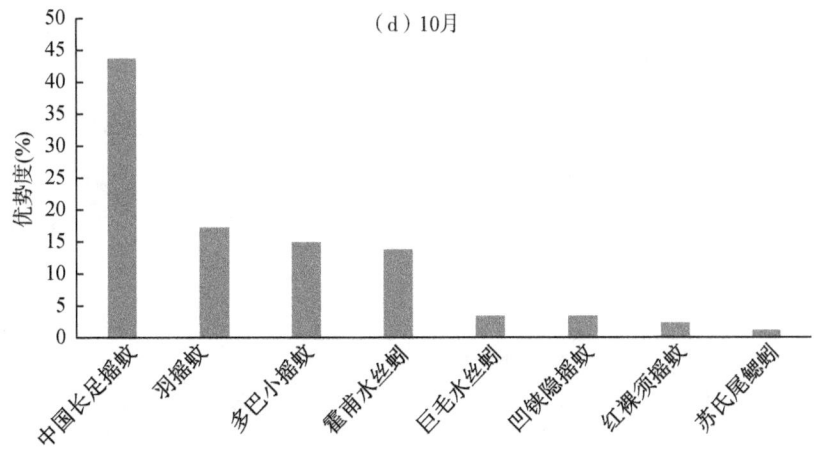

图 3.2.2-8　长荡湖底栖动物各物种优势度

底栖动物空间差异较为明显,分布较为集中的区域位于南部湖湾内和东部近岸区(如图 3.2.2-9 所示)。长荡湖底栖动物小型化严重,尤其是西部湖区。

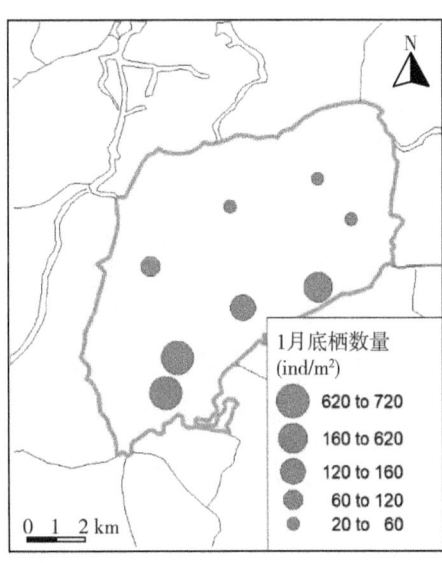
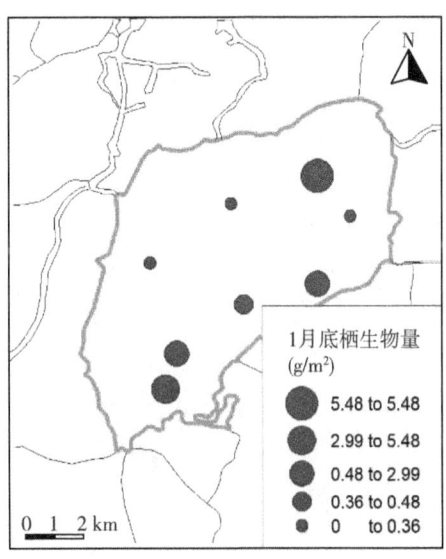

(a)

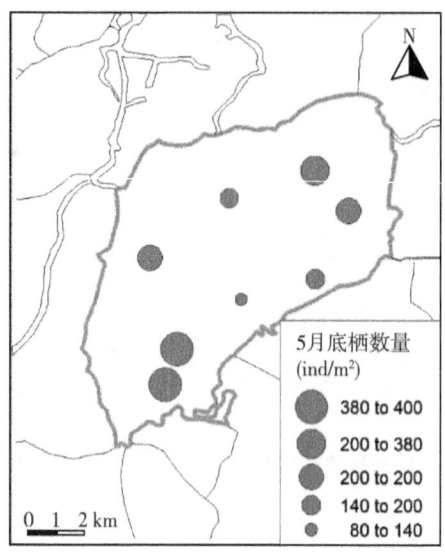 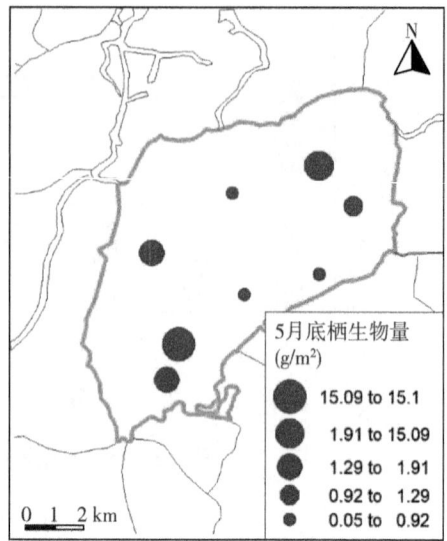

(b)

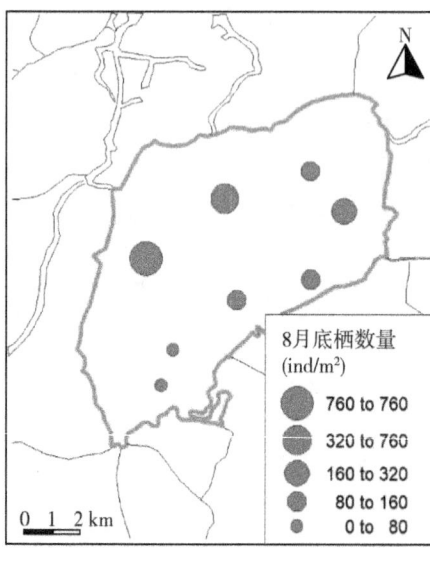 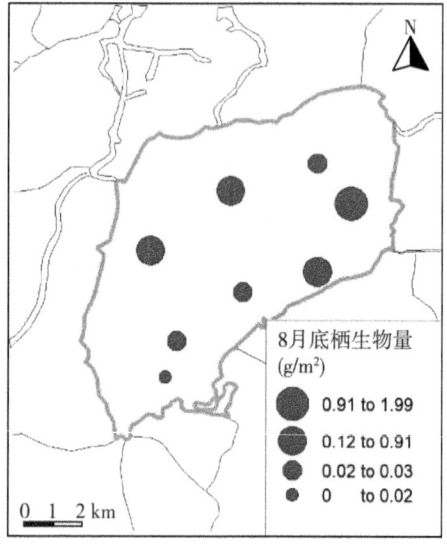

(c)

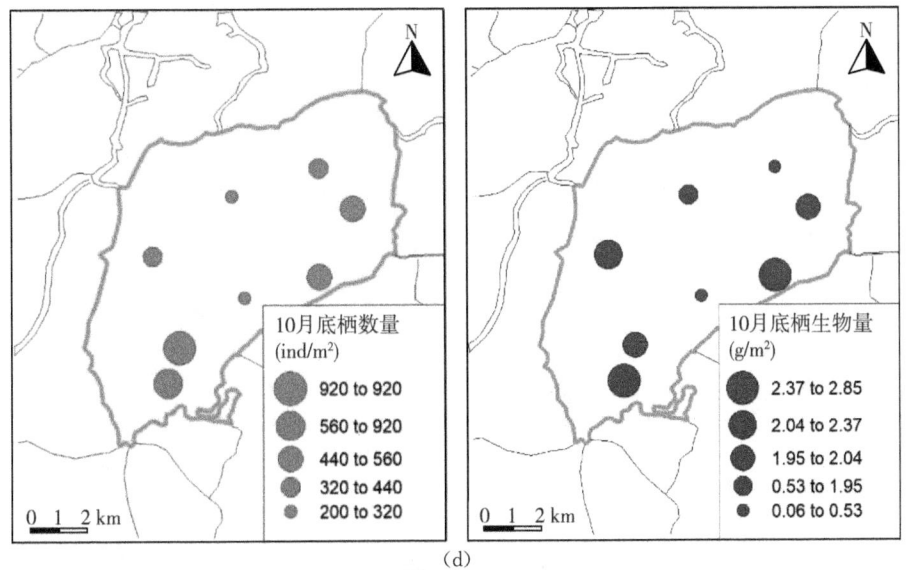

图 3.2.2-9　长荡湖不同季节底栖动物数量和生物量空间分布

底栖动物 DI 指数夏季较低,秋季和冬季略高(如图 3.2.2-10 所示)。东部近岸区底栖动物数量偏低,但多样性指数高于西部湖区,主要原因在于西部湖区摇蚊优势度较大。

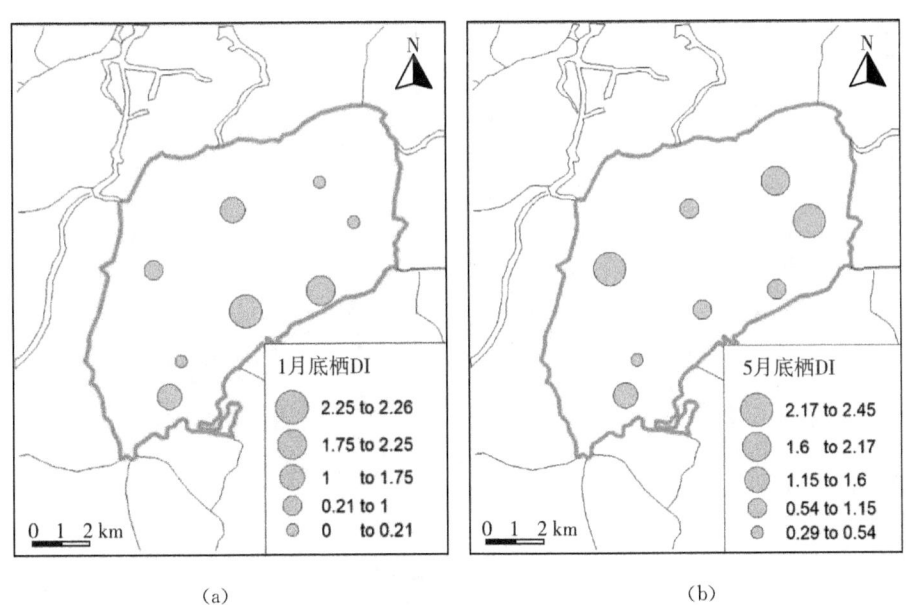

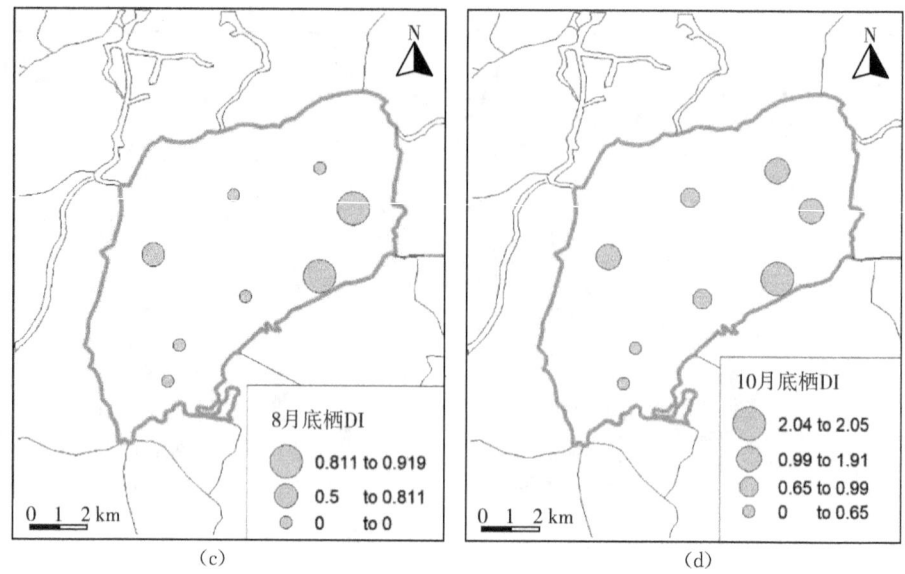

图 3.2.2-10　长荡湖不同季节底栖动物多样性指数空间分布

(4) 水生植物方面

长荡湖共有水生植物5种：水鳖、黄花水龙、槐叶萍、苦草和穗花狐尾藻，其中苦草为优势种。长荡湖开阔水体唯一分布有水生植被的区域位于西南角围网养殖区，该区域围网的消浪阻流作用为沉水植被苦草发育创造了适宜的水动力和底质条件。各季节苦草生物量和密度占优，其次是狐尾藻（如图3.2.2-11所示）。

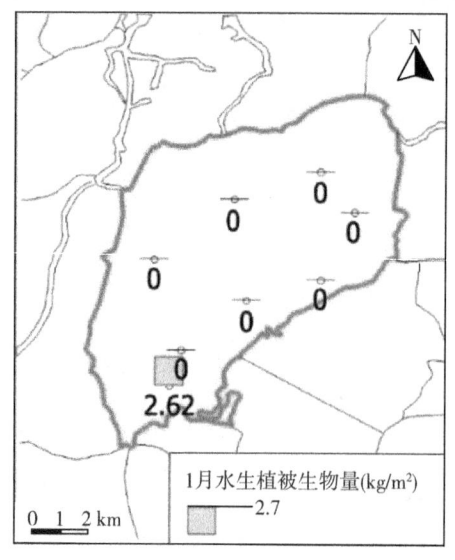
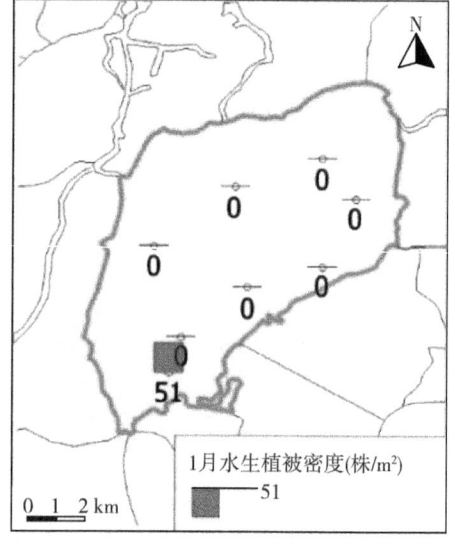

(a)

第三章 重点湖泊生态安全评估实践

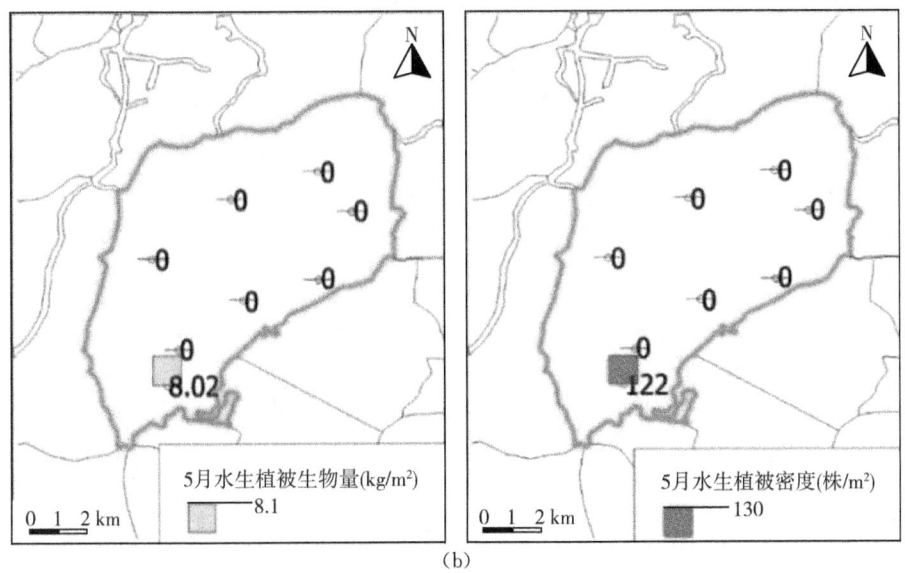

(b)

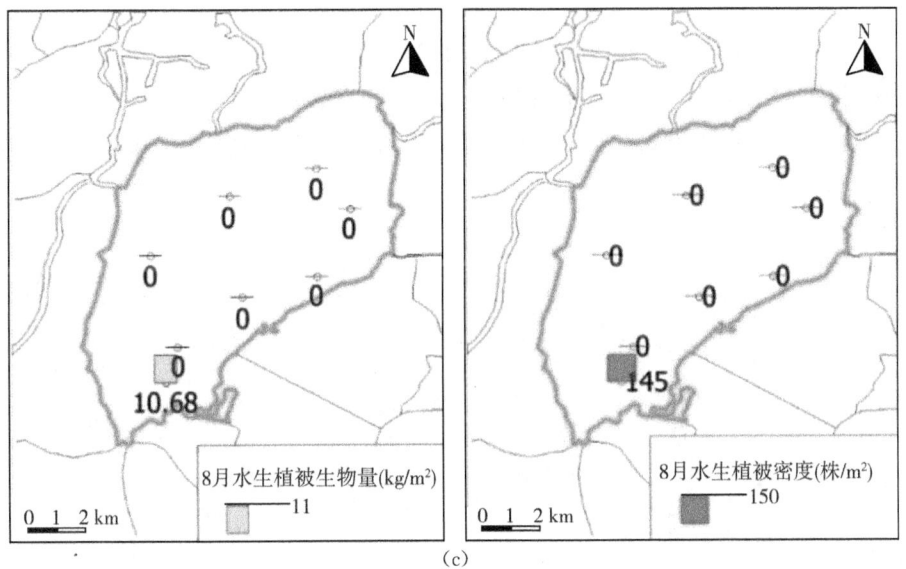

(c)

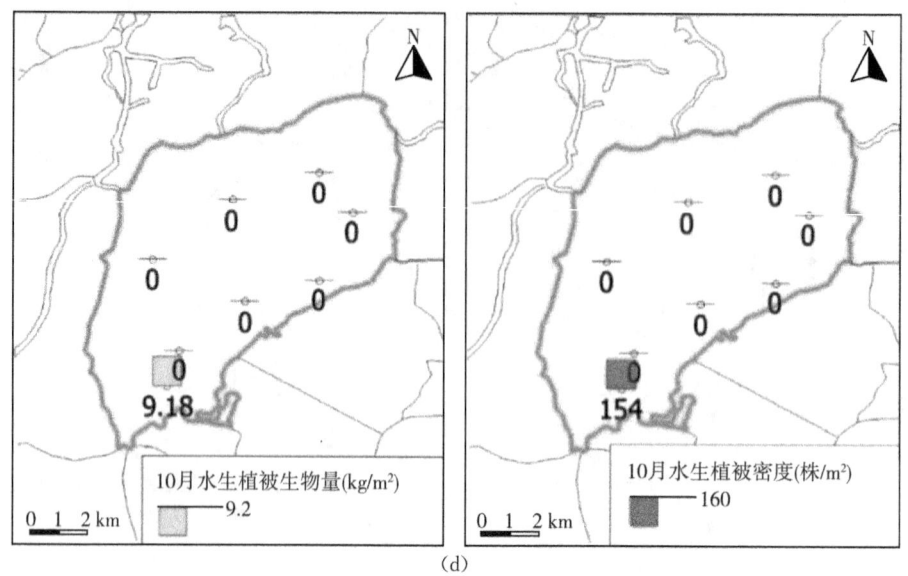

图 3.2.2-11 长荡湖各季节水生植被密度与生物量空间分布

长荡湖西南角样点水生植物多样性指数(DI)冬季、夏季和秋季分别为0.67、1.06 和 1.22,表明该样点水生植被具有一定的多样性(如图 3.2.2-12 所示)。长荡湖水生植物主要问题在于植被覆盖范围过小,植被稳定基底、改善水质的功能得不到有效发挥。

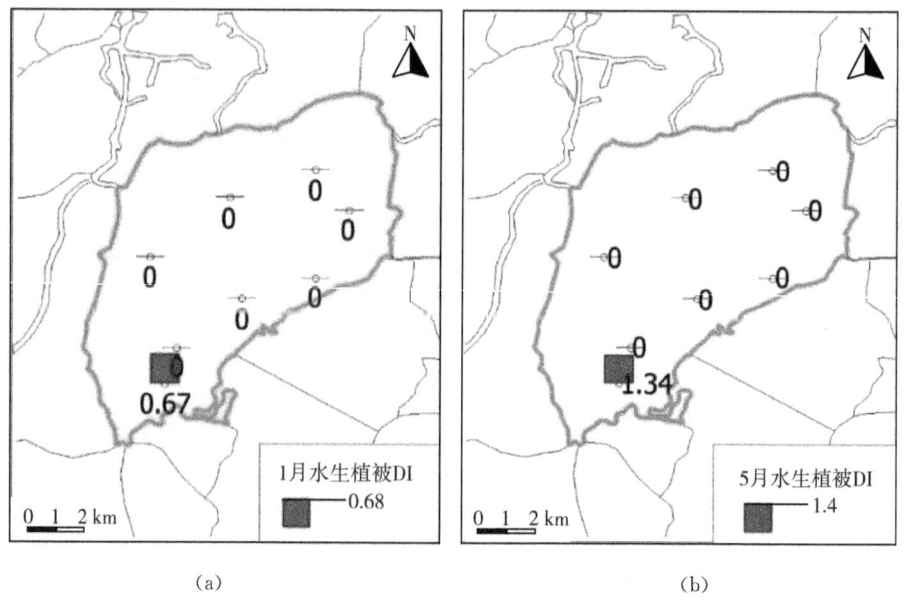

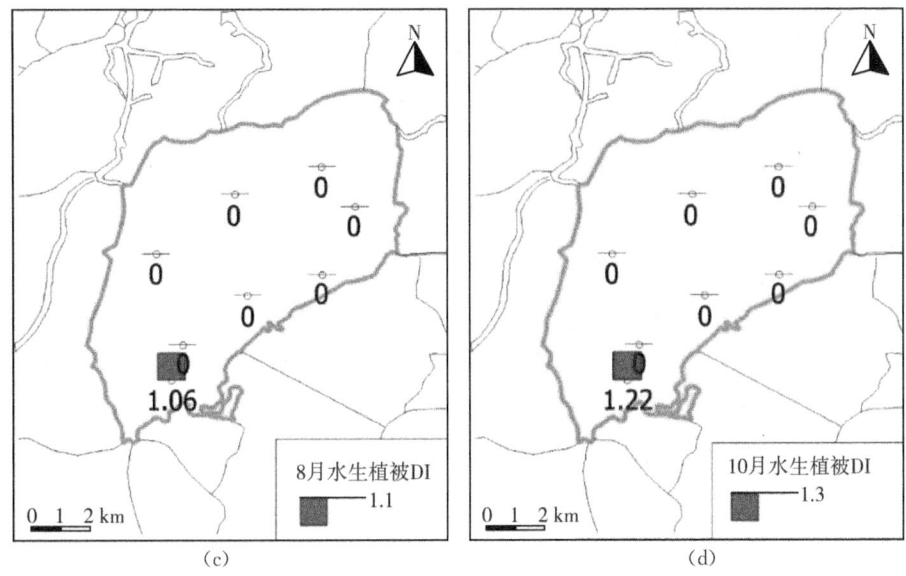

图 3.2.2-12　长荡湖不同季节水生植物多样性指数空间分布

湖滨带挺水植物主要分布在西部和东部滨岸带,北部和南部滨岸带植被分布相对稀少,总面积约 350.3×10⁴ m²,植被现存量较高,在拦截陆域污染物、净化湖体水质、抑制蓝藻生长、改善水生态等方面发挥重要作用,说明长荡湖的水生植物的大幅度减少,已经使其由草型湖泊向藻型湖泊转化(如图 3.2.2-13 所示)。

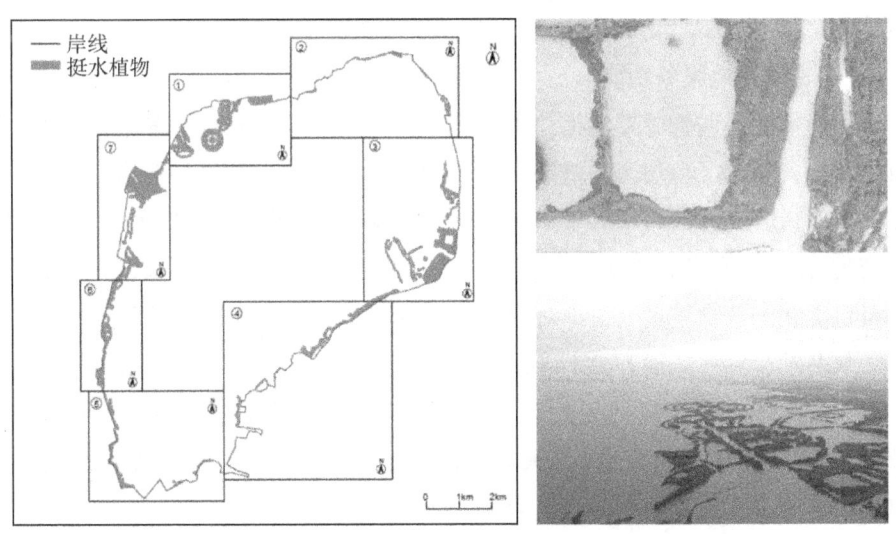

图 3.2.2-13　长荡湖水生植被分布图

3.2.3 长荡湖生态服务功能调查

3.2.3.1 饮用水服务功能

长荡湖涑渎水源地属于湖泊型饮用水源地,水源地类别为地级。长荡湖涑渎水源地以长荡湖为取水水源,长荡湖上游多年平均来水量为 5.0 亿 m^3,在保证率为 95% 时上游来水量为 3.10 亿 m^3,年调节库容为 0.78 亿 m^3,扣除用水量 0.052 6 亿 m^3,可供水量为 3.827 亿 m^3(含湖区径流、湖泊调蓄库容)。长荡湖取水口最大年取水量为 0.73 亿 m^3,占保证率 95% 时可供水量的 19.1%。为了保证水源水质的安全,水利部门在取水点半径 500 米范围之内,实行了全封闭的物理隔离,禁止通航,并在水源地一、二级保护区和准保护区设立了警示标志。

3.2.3.2 水产品服务功能

长荡湖湖水水源充足、水质清澈、无污染,水草、螺蚬等水生生物资源极其丰富,盛产玉爪蟹(长荡湖螃蟹)、青虾等。长荡湖水质较好,湖内有鱼类 60 余种,主要经济鱼类有鲤、鲫、鳊等,可为环湖居民提供丰富的渔业资源。

2017 年,长荡湖生态安全调查与评估范围内水产品总产量为 24 396.279 t,即水产品供给服务功能为 24 396.279 t。其中蟹、虾的产量为 16 145.579 t,占比 66.18%;常规鱼类产量 8 177.85 t,占比 33.52%;其他水产(甲鱼等)产量 72.85 t,占比 0.30%。

3.2.3.3 栖息地服务功能

栖息地功能调查主要包括鱼类种类数、湿地的面积、林草覆盖率、候鸟种类及数量等。保护区鱼类区系复杂,多样性较高,主要保护区物种蒙古鲌、花䱻现存资源量较大。2016—2017 年 4 个季度现场采样调查共采集到 31 种鱼类,甲壳类 3 种,分别隶属于 4 目 8 科 24 属和 1 目 2 科 3 属。就群落结构而言,鲤形目鱼类在渔获物重量上占绝对优势,十足目在鱼类渔获尾数则占据优势。

长荡湖流域林地面积共计 0.40 km^2,草地面积 0.63 km^2,林草覆盖率为 0.21%。区域内湿地包括天然湿地和人工湿地,面积分别为 149.94 km^2 和 180.37 km^2,共计 330.31 km^2,天然湿地面积占区域总面积的比例为 30.59%,总湿地面积占区域总面积的比例为 67.39%。

3.2.3.4 拦截净化功能

长荡湖湖滨带拦截功能调查结果显示湖体周长 47.9 km,湖滨天然缓冲区长度 12.77 km,湖滨人工缓冲区长度 12.23 km,长荡湖自然湖滨岸线占总岸线长度的 26.66%,73.34%长的岸线受到不同程度的破坏。

自然湖滨岸线受到人为破坏主要表现在以下三个方面：一是自然湖滨岸线被水泥等硬质坡岸替代,导致岸线失去了原有稳固岸坡,拦截坡面存在水土流失现象,河湖氮磷污染降解等重要生态功能也随之丧失。二是部分岸线为餐饮旅游区,自然岸线被侵占并开发利用,这一现象在长荡湖东部水街附近尤为突出。三是南部湖区与农田、池塘相接,部分岸线成为农田、养殖池塘的圩埂,生态拦截功能遭到破坏。

长荡湖湖滨带挺水植物主要为芦苇,分布在西部滨岸带,其次是东部岸带,北部和南部滨岸带植被分布相对稀少。通过影像解译计算出目前长荡湖挺水植被总面积约 3.503×10^6 m²,植被现存量较高,在拦截陆域污染物、净化湖体水质、抑制蓝藻生长、改善水生态等方面发挥重要作用。

3.2.3.5 人文景观功能

湖泊景观特点以不同的地貌类型为存在背景,具有美学和文化特征。目前,长荡湖流域调查范围内虽没有自然保护区,但是长荡湖重要湿地对保护湿地生态系统、提升区域生态环境质量、维系区域生物多样性具有至关重要的作用。因此,人文景观功能的调查类型主要包括湿地公园的保育和恢复、水产种质资源保护以及重要湖泊湿地等。

长荡湖度假区已经获批江苏省级旅游度假区,涵盖常州市金坛区儒林全镇、尧塘街道、指前镇、东城街道和西城街道的部分地区,大部分在儒林镇境内。旅游度假区控制范围：以长荡湖为中心,东至新金宜公路,西到新丹金溧漕河,南接溧阳上黄,北邻沿江高速公路,面积约 143.8 km²。

3.2.4 长荡湖生态环境调控管理措施调查

3.2.4.1 环境保护投入调查

环保投入占 GDP 的比重是国际上衡量环境保护问题的重要指标,根据发达国家经验,为有效地控制污染,环保投入占国内生产总值比例需要在一定时间内持续稳定地达到 1.5%,才能在经济快速发展的同时保持良好稳定的环境质量。

根据《金坛区"十二五"环境保护规划》,"十二五"环保投资占 GDP 的 2.3%以上,环保投资总额将超过 50 亿元。2017 年,长荡湖流域环保投入占 GDP 比重平均值为 2.8%，环保投入满足改善长荡湖环境质量、维持流域生态环境持续稳定的要求。

3.2.4.2 污染治理情况调查

金坛区村庄已陆续开展了多项村庄治理工作，包括：全省覆盖拉网式农村环境综合整治试点项目、江苏省农村环境连片整治示范项目、江苏省第七期太湖流域治理农村生活污水处理工程项目、太湖水环境综合治理项目等。至 2018 年，流域范围内 6 个乡镇/街道(指前镇、西城街道、尧塘街道、儒林镇、金城镇、朱林镇)城镇生活污水接管率达 85% 以上，工业企业整体接管率达 82.46%，共有 104 个村庄建设有农村分散式污水处理设施，整体覆盖率为 81.5%，农村生活垃圾处理率均为 100%。

根据环境统计资料，2017 年评估范围内共有 2 家大型规模养殖场，固肥利用率 100%，主要用于生产有机肥料；液肥利用率也为 100%，主要用于生产沼气。

3.2.4.3 产业结构调整情况调查

2017 年金坛区全年实现地区生产总值(GDP)708.34 亿元，按可比价计算，比上年增长 11.1%。其中，第一产业完成增加值 35.28 亿元，增长 2.5%；第二产业完成增加值 358.01 亿元，增长 10.5%；第三产业完成增加值 315.05 亿元，增长 12.9%，三次产业增加值比例调整为 5.0∶50.5∶44.5。按常住人口计算得人均地区生产总值 126 376 元，同比增长 17.8%，按平均汇率折算为 18 717 美元。全区实现规模以上工业总产值 1 411.50 亿元，同比增长 24.3%，其中高新技术产业产值 770.63 亿元，同比增长 18.1%，占规模以上工业的比重为 54.6%；全年实现规模以上工业增加值 340.17 亿元，按可比价计算增长 14.7%。

2016 年，金坛区全区第一、第二、第三产业增加值分别为 33.83 亿元、302.26 亿元、263.93 亿元，说明金坛区的产业发展正处于中级阶段。其中，指前镇 2016 年的第一、第二、第三产业增加值分别为 5.67 亿元、14.73 亿元、7.13 亿元，处于产业发展中级阶段；金城镇 2016 年的第一、第二、第三产业增加值分别为 5.73 亿元、33.97 亿元、11.57 亿元，处于产业发展中级阶段；朱林镇 2016 年的第一、第二、第三产业增加值分别为 3.24 亿元、14.11 亿元、7.90 亿元，处于产业发展中级阶段。

根据常州市金坛区人民政府网站数据，2016 年，常州市金坛区全区万元工业增加值用水量 11.42 立方米,同比下降 7.2%。

3.2.4.4　生态建设情况调查

长荡湖饮用水源地网围整治工程于 2014 年 9 月启动,至 2015 年下半年完成。整治范围内的 574 户 752.5 公顷的网围全部拆网清障结束。

为增强长荡湖过水调蓄和水源保护功能,对长荡湖 40 平方公里的水域进行清淤,长荡湖生态清淤项目总投资 6.58 亿元,分 5 期实施,清淤总面积近 40 km^2,清淤总量约 750 万 m^3,清淤深度 0.1～0.4 m。

建设长荡湖国家湿地公园。整个湿地公园结合长荡湖水生态环境改造提升,建设项目总投资 60 亿元。长荡湖国家湿地公园建设突出生态保护和修复。以基础设施建设为引领,实施环园路网建设、湖泊清淤、退田还湿(湖)、退渔还湿(湖)、防洪大堤及出入湖河道整治、沿湖景观"六大工程"。

3.2.4.5　监管能力调查情况

长荡湖湖区设有 4 个例行监测断面,长期开展水质监测,负责水质监测的单位为金坛区环境监测站。长荡湖地表水饮用水源地每月监测《地表水环境质量标准》(GB 3838—2002)中 63 项指标,包括表 1 的基本项目(23 项,COD 除外)、表 2 的补充项目(5 项)和表 3 的部分特定项目(18+15 项),加测叶绿素 a 和透明度。同时,每年进行一次 110 项全指标分析,评价水源地富营养化指标。但是,流域缺乏主要入湖河流水量和水质的监测和掌握。先进技术手段应用不够,缺乏长期连续的动态监测和定量研究。

环保、城建、水利、农业协同加大对科技成果和适用技术的推广应用,特别是化工、印染、酿造、造纸等重点行业清洁生产工艺、工业废水处理与排污监控技术的开发应用,提高了工业污染治理水平;此外,通过加快城镇污水处理厂脱氮除磷、中水回用、尾水生态处理等先进适用技术的推广应用,提高了生活污染治理水平;但在农业面源污染控制措施的研究和污染防治技术的集成应用方面较为欠缺,长荡湖流域的农业面源污染防治和农村生活污染治理缺口较大。虽然长荡湖已开展了科学研究,有相应的监测资料,但基础研究仍较为匮乏。

3.2.4.6　长效机制调查情况

常州市政府已成立专门的长荡湖工作领导小组,先后制定并印发了一系列法律、法规和政策文件,初步建立市场化的长期投融资制度,基本形成能够长期保障制度正常化运行并发挥预期功能的制度体系。

3.2.5 长荡湖综合评估结果及分析

湖泊生态安全调查评估分为方案层评估和目标层评估。方案层包括社会经济影响评估、水生态健康评估、生态服务功能评估、调控管理评估等四个方面。目标层评估即湖泊生态安全综合评估。

3.2.5.1 社会经济影响评估

根据参照标准,采用归一化方法,对评估指标层各项指标进行标准化,再依据各指标层指标的权重值,计算得到各因素层指标的状态指数 Bi,以及社会经济影响方案层状态指数 Ai。详细结果见表3.2.5-1。根据长荡湖社会经济影响的各项指标值及权重,计算得到长荡湖社会经济影响 A1＝53.45。

表 3.2.5-1 社会经济影响评估结果

方案层		因素层		指标层		
名称	状态指数值	名称	状态指数值	名称	指标值	标准化数值
社会经济影响(A1)	53.45	人口(B1)	0.33	人口密度(C11)	958	0.42
				人口增长率(C12)	15.9	0.25
		经济(B2)	0.72	人均GDP(C21)	64 593	0.72
		水域生态环境压力(B3)	0.76	水生生境干扰指数(C31)	76	0.76
		陆域生态环境压力(B4)	0.54	人类活动强度指数(C41)	0.68	0.88
				点源污染负荷排放指数(C42)	1.40	0.36
				面源污染负荷排放指数(C43)	1.40	0.36
				入湖河流污染负荷指数(C44)	0.57	0.57
		缓冲带生态环境压力(B5)	0.28	湖泊近岸缓冲区人类干扰指数(C51)	0.71	0.28

根据流域社会、经济、人类活动对湖泊影响程度的等级划分标准,长荡湖流域社会经济活动对湖泊的影响程度处于"一般"的水平,说明社会经济压力较大,接近生态阈值,系统尚稳定,但敏感性强,已有少量的生态异常出现,湖泊水质处于Ⅲ～Ⅳ类水质状态。

从各项指标来看,长荡湖驱动力层关键性评价指数中,人口密度和人口增长率这两个指数得分低是造成流域社会经济压力较大的主要原因。这主要是随着长荡湖流域经济发展和城市化进程的迅速加快,人口数量急剧增长,对环境带来的压力较重,由此产生更多的环境污染问题。

从各项指标来看,长荡湖流域压力评价指数中,缓冲带生态环境压力指数得分最低,陆域生态环境压力得分居中,水域生态环境压力指数得分最高。由此可见,缓冲带生态环境压力和陆域生态环境压力得分较低是造成流域生态环境压力较大的主要原因,主要表现在点源和面源污染负荷排放指数较高,入湖河流污染负荷比较大。这主要是因为随着长荡湖流域经济发展和城市化进程的迅速加快,人口数量急剧增长,长荡湖流域及湖泊近岸缓冲区内未利用地逐渐被侵占,导致河湖调蓄能力不足,工业污染、畜禽及水产养殖、生活废水急剧增加,导致长荡湖流域污染日趋严重,污染进入长荡湖湖体,营养盐持续过剩,湖体处于富营养状态。

3.2.5.2 水生态健康评估

为评价长荡湖水生态健康状况,选取湖体水质、沉积物和水生态3个因素层的8项指标。根据现状监测数据,计算长荡湖全湖及不同湖区的生态环境指标。

根据计算,评估长荡湖全湖水生态健康状况得分 A2=52.27,全湖及不同湖区的状态层评估结果见表 3.2.5-2 至表 3.2.5-6。

长荡湖全湖水生态健康状况评估结果如表 3.2.5-2 所示,全湖状态得分 52.27,健康等级为"中等"。因素层各项得分都不高,湖体水质得分最低,其次是水生态,由此可见,全湖水环境状态较差,水质不达标情况多有出现,水生态系统多样性指数偏低,尤其是底栖生物多样性指数和水生植物覆盖度很低。

表 3.2.5-2　长荡湖全湖状态层评估结果

方案层		因素层		指标层			
名称	状态指数值	名称	状态指数值	名称	权重	指标值	标准化数值
全湖状态	52.27	湖体水质	46.71	水质综合污染指数	0.5	0.44	0.44
				综合营养状态指数	0.5	60.70	0.49
		沉积物	62.17	营养物质污染指数	0.5	1.61	1.00
				重金属 Hakanson 风险指数	0.5	616.50	0.24

(续表)

方案层		因素层		指标层			
名称	状态指数值	名称	状态指数值	名称	权重	指标值	标准化数值
全湖状态	52.27	水生态	49.79	浮游植物多样性指数	0.25	2.05	0.68
				浮游动物多样性指数	0.25	2.40	0.80
				底栖生物多样性指数	0.25	0.9	0.30
				沉-浮-漂-挺水植物覆盖度	0.25	12.5	0.21

长荡湖湖北区状态层评估结果如表 3.2.5-3 所示,湖北区水生态健康状况评估得分 50.50,健康等级为"中等"。因素层各项得分都不高,湖体水生态得分最低,其次是水质,由此可见,湖北区水环境状态较差,水质不达标情况多有出现,水生态系统多样性指数偏低,尤其是底栖生物多样性指数和水生植物覆盖度很低。

表 3.2.5-3　长荡湖湖北区状态层评估结果

方案层		因素层		指标层			
名称	状态指数值	名称	状态指数值	名称	权重	指标值	标准化数值
湖北区状态	50.50	湖体水质	46.47	水质综合污染指数	0.5	0.43	0.43
				综合营养状态指数	0.5	60.08	0.50
		沉积物	63.55	营养物质污染指数	0.5	1.39	1.00
				重金属 Hakanson 风险指数	0.5	553.40	0.27
		水生态	42.83	浮游植物多样性指数	0.25	2.01	0.67
				浮游动物多样性指数	0.25	2.31	0.77
				底栖生物多样性指数	0.25	0.82	0.27
				沉-浮-漂-挺水植物覆盖度	0.25	0	0

长荡湖湖心区状态层评估结果如表 3.2.5-4 所示,湖心区水生态健康状况评估得分 47.11,健康等级为"中等"。因素层各项得分都不高,湖体水生态得分最低,其次是水质,沉积物得分也不到 60。由此可见,湖心区的水环境状态是三个湖区中最差的,水质不达标,水生态系统多样性指数偏低,重金属风险指数也较高。

表 3.2.5-4 长荡湖湖心区状态层评估结果

方案层		因素层		指标层			
名称	状态指数值	名称	状态指数值	名称	权重	指标值	标准化数值
湖心区状态	47.11	湖体水质	48.03	水质综合污染指数	0.5	0.47	0.47
				综合营养状态指数	0.5	61.16	0.49
		沉积物	58.59	营养物质污染指数	0.5	1.59	1.00
				重金属 Hakanson 风险指数	0.5	873.00	0.17
		水生态	34.42	浮游植物多样性指数	0.25	1.07	0.36
				浮游动物多样性指数	0.25	1.43	0.48
				底栖生物多样性指数	0.25	1.63	0.54
				沉-浮-漂-挺水植物覆盖度	0.25	0	0

长荡湖湖南区状态层评估结果如表 3.2.5-5 所示,湖南区水生态健康状况评估得分 56.79,健康等级为"中等"。因素层各项得分都不高,湖体水质得分最低。由此可见,湖南区的水环境状态是水质不达标,水生态系统多样性指数偏低。

表 3.2.5-5 长荡湖湖南区状态层评估结果

方案层		因素层		指标层			
名称	状态指数值	名称	状态指数值	名称	权重	指标值	标准化数值
湖南区状态	56.79	湖体水质	47.12	水质综合污染指数	0.5	0.45	0.45
				综合营养状态指数	0.5	60.93	0.49
		沉积物	62.49	营养物质污染指数	0.5	1.86	1.00
				重金属 Hakanson 风险指数	0.5	600.70	0.25
		水生态	64.00	浮游植物多样性指数	0.25	2.08	0.69
				浮游动物多样性指数	0.25	2.63	0.88
				底栖生物多样性指数	0.25	0.47	0.16
				沉-浮-漂-挺水植物覆盖度	0.25	50	0.83

长荡湖北干河口区状态层评估结果如表 3.2.5-6 所示,北干河口区水生态健康状况评估得分 54.28,健康等级为"中等"。因素层各项得分都不高,湖体水质得分最低。由此可见,北干河口区的水环境状态是水质不达标,水生态系统多样性指数偏低。

表 3.2.5-6　长荡湖北干河口区状态层评估结果

方案层		因素层		指标层			
名称	状态指数值	名称	状态指数值	名称	权重	指标值	标准化数值
北干河口区状态	54.28	湖体水质	45.21	水质综合污染指数	0.5	0.41	0.41
				综合营养状态指数	0.5	60.71	0.49
		沉积物	67.09	营养物质污染指数	0.5	1.60	1.00
				重金属 Hakanson 风险指数	0.5	438.90	0.34
		水生态	53.58	浮游植物多样性指数	0.25	2.15	0.72
				浮游动物多样性指数	0.25	2.82	0.94
				底栖生物多样性指数	0.25	1.46	0.49
				沉-浮-漂-挺水植物覆盖度	0.25	0	0.00

从水生态健康的状态指数来看,长荡湖湖南区得分最高,其次是北干河口区和湖北区,湖心区最低,均属于中等级别。分因素来看,湖体水质得分 46.71,处于中等级别,水质指标不达标和富营养程度较高是导致水质得分较低的主要原因。沉积物得分为 62.17,处于较好级别,北干河口区>湖北区>湖南区>湖心区,其中重金属的风险指数较高,为 616.5,处于"重风险水平"。重金属污染严重一直都是长荡湖突出的一个环境问题,近年来也进行了一些清淤工程,但是结果还不是特别理想。水生态得分 49.79,湖南区>北干河口区>湖北区>湖心区,水生生物多样性总体较差,尤其是底栖生物多样性指数和沉-浮-漂-挺水植物覆盖度得分太低。

近年来,长荡湖流域社会经济快速发展,大力进行水利工程的建设和沿岸湿地的开发,沿湖污染物排放大大超过长荡湖自身的环境容量,造成目前长荡湖生态系统整体上处于中等。较差的水质严重影响了其生态系统的结构和功能。长荡湖沉积物中营养物质和重金属富集严重,尤其是部分重金属含量高、毒性强,对水生生物的生存也造成了一定的威胁。长荡湖浮游植物种群数量减少，种类以绿藻为主，其次为硅藻，种类组成单一，群落结构简单，生物多样性降低，水生态系统初级生产力失衡。浮游动物整体上数量偏低，以耐污种轮虫占主要优势。底栖动物种类减少、个体小型化和耐污种占优势。水生植物分布面积和种类急剧减少，种群结构单一，大部分水域水生植物消亡，也是长荡湖整体生态安全得分低的重要原因。

长荡湖湖心区水质恶化较严重，湖体富营养化程度较高，沉积物中营养盐和重金属污染较重，全湖生态系统严重恶化，生态调节机制已经不能保证系统的良性循环，健康状况不佳。为恢复长荡湖健康的水生态系统，进一步改善水质，在治理污染的同时，必须对沉积物污染严重的区域进行科学的清淤和生态修复，对水生植被生物量的空间布局和年内配置进行优化提升，构建以沉水植物为主要初级生产者的清水型湖泊生态系统，同时调整水生态系统的结构，使其更合理和种群更加多样化，满足长荡湖高品质供水需求。

3.2.5.3 生态服务功能评估

长荡湖生态系统服务功能状态评估的指标体系包括饮用水服务功能、水源涵养功能、栖息地功能、拦截净化功能及人文景观功能5个因素层指标。

根据长荡湖生态服务功能的各项指标值及权重，计算得到长荡湖流域生态服务功能影响 A3＝52.14，如表 3.2.5-7 所示。

表 3.2.5-7　生态服务功能指标层评估结果

方案层		因素层		指标层		
名称	状态指数	名称	状态指数值	名称	指标值	标准化数值
生态服务功能 A3	52.14	饮用水服务功能	0.46	集中饮用水水质达标率	46.15%	0.46
^	^	水源涵养功能	0.003 5	林草覆盖率	0.21%	0.003 5
^	^	栖息地功能	1.00	湿地面积占总面积的比例	67.39%	1
^	^	拦截净化功能	0.32	湖（库）滨自然岸线率	26.66%	0.35
^	^	^	^	缓冲带污染阻滞功能指数	28.17%	0.28
^	^	人文景观功能	0.60	自然保护区级别	4分	0.80
^	^	^	^	珍稀物种生境代表性	2分	0.40

根据湖泊生态服务功能总体评估标准,判断长荡湖生态服务功能等级为Ⅳ级,总体状态处于"不好"(红色预警)的状态。从各因素层指标状态指数数值来看,长荡湖水源涵养功能很差,拦截净化功能和饮用水服务功能很不好,人文景观功能较好,栖息地功能优良。因此,影响长荡湖生态系统服务功能的主要因素是流域植被覆盖度低,缺乏对生态资源的有效保护,导致水源涵养功能差;湖滨带自然岸线破坏严重,污染拦截功能低下,水体丧失自净能力,导致水体总氮总磷、高锰酸盐指数浓度高,影响饮用水服务功能的同时,造成湖体富营养化,进而带来鱼类及鸟类栖息地质量下降。

在长荡湖综合治理工作中,流域植被恢复、湖滨带生态修复与水体富营养化防治应摆在重要的位置,同时应在长荡湖区域建立野生生物资源自然保护区,针对性地保护流域野生动植物及珍稀物种,应严格限制人类生产活动及开发利用对湿地生态资源的侵占,杜绝肆意扩张造成的生态系统破坏。

3.2.5.4 调控管理评估

调控管理的响应指标主要体现在经济政策、部门政策和环境政策三个方面,包括湖泊流域污染治理能力、环境保护财政投入力度、产业结构调整、生态建设、环境监管能力和制度体系构建情况,综合反映人类的"反馈"措施对社会经济发展的调控及湖泊水质水生态的改善作用。由评估结果,长荡湖调控管理状态属于"很好"水平。

根据长荡湖调控管理的各项指标值及权重,计算得到长荡湖流域调控管理A4=84.63,详见表3.2.5-8。

表3.2.5-8 调控管理指标层标准化数值及因素层状态指数值

方案层		因素层		指标层		
名称	状态指数	名称	状态指数值	名称	指标值	标准化数值
调控管理(A4)	84.63	资金投入	100.00	环保投入指数	2.80%	1.00
^	^	污染治理	87.26	城镇生活污水集中处理率	95.60%	0.98
^	^	^	^	农村生活污水处理率	61%	0.81
^	^	^	^	水土流失治理率	71.30%	0.79
^	^	监管能力	80.00	监管能力指数	4分	0.80
^	^	长效机制	60.00	长效管理机制构建	3分	0.60

根据流域生态环境保护调控管理措施对长荡湖社会经济发展的调控以及湖泊水质水生态的改善作用等级划分标准，长荡湖流域人类活动的调控管理水平处于"很好"，说明各项调控管理措施能够有效控制流域社会经济活动对湖泊生态环境质量的影响，促使湖泊水质水生态不断好转，保障湖泊生态环境质量状况由一般向健康过渡。

3.2.5.5　湖泊生态安全综合评估

根据社会经济影响、水生态健康、生态服务功能和调控管理四个方案层状态指数及权重，采用加权求和法计算湖泊生态安全指数（ESI），其结果是1个1~100的数值：

$$ESI = \sum_{k=1}^{4} A_k \times W_k$$

式中，ESI 为生态安全指数，A_k 为第 k 个方案层的分值，W_k 为第 k 个方案层对目标层的权重系数。

根据方案层计算结果及权重系数，计算得到长荡湖的生态安全综合指数ESI 为 60.62，属于"较安全"水平。长荡湖社会经济影响、水生态健康状况和生态服务功能得分低是导致长荡湖生态安全水平低的主要原因。详见表3.2.5-9、表3.2.5-10和图3.2.5-1。

表 3.2.5-9　湖泊生态安全评估指数

湖泊名称	社会经济影响	生态健康	服务功能	调控管理	生态安全指数（ESI）
长荡湖	53.45	52.27	52.14	84.63	60.62
预警颜色	●	●	●	●	●

社会经济影响压力大的主要因素是流域污染负荷较高，造成污染负荷较高的主要原因是农业源和生活源的污染入河量处于高位；影响水生态健康状况的主要因素是水生生物数量和种类减少，群落结构简单，生物多样性降低，叶绿素浓度高，造成水体富营养化，沉积物氮磷浓度及重金属风险较大；影响生态服务功能的主要因素是水源涵养功能差；影响调控管理的主要因素是污染治理水平一般，长效机制有待进一步加强。

表 3.2.5-10 湖泊生态安全评估结果描述

目标层			方案层		
名称	状态	描述	名称	状态	特征
长荡湖生态安全指数	较安全	社会经济压力较大,湖泊水质处于Ⅲ～Ⅳ类水质状态,生物多样性较低,有少量的生态异常出现,水源涵养及饮用水服务功能较差,湖泊生态系统接近生态阈值,系统尚稳定,但敏感性强	社会经济影响	Ⅲ级(一般)	社会经济压力较大,接近生态阈值,系统尚稳定,但敏感性强
^	^	^	水生态健康	Ⅲ级(中等)	湖泊水质处于Ⅲ～Ⅳ类水质状态,湖泊富营养化程度较重,水生生物数量和种类减少,群落结构简单,生物多样性降低,已有少量的生态异常出现
^	^	^	生态服务功能	Ⅳ级(不好)	流域植被覆盖度低,水源涵养功能差,饮用水服务功能较差
^	^	^	调控管理	Ⅰ级(很好)	各项调控管理措施能够有效控制流域社会经济活动对湖泊生态环境质量的影响,促使湖泊水质水生态不断好转,保障湖泊生态环境质量状况由一般向健康过渡

社会经济压力较大、生态健康水平一般、生态服务功能不太好是影响长荡湖生态安全水平的主要原因。社会经济压力较大的主要因素是人口压力大、流域入湖污染负荷较高、入湖河流氮磷污染压力较大。生态健康水平一般的主要原

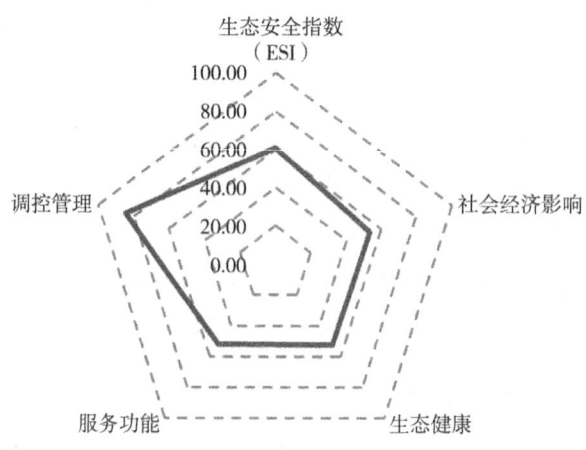

图 3.2.5-1 长荡湖生态安全评估指数

因是湖泊富营养化程度较重,水生生物数量和种类减少,群落结构简单,生物多样性降低。生态服务功能不太好的主要原因是流域植被覆盖度低,水源涵养功能差,饮用水服务功能较差。

综合而言,长荡湖相关生态环境保护措施的实施,对流域污染减排、湖体水质都有较好的正向作用,环保资金投入、污染治理水平、监管能力以及长效机制等对长荡湖生态安全水平有较好地提升和改善作用。而影响长荡湖生态安全因素的人口压力大、流域污染负荷较高、入湖河流对湖泊水体压力大、湖泊富营养化程度较重、生物多样性降低、水源涵养功能差等方面将成为今后长荡湖生态环境保护重点解决的问题。

3.2.6 长荡湖生态安全主要问题

3.2.6.1 湖体氮磷超标严重,富营养化问题依然存在

长荡湖湖体水质氮磷污染问题突出,水体总氮总磷浓度均超出地表水Ⅲ类水质标准,总体为Ⅴ类水,化学需氧量也多有超标,总体为Ⅳ类。长荡湖2018—2019年的水质现状变化情况总结为:① 营养盐浓度方面,整体呈现出从湖北和湖南区到湖心区水质逐渐恶化的现象,湖心区的总氮浓度最高,湖北区的总氮浓度最低;不同湖区的总磷浓度差别不大,湖心区总磷浓度较高;② 化学需氧量方面,全湖及不同湖区的COD含量均属于地表Ⅳ类水。③ 富营养化方面,湖南区的叶绿素a浓度最高,湖体总体上属于中度富营养化状态,其中湖南区营养程度略高于湖北区和湖心区。

近些年来,长荡湖水质虽然总体上有所好转,但是污染特征未得到根本性改变,湖体氮磷浓度依然处于高位,湖体富营养化程度没有明显改善,水质超标风险较大。

3.2.6.2 沉积物氮磷浓度高,个别重金属远超背景值

长荡湖沉积物总氮全年平均值属于EPA分类标准的中度污染,湖心区(中度污染)<湖北区(中度污染)<湖南区(重度污染);总磷全年平均值属于EPA分类标准的中度污染,湖北区(中度污染)<湖南区(中度污染)<湖心区(中度污染)。

表层沉积物中铅、铬、汞、镉、砷、镍、铜、锌八种重金属,除铬含量与江苏省土壤背景值持平外,其他指标均高于江苏省土壤背景值,为背景值的1.1~14.4倍,其中汞和镉的浓度较高,分别为背景值的3.7倍和14.4倍。空间上,长荡湖

湖心区重金属含量较高,潜在风险指数均值为873.0,属于严重污染,其次为湖南区。

沉积物是水体污染物的"源"和"汇",受温度、pH、动力扰动等条件的影响,起"富集吸附"或"释放"的作用,影响水体污染物浓度。重金属作为一类具有潜在危害的元素,进入水体后,不易自然降解,在沉积物中积累而成为持久性污染物,当环境条件改变时,沉积物会释放这些重金属,对水体造成二次污染,并可能影响供水安全。

沉积物污染的情况不容忽视。长荡湖沉积物中镉的超标比较严重。经调查,镉广泛应用于电镀工业、化工业、电子业和核工业等领域。镉是炼锌业的副产品,主要用在电池、染料或塑胶稳定剂,它比其他重金属更容易被农作物所吸附。相当数量的镉通过废气、废水、废渣排入环境,造成污染。污染源主要是铅锌矿,以及有色金属冶炼、电镀和用镉化合物作原料或触媒的工厂。水体中镉的污染主要来自地表径流和工业废水。

3.2.6.3 水生植物种类减少,水生生物多样性偏低

湖滨带湿地是湖泊的重要组成部分,长荡湖通过实施退渔还湖和湖滨带植被修复,已在全湖大部分滨岸带恢复了挺水植被并建成了不同规模的湖滨湿地,湖泊生态系统逐步改善。通过影像解译计算出目前长荡湖挺水植被总面积约 3.503×10^6 m³,在拦截陆域污染物、净化湖体水质、抑制藻类生长、改善水生态等方面发挥重要作用。湖滨带挺水植物主要为芦苇,分布在西部滨岸带,其次是东部岸带,北部和南部滨岸带植被分布相对稀少。

长荡湖湖体开阔水体水生植被类型相对较少,调查只发现5种,其中漂浮植物为水鳖、黄花水龙和槐叶萍3种,沉水植物为苦草和穗花狐尾藻2种。植被主要分布在长荡湖西南角,调查到的最大生物量为10.68 kg/m²。以太湖20世纪90年代的水生植被分布作为参照(东太湖水生植物生物量5 kg/m²,种类70种左右;西太湖水生植物生物量2.24 kg/m²,种类16种左右),长荡湖水生植被现阶段存在的问题是物种数量偏少、多样性偏低,植被分布少,部分湖区无水生植物生长,植被固定基底净化水质的功能得不到有效发挥。

长荡湖浮游植物种类以绿藻门为主,其次为硅藻,浮游植物主要优势种有小环藻、席藻、颤藻、微囊藻、平列藻。营养盐以及有机质对浮游植物生长存在较强的刺激作用。夏季中部湖区藻类密度最大,南部湖区藻类密度最小,东北部和西南部湖湾生物量较低。长荡湖浮游动物种群相对简单,整体上数量偏低,以耐污

种轮虫占主要优势。浮游动物数量和生物量在各季节均呈现出北高南低的空间分布。长荡湖底栖动物主要分布在西湖和中湖南部,具有较高的底栖动物密度和生物量,优势种为寡毛纲和摇蚊幼虫等耐污种类,表明底泥中有机质污染严重。

整体来说长荡湖水生态的情况为水生植被种类较少,分布局限于特定区域,群落结构简单,耐污种占优势,生物多样性偏低。

3.2.7 长荡湖生态环境保护对策措施

3.2.7.1 提升农业污染源治理水平

(1) 强化畜禽养殖污染治理

明确畜禽养殖区域设置,全区畜禽养殖实行分区管理,划分禁养区、限养区和适养区。实施集约化养殖,推广应用节水节能、先进环保的饲养技术。按照"整治生猪、稳定家禽、拓展食草、强化种业"的思路,积极发展适度规模养殖,进一步调优畜牧产业结构。稳定发展优质生猪和家禽两大主导产业,大力发展生态健康养殖,提升标准化生产水平,提高畜禽生产能力;推广畜禽圈舍内环境控制系统、自动喂料系统等物联网智能系统;要加快散养向规模养殖转变,提升综合竞争能力和畜产品质量安全水平。

按照发展绿色生态循环农业的要求,以规模畜禽养殖场为抓手,逐场落实资源化利用措施,深化"两分离三配套",减少畜禽粪污的产生和排放;鼓励发展有机肥收集加工、沼液综合利用和新能源开发,鼓励对现有规模养殖场进行粪污标准化治理,实现畜禽粪污的综合利用;开展农牧结合示范点创建,优先推广种养就地结合、粪污就地利用的资源化利用模式,实现畜禽粪污全部资源化利用;对于畜禽粪便超过周边承载量的大中型规模养殖场,通过与中大型种植户建立粪肥供应关系,与畜禽粪污中介服务组织建立承运关系,实现畜禽粪污的异地承载消纳;深化畜禽粪污发酵床处理技术,以点带面,多手段解决畜禽粪污处理问题。建成病死动物无害化处理收运体系,结合全市动物无害化处理中心建设进度,按照"农户送交、镇级收集、区级转运、市级处理"的原则,以"病死动物能收集到位、收运过程能信息化监管"为目标,构建"场户送交、镇设站点、流动收集、集中处理"的动物卫生处理模式。建成与无害化处理中心相配套的病死动物集中收集点8个,严格实施病死动物集中无害化处理,病死动物集中无害化处理率达到100%。

以指前镇和金城镇等农业面源排放较大的乡镇为重点,大力发展有机农业,调整优化种植结构,开展无公害农产品生产全程质量控制,大力发展化肥减施工程,推广高效、低毒、低残留及生物农药替代工程,实行农药贴补,推广配方肥料,商品有机肥和种植绿肥,全面推广农业清洁生产技术。应用区域养分管理和精准化施肥技术,优化氮磷钾中微量营养元素和有机、无机肥的投入结构,推广氮肥深施、测土配方施肥、分段施肥等科学施肥技术,推广保护性土壤耕作技术、合理轮作技术及秸秆还田,控制水田和坡地的水土流失,提高肥料利用率。

(2) 加强水产养殖污染防治

开展水产养殖场(池塘)百亩连片标准化、生态化池塘改造,采用"生态沟渠＋表流湿地＋组合生态浮岛＋生态水草＋太阳能微孔充氧"组合工艺进行养殖废水生态治理,保证主要水质指标稳定达到《地表水环境质量标准》(GB 3838—2002)中Ⅲ类水标准,提高养殖废水回用率达到70%以上。禁止养殖尾水未经处理直接抽排入河湖,在养殖池塘配套建设养殖尾水净化区,通过种植水生植物、放养贝类等措施实施养殖废水生态净化处理,实现养殖尾水循环利用,降低养殖废水排放量。采用生态养殖技术和水产养殖病害防治技术,推广生物制剂的使用,严格养殖投入品管理,依法规范、限制使用抗生素等化学药品,开展专项整治。

(3) 控制种植业污染

构建生态拦截系统,实施污染过程阻断。在流域主要河道流经区域及河网水系密集区域,如指前镇,通过稻田生态田埂技术、生态拦截缓冲带技术、生物篱技术、设施菜地增设填闲作物种植技术、果园生草技术(果树下种植三叶草等减少地表径流量)等措施,实施农田内部的拦截;利用现有沟、渠、河道支浜等,通过配置氮磷吸附能力较强的植物群落、格栅和透水坝等方式实施生态改造,建设生态拦截带、生态拦截沟渠,有效拦截、净化农田氮磷污染,阻断径流水中氮磷等污染物进入主要河流及长荡湖。

实施污染末端强化净化技术。针对离开农田、沟渠后的农田面源污染物,通过汇流收集,采用前置库技术、生态塘技术、人工湿地技术等进行末端强化净化与资源化处理。主要对沿河区域现有池塘进行生态改造和强化,建设净化塘,利用物理、化学和生物的联合作用对污染物主要是氮磷进行强化净化和深度处理,处理尾水回田再利用,实现污染削减的同时,减少农田灌溉用水。

3.2.7.2 加强污水处理设施提标改造

全面推进城市雨污分流、污水管网的建设,推进污水处理设施的建设以及提标改造工作,并加强对污泥的处置。加快城镇污水处理厂配套管网建设,并加强其运营管理。抓紧实施污水处理厂脱氮除磷提标改造,所有新建和扩建的污水处理厂必须采用具有除磷脱氮功能的处理工艺。保障评估范围内的污水处理厂改造和新(扩)建项目出水水质达到一级 A 标准;有条件的污水处理厂,配置人工型湿地净化尾水,进一步削减氮磷等污染物;完善尾水在线监测系统和运行管理机制,提高尾水动态管理水平和应急处置能力。

坚持厂网并举、管网先行原则,新建污水处理设施的配套管网应同步设计、同步建设、同步投运。全面排查城镇建成区污水收集和处理现状,在城镇建成区进行合流制管网改造,建设雨污分流管网。加强城镇排水与污水收集管网的日常养护工作,提高养护技术装备水平,强化城镇污水排入排水管网许可管理,规范排水行为。对已实施农村生活污水治理的效果进行评价,摸清家底,厘清现状,科学编制村庄生活污水治理专项规划,加快村庄生活污水治理设施建设,因村制宜选择适宜治理模式和技术。

3.2.7.3 实施农村环境综合整治

加快农村连片整治进度,靠近城镇的村庄配套建设污水管网,就近接入城镇污水处理厂统一处理;其余村庄就地建设小型污水处理厂及其配套设施进行相对集中处理;对于农村无法接入污水管网进行集中处理的自然村,采用无动力或微动力、无管网或少管网、低运行成本的生化、生态处理技术,进行分散处理。主要河道流经区域建立完善的"组保洁—村收集—镇转运—县(市)处理"生活垃圾收运和处理系统。完善农村有机废弃物处理利用和无机废弃物收集转运,严禁农村垃圾在水体岸边堆放。

3.2.7.4 加强船舶和餐饮污染治理

加强长荡湖渔业作业船及通航船舶的管理和污染防治工作。加强对船舶污染收集设施配备和使用情况的监督检查,座舱机船必须全部安装油水分离装置,挂浆机船加装接油盘等防污设施,所有船舶必须配备生活污水和生活垃圾的收集和贮存装置,并检查这些设施的正常使用情况。强化危险品运输管理。

在长荡湖水域建设船舶垃圾和油废水回收站,并配套建设辅助道路,确保船舶污染物实现集中处理。同时对相关入湖河道和岸边渔业作业船舶乱停、乱放现象实施整顿,实施集中停泊,集中管理。及时清理废弃的船只,确保湖面清洁有序。船舶垃圾和油废水集中收集率达90%以上,基本实现零排放,全面完成船舶污染物回收处理设施建设。完成船舶污染事故应急救助体系建设,提高处置船舶溢油事故的快速反应能力。

以长荡湖水街为重点,加大湖面及沿湖餐饮业等服务性行业综合整治力度。全面取缔现有湖面船餐;对长荡湖周边的船餐、酒店进行全面调查,依托污水处理厂及农村污水治理设施,确保这些单位的生活污水100%进行收集处理。凡不能稳定达标的船餐实施限期治理,不能完成限期治理任务的,予以关闭。

3.2.7.5 实施流域生态修复

(1) 强化环境综合整治,提升入湖河流水质

湖体北部及西部的入湖河流是长荡湖污染物的主要来源,针对入湖通量较大的河道,以入湖河流清水产流机制修复为思路,以清洁小流域建设和河流水质与生态环境整体提升为目标,通过重点污染河沟的整治工程、入湖河流水土流失治理和清水入湖工程、入湖河流清洁小流域建设工程、主要入湖河道清淤与管护工程的实施,使被治理河流水质得到提升,河道形态得到较好恢复,小流域生态环境得到较好的改善。

长荡湖生态修复及入湖河道综合整治主要包括:一是通过对入湖河道污染底泥的生态清淤疏浚整治,促进河湖水系联通,减少入湖污染物,改善河湖水环境;二是提高沿湖防洪排涝能力,防洪满足50年一遇标准,排涝满足20年一遇标准;三是建设生态河道,美化沿湖城市景观。工程总投资1.49亿元,整治长荡湖9条出入湖河道,整治总长度约20 km,新建河已完成,白石港、大浦港、仁和港、庄阳港已开工。

通过生态修复削减入湖河流污染物以提升河流水质是区域河流污染治理的重点。长荡湖多条河流存在硬质驳岸的情况,对于已实施或正在实施清淤、底泥疏浚、岸坡整治等基础治理措施的河道,应进一步强化其入湖河口生态湿地修复与建设,建立河流入湖河口湿地保护区,实施高效充氧+生物强化+水生植物恢复的生化、生物相结合的氮、磷水质净化工程,保证主要水质指标稳定达到《地表水环境质量标准》(GB 3838—2002)中Ⅲ类水标准,构筑污染物"防护墙",提升入湖河口污染净化能力。在区域主要入湖河道两侧退化湿地开展湿地生态建设,恢复植被缓冲带和生态隔离带,增强污染拦截功能。构建完整的水生生态群落,恢复河道生物多样性。

(2) 定期进行现场监测,开展湖泊生态清淤

制订生态清淤计划,根据河道淤积深度定期对主要入长荡湖河道及评估范围内支流进行清淤。综合考虑河道服务功能、河道宽度和底泥厚度等多方面因素,制定生态清淤方案,一般当河道淤积深度大于 0.8 m 时,宜进行清淤,清淤后淤泥深度不大于 0.3 m。清淤过程中一方面应注重清淤方式,根据清淤河道特点,因地制宜地采用清淤方式和清淤器械,以减小对河体水生态系统的干扰和影响;另一方面应注重对两岸水生植物的保护,减小对沿岸生态系统的破坏,同时对清出的淤泥妥善处置,防止造成二次污染。

长荡湖底泥较为肥沃,有机质含量丰富,底泥尤其是腐烂水草释放的污染物,是长荡湖营养物质的重要来源,这种内源污染现象属于湖泊自然特征之一,目前尚无有效控制途径。开展湖内生态清淤,实施水生植被二次污染控制工程,可部分清除水草死亡后的残留有机物,抑制内源污染现象,有利于恢复湖内水生态系统,增加生物的多样性。

(3) 推进人工岸线整治,加强湿地修复保护

加强对各入湖河口、岸线的治理,拆除岸线水上设施、船坞等,减少潜在污染发生,采取地带性水生植物种植、人工辅助自然恢复、水通道恢复等多样化的岸线恢复方式,营造生态、亲水、景观等功能于一体的生态岸线。长荡湖岸线缺口大,自然湖滨岸线占总岸线长度的 26.66%,73.34% 长的岸线受到不同程度的破坏。对现有河道硬质护岸进行改造,长荡湖自然湖滨岸线比例达 75%,构建堤岸植物群落,加强河流水体与底质之间的物质循环;修复或部分修复河流的蜿蜒形态,改造河道的基底结构,恢复河流生态系统。提升河流入湖前污染物消纳力,减轻污染入湖压力。

针对入湖河流多、水域面积大、污染负荷入湖量大对长荡湖水质造成较大影响的问题,建议在长荡湖西岸设置生态调蓄系统,在具有拦截和净化西部片区入湖污染的功能基础上,同时增加西部湖区水生植被种类及数量,兼顾景观功能,可成为污染物进入缓冲带的一道有力防线。严格落实《江苏省国家级生态保护红线规划》,加强对长荡湖等重要湿地的保护,加强湿地公园建设,采用"规范化管理湿地水生植物的收运,实现 100% 的无害化、资源化处理"的方式,以自然湿地保护为重点,以保护动植物生存环境为原则,优先在湖滨带、入湖河口等湿地功能关键区域和重要湿地沿线等生态功能特殊区域开展湿地恢复,提升湿地生态功能,保护和提高生物多样性。

(4) 保护水生生物多样性,提升水体自净能力

水生植物在维持湖泊生态系统稳定、提高水生生物多样性、稳定底质、提高透明度、提供鱼类等产卵场所等方面具有重要意义,必须恢复大型水生植物,增加其覆盖面积。制定长荡湖水生生物多样性保护方案,开展长荡湖珍稀濒危水生生物和重要水产种质资源的就地和迁地保护,提高水生生物多样性。全年1—3月、6—8月和11—12月,在水环境整治后进行生态修复的湖泊增殖水域,开展水生生物增殖放流活动,以恢复和补充渔业资源。

通过水生植物对营养物质的吸收作用,进一步提高水体自净能力,改善长荡湖水体透明度和水质,降低湖泊富营养化程度,生物的多样性得到恢复和发展,生态系统进入良性循环轨道,实现湖泊自然生态资源的可持续利用和良性发展。

(5) 严控旅游开发强度,强化生态红线管控

随着长荡湖旅游开发强度和建设的推进,长荡湖生态环境保护面临的压力进一步加大。长荡湖的开发建设需以主体功能区规划为基础,充分发挥城市总体规划、土地利用总体规划和生态保护红线规划的引导和控制作用,进一步控制开发建设规模和力度,强化国土空间管控,避免土地资源无序开发、城镇粗放蔓延和产业不合理布局,形成湖泊流域良好的空间结构,保持湖泊流域完整的生态系统。远期长荡湖自然湖滨岸线比例应维持在75%以上。

严格落实《江苏省国家级生态保护红线规划》,加强饮用水水源保护区、湿地公园的湿地保育区和恢复重建区等涉水类红线区域保护,严守水生态保护红线。严格控制建设项目占用水域,新建项目一律不得违规占用水域,实行占用水域补偿制度,确保水域面积不减少。土地开发利用应按照有关法律法规和技术标准要求,留足河道和湖泊的管理和保护范围,保证生物栖息地、鱼类洄游通道、重要湿地等生态空间及空间连续性,挤占的要限期退出。

3.2.7.6 推进水源保护工程

(1) 严格保障水源地供水安全

金坛区政府应严格依据《饮用水水源保护区划分技术规范》(HJ/T 338—2007)及《江苏省人民代表大会常务委员会关于加强饮用水水源地保护的决定》要求,设立长荡湖水源保护区,同时对周边污染源采取控制措施,确保长荡湖取水质量。严格执行一级保护区(取水口半径500 m范围内的水域)和二级保护区(一级保护区外延1 000 m的水域)的防护规定。饮用水水源地水质目标为:水源保护区内水域的水质不得低于《地表水环境质量标准》(GB 3838—2002)Ⅲ类

标准,达到饮用水水源地的水质要求。

(2) 继续推进水源地保护工程

完善长荡湖水源水质保护监管机制,出台饮用水源保护区水环境保护规章制度,严格划定饮用水源保护区边界,并设置明确的界限标志。加强水源地的日常巡查、监测和管理;加强对危化物品运输车辆的监督管理,加大对危化物品运输车辆违法行为的执法力度。

蓝藻暴发季节,在取水头部一级保护区钢丝网外侧增挂滤布,以有效拦截蓝藻。在水源地主要入河口等地建设水质净化林工程,逐步建立稳定、高质、高效的森林生态系统,促进水体净化、水质提升。

(3) 强化供水危机防范应急措施

建立金坛区水环境信息共享平台,完善规划区域供水安全动态监控体系,及时发布信息;加强应急队伍建设和应急物资储备,完善饮用水源应急预案,提高应急处理能力。加强镉污染物监测能力,加强入湖河道及长荡湖湖体及沉积物中镉污染物的监控预警,制定相应应急预案。如发现长荡湖湖体内的镉浓度超标,应根据超标情况,通过对污染实行关停、限产等措施,对整个长荡湖地区的排污总量进一步削减,保证长荡湖体水质逐步好转,确保水源地供水安全。

继续加强水源地水量和水质自动监测网建设,完善现有站网、监测能力;进一步完善和提高饮用水水源地环境有毒有机物质的监测分析能力。完善蓝藻监测预警体系。建立健全日常巡查制度,建立蓝藻、水草打捞及水源地周边枯死植被收割工作的常态化机制,组建专业打捞队伍,在保护区内放流花白鲢、螺蛳,通过生态食物链防控蓝藻,改善水环境质量。

3.2.7.7 以强化能力建设为重点,建立管理长效机制

(1) 完善体系建设

依法管理,退田还湖,保护为主。对于长荡湖的管理,必须依法进行,而依法管理的前提就是有法可依,所以要进一步健全完善水政执法体系以及相关各项规章制度。充分利用现有监测系统,组建市、区两级监测站网,建立区域水环境信息共享平台,统筹规划规划区监测站网,分级建设,分级管理。抓紧制定统一的监测技术规范和标准,做到信息统一发布,实现信息共享。逐步提升水生态监测能力,建设集水量、水质、水生态于一体的监控中心,实现对长荡湖湖区水质、主要出入湖河道、引排通道控制断面、排入城镇排水管网及污水处理厂进出水的水量、水质信息的实时监视、预警、评价和预测预报体系;建立长荡湖流域水环境

综合治理信息共享平台,实现信息共享和统一发布。

(2) 规范工程项目管护

严把项目初审关口,重视项目环境效益,制定项目验收考核办法,构建项目监管长效机制,建立科学评估体系,形成建设、评估、反馈的良性循环体系,实现科学化、规范化项目管理。高度重视已建成项目的运行管护,制定已建成项目的运行管理办法,建立完善的运行管理体制和机制,落实治理项目后期运行费用。积极探索农村面源及生态修复工程的长效管护新模式,已运行的污染治理设施或公益性生态湿地由环保服务型企业负责具体管护工作,有关部门监督实施。探索形成一套责任明确、奖惩到位的项目监管新机制,切实发挥已实施工程的环境效益。

增强公众意识,开发文化产业。提高公众保护环境的意识,也是改善湖区环境、加强管理与保护效果的一个重要方面。同时,管理部门也需要进一步规范文化产业,改善生态环境,使文化产业得以健康稳定发展。

(3) 加强部门联动

针对长荡湖分属不同区域管理的情况,首先应建立区域间的协作机制,明确各行政区职责。形成金坛区政府牵头,长荡湖管委会主要负责,生态环境、发改、水利、渔业、交通、建设、规划、国土资源、农委等多部门参与,对长荡湖进行统一管理的局面。尤其针对区域养殖污染、岸线破坏等问题,应加快建立跨区域联动机制,制定跨县区治理方案,推动退圩退渔、岸线修复等湖泊治理工作有序开展。

切实加强相关职能部门的组织协调,加强对湖区围网养殖的监督管理;对开发的养殖水面要重新规划布局;严格对养殖过程中的饵料和药物的使用过程进行规范管理;加强环境监测力度,定期对养殖区的水质、水生生物等进行检测。各部门要互相配合,共同做好长荡湖的保护与管理工作,规范湖泊的开发利用行为。

(4) 提升科研支撑能力

完善管理制度,提高人员素质。一方面,对长荡湖的基本情况进行摸底调查,建立基础档案,为湖泊管理工作的开展奠定基础。另一方面,针对专业人才缺乏的现状,管理部门既要加强对专业技术人员招募工作的力度,又不能忽视对已有人员的再培训,只有不断提高现有管理人员的素质,才能保证湖区管理工作的顺利开展。

重点支持生态修复关键技术、养殖业废弃物的无害化和资源化技术提升与集成、长荡湖治理工程管理与运行机制方面的科学研究,持续跟踪对长荡湖水体及沉积物重金属、有毒有害物质、水生态的监测研究分析,定期(每2~3年)开展一次流域生态安全评估,及时调整流域生态保护方向与对策,为流域水环境污染治理长效管理提供科研支撑。尤其针对新孟河通航以后,长荡湖流域的生态环境受到怎样的影响,还需要进一步的调查、研究和分析。

3.3 骆马湖(徐州片区)

骆马湖是江苏省第四大淡水湖,被江苏省定为苏北水上湿地保护区,又是南水北调的重要中转站。位于江苏省北部,跨宿迁和新沂二市,东经118°04′~118°18′、北纬34°0′~34°14′之间,湖区北起堰头村圩堤,南至洋河滩(宿迁市)闸口,西连京杭运河,东临马陵山南麓—嶂山岭,平均宽13 km。骆马湖作为过水性湖泊,其面积375 km²。其中,徐州境内水域面积约30%。骆马湖具有防洪、灌溉、航运、渔业、旅游、生态等多种功能和综合效益。

骆马湖不仅是调蓄沂、沭、泗洪水的大型防洪蓄水水库、京杭运河中运河的一段,被江苏省定为苏北水上湿地保护区,它是南水北调的重要中转站。它是徐州市重要的水源地(徐州市骆马湖窑湾水源地、新沂市骆马湖新店水源地),是江苏省淮河流域目前生态和水质最好的浅水湖泊之一,是徐州市唯一被国家生态环境部列入《水质较好湖泊生态环境保护总体规划(2013—2020)》的湖泊。骆马湖不仅是沂河、中运河洪水的主要调蓄湖泊,也是徐州市重要的水源地(徐州市骆马湖窑湾水源地、新沂市骆马湖新店水源地),又是国家南水北调东线输水工程的主要调节水库之一。

生态安全调查评估对象为骆马湖(徐州片区),调查评估的流域范围为骆马湖(徐州片区)徐州市境内湖面及沿湖周边乡镇(如图3.3-1所示),包括新沂市:草桥镇、合沟镇、瓦窑镇、港头镇、棋盘镇、窑湾镇、新店镇;邳州市:新河镇、八路镇、占城镇、土山镇、议堂镇、赵墩镇、碾庄镇、八义集镇、宿羊山镇、车辐山镇、燕子埠镇、邢楼镇、岔河镇、戴庄镇、邳城镇、官湖镇、戴圩镇、陈楼镇、运河镇、炮车镇、东湖街道;铜山区:大许镇、单集镇;徐州经济开发区:徐庄镇;贾汪区:塔山镇、紫庄镇、汴塘镇。调查总面积3 143.48 km²。

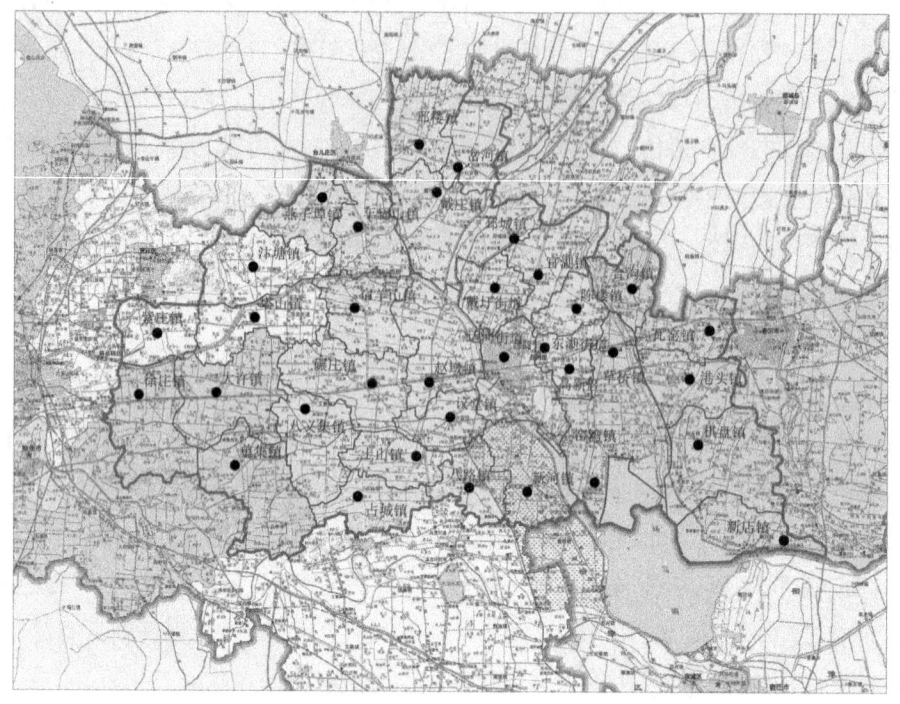

图 3.3-1　骆马湖(徐州片区)流域生态安全调查范围

3.3.1　骆马湖(徐州片区)流域社会经济影响调查

3.3.1.1　社会经济概况

徐州骆马湖流域 2018 年常住总人口 2 300 349 人,其中农村常住人口 1 490 698 人,农村常住人口占总常住人口比重为 64.8%,人口增长率为 −10.24‰。2018 年,徐州骆马湖流域城镇常住人口占比为 35.20%,低于全国平均水平(59.58%),更是显著低于江苏省的平均水平(69.61%),城镇化进程仍处于发展阶段,未来城镇化建设仍将加速前进,人口向城镇聚集对流域带来较大污染压力。徐州骆马湖流域人口密度约为 731.78 人/km²(按常住人口计算),略低于 2018 年江苏省人口密度 742 人/km²,但远高于国家平均约 150 人/km²。

2018 年徐州骆马湖流域人均地区生产总值为 5.91 万元。对比于 2018 年全国人均 GDP 6.46 万元、江苏省人均 GDP 11.52 万元,徐州骆马湖流域经济发展总体水平较低,徐州骆马湖流域 34 个乡镇/街道中有 11 个乡镇/街道人均 GDP 高于全国平均水平,而除碾庄镇和陈楼镇外,其余乡镇均低于江苏省平均水平。

3.3.1.2 流域水污染源概况

徐州骆马湖流域点源污染包括工业企业、规模化养殖、污水处理厂尾水（含接管的城镇生活和工业企业）三个方面，面源包括未接管生活（含城镇和农村）、农业种植、分散养殖、水产养殖、城镇径流、水土流失六个方面。

2018年，徐州骆马湖流域COD、NH_3-N、TN、TP四项主要水污染物入河总量分别为COD 9 259.55 t、NH_3-N 1 669.55 t、TN 2 844.74 t、TP 300.04 t。就单位流域面积污染负荷而言，2018年徐州骆马湖流域单位面积污染负荷（入河量）为COD 2.95 t/km²、NH_3-N 0.53 t/km²、TN 0.90 t/km²、TP 0.10 t/km²。

细化到具体的九种污染来源，COD、NH_3-N、TN、TP四项主要水污染物的来源趋势基本一致。总体上看，农业种植、未收集的农村生活垃圾、未收集的城镇生活垃圾、水产养殖是主要的污染来源，四者对四项主要水污染物排放入河量的贡献分别为35%~51%、17%~29%、10%~20%、8%~16%。工业排放、分散养殖、城镇地表径流对于污染物排放入河量的贡献较低。

从水污染物排放入河量按区县分析来看，COD、NH_3-N、TN、TP的来源趋势较为一致。邳州市在四项水污染物排放入河总量的占比最高，达60%以上；其次为新沂市，四项水污染物排放入河总量占比27%左右；贾汪区、铜山区及徐州经济开发区对四种水污染物的排放贡献较低（均不足5%）。

3.3.1.3 生态环境压力状况

依据国土部门提供的土地利用数据，骆马湖（徐州片区）流域统计单元面积为3 143.48 km²，流域范围内建设用地面积为682.49 km²，农业用地面积为2 083.28 km²，人类活动强度较高（如图3.3.1-1所示）。

用Arcgis对国土部门提供的新沂市国土资源矢量数据进行缓冲区统计分析，得出徐州市骆马湖（徐州片区）湖泊近岸3 km缓冲区总面积为119.37 km²，其中建筑用地面积20.08 km²，农业用地面积74.02 km²（如图3.3.1-2所示）。近岸缓冲区人类生活、生产开发活动对湖泊生态环境产生最直接的压力。骆马湖（徐州片区）北部集中了全湖大部分的圈圩与围网养殖，结合遥感影像分析、现场调研航拍以及国土部门提供的土地利用数据，骆马湖（徐州片区）水域面积总计95.19 km²，其中湖泊水面43.99 km²，占水域总面积的46.21%；坑塘水面43.71 km²，占水域总面积的45.92%；内陆滩涂、水田、旱地、其他园地等7.06 km²，占水域总面积的7.41%。骆马湖（徐州片区）流域挖砂已全面禁止，存在

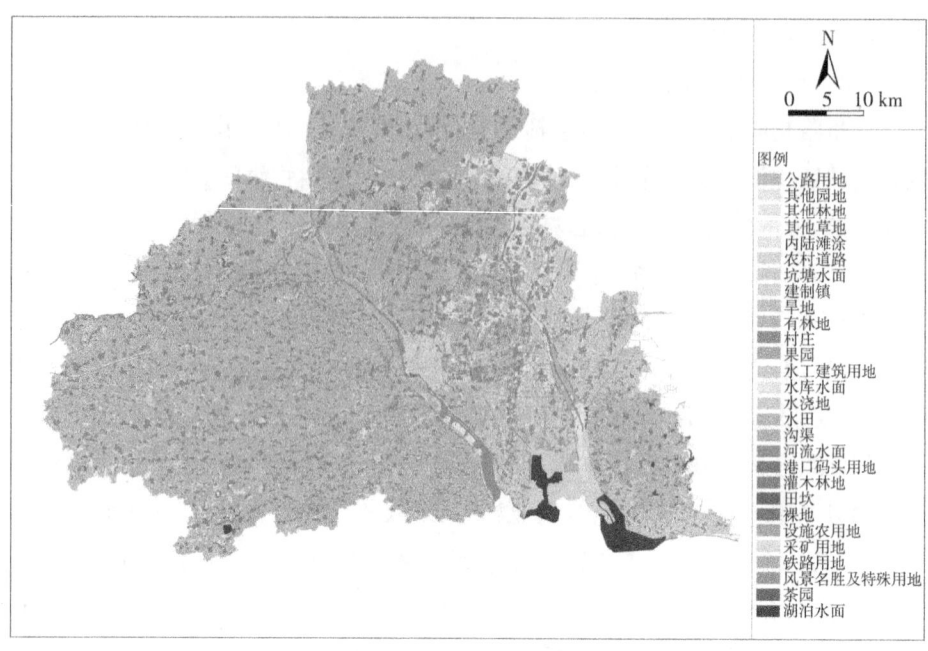

图 3.3.1-1 骆马湖(徐州片区)评估范围内土地利用图

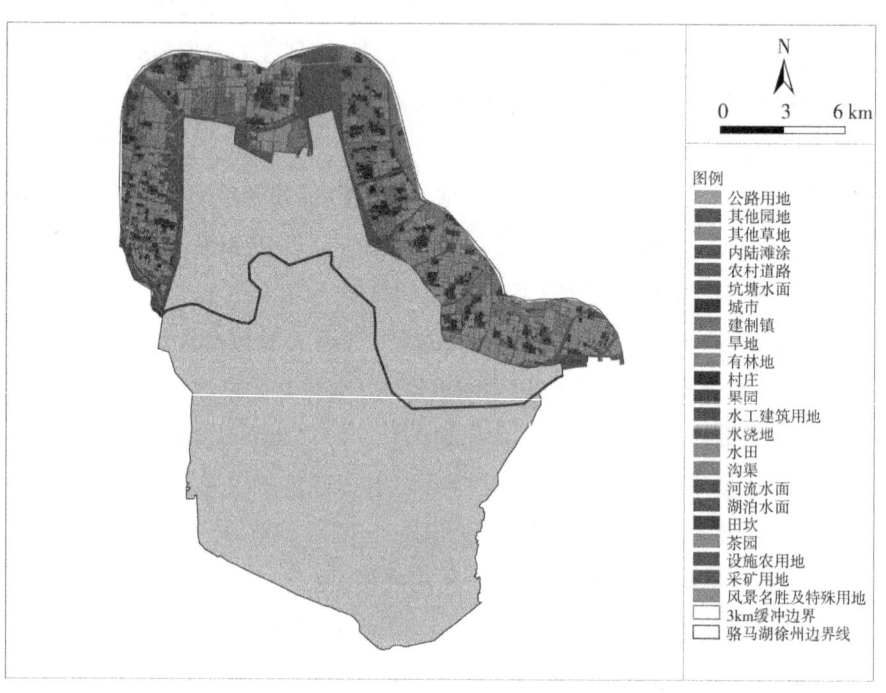

图 3.3.1-2 骆马湖(徐州片区)近岸缓冲区遥感影像解译结果

一定程度的航运交通,坑塘水面等占水域总面积的比例接近一半,养殖情况较严重,网箱养殖(含坑塘水域养殖等)。水生生境受到一定干扰。

3.3.2 骆马湖(徐州片区)及其流域生态环境调查

3.3.2.1 湖泊水质现状及时空变化趋势

根据骆马湖(徐州片区)形状、围网养殖、湖区采砂以及入湖、出湖河流等情况,于骆马湖(徐州片区)典型水域和主要出入湖河道开展现状调研。水质监测频次为每月一次,沉积物及水生态监测频次为每季度一次。

骆马湖(徐州片区)水体高锰酸盐指数、COD月均值个别点位超过Ⅲ类标准,从时间上看全湖均值夏季最高,冬季最低。水体 TN 浓度超标情况较严重。7月—11月 TP 浓度持续超过Ⅲ类水质标准,其中9月份 TP 浓度达全年峰值。骆马湖(徐州片区)水体季节变化差异明显,夏秋高冬春低。从空间上来看,骆马湖(徐州片区)水体 COD、高锰酸盐指数最大值在老沂河入湖口,呈现从东南向西北增加的趋势。COD 浓度最大值出现在骆马湖北部圈圩养殖较为密集的区域。春、夏两季,总氮高浓度区集中在北部湖区沿岸,靠近沂河与老沂河入湖口的坑塘水域,至秋、冬季,总氮高浓度区向南部迁移(如图3.3.2-1所示)。春季、秋季和冬季总磷最大值均出现在老沂河入湖口,夏季总磷最大值出现在京杭运河入湖口,表明湖区的总磷超标与入湖河道关系密不可分(如图3.3.2-2所示)。

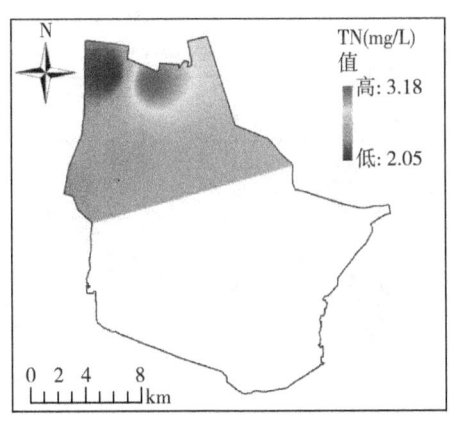
(a) 春

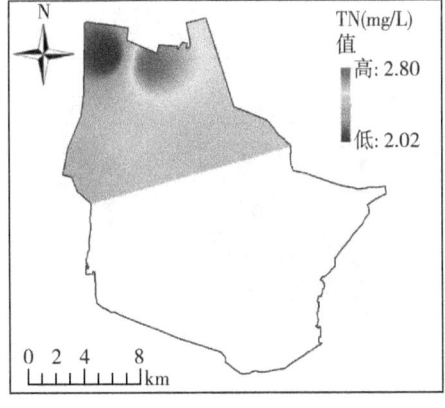
(b) 夏

(c) 秋　　　　　　　　　　　　　(d) 冬

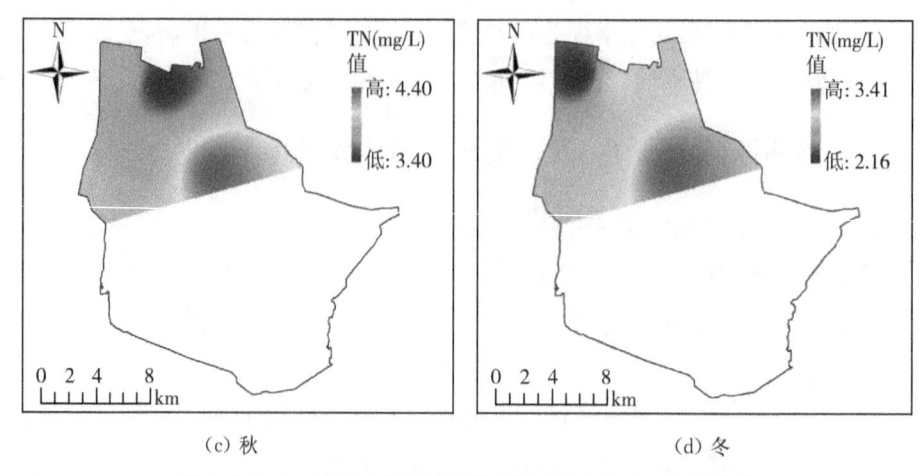

图 3.3.2-1　2018 年骆马湖(徐州片区)水质 TN 空间变化

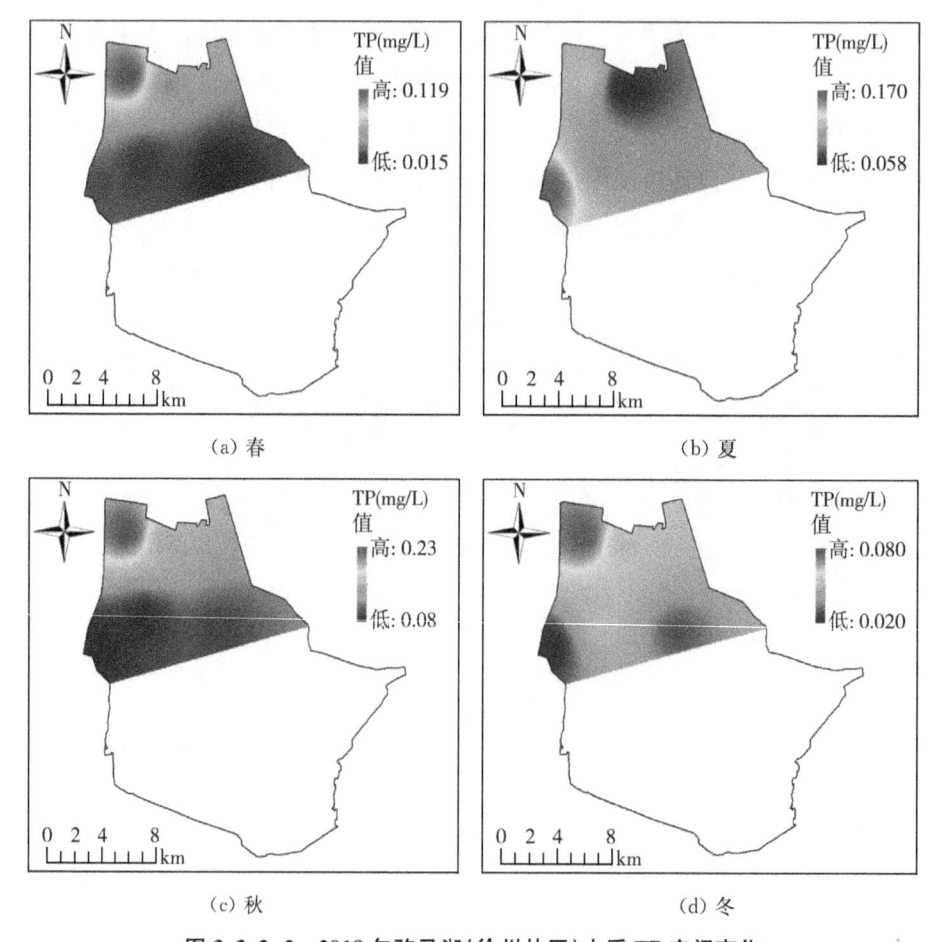

(a) 春　　　　　　　　　　　　　(b) 夏

(c) 秋　　　　　　　　　　　　　(d) 冬

图 3.3.2-2　2018 年骆马湖(徐州片区)水质 TP 空间变化

骆马湖(徐州片区)水体八种重金属铅(Pb)、铬(Cr)、汞(Hg)、镉(Cd)、砷(As)、镍(Ni)、铜(Cu)、锌(Zn)的含量均达标。铅(Pb)、铬(Cr)、镉(Cd)、镍(Ni)、锌(Zn)的季节性变化较大。

骆马湖(徐州片区)水体营养状态处于轻度富营养-中度富营养水平，综合营养状态指数在58～63之间波动，均值为61.1，属于中度富营养。通过分析各个指标对综合富营养状态指数的贡献发现，水体总氮(TN)和总磷(TP)的贡献率分别是24.26%和22.97%。收集骆马湖湖区2014、2016、2017、2018年的历史水质数据，TN基本在劣Ⅴ类水平，TP在2017和2018年超Ⅲ类情况较为普遍，有的月份甚至超出Ⅳ类水质。TN、TP是湖泊水质不达标的主要问题，也是骆马湖(徐州片区)水域富营养化的限制因子，也将是今后骆马湖(徐州片区)污染整治的重点。

3.3.2.2 入湖河流水质现状和变化趋势

入湖河流总氮污染较为严重，四条主要入湖河流总氮浓度均为劣Ⅴ类水质标准，考虑年均值，以沂河与老沂河TN浓度更高，入湖河道总氮浓度峰值出现的季节集中在秋、冬季。考虑年均值，四条入湖河流TP均为超过Ⅲ类水质要求，老沂河、房亭河及京杭运河TP浓度均较高。重金属浓度季节性差异显著。重金属Cr、Hg、Cd和重金属Zn浓度部分季节未检测到，Pb、As、Ni、Cu四种重金属含量波动范围大。河流水体中8种重金属浓度值均未超出国家《地表水环境质量标准》Ⅲ类水质标准。

3.3.2.3 湖体及入湖河道底质现状调查

骆马湖湖体沉积物总氮、总磷存在空间差异，老沂河入湖口湖区总氮、总磷较大。三条出湖河道沉积物年均总氮含量大小表现为中运河＞六塘河＞新沂河；四条入湖河道年均总氮含量大小表现为房亭河＞京杭运河＞沂河＞老沂河。对于总磷，三条出湖河道年均总磷含量大小表现为中运河＞六塘河＞新沂河，和总氮表现一致；四条入湖河道年均总磷含量大小表现为房亭河＞京杭运河＞沂河＞老沂河。

骆马湖(徐州片区)不同点位沉积物总氮的污染指数范围为0.57～1.99，总磷污染指数范围为0.31～1.58，湖区北存在中度污染到重度污染的现象(如图3.3.2-3所示)。

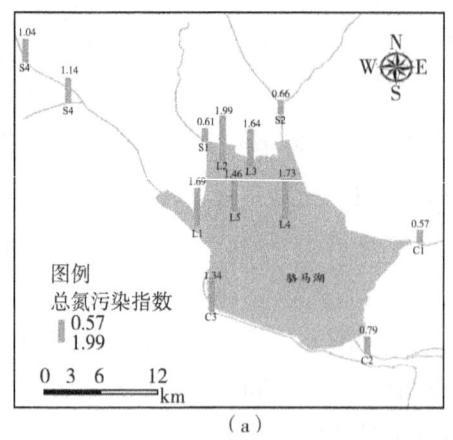 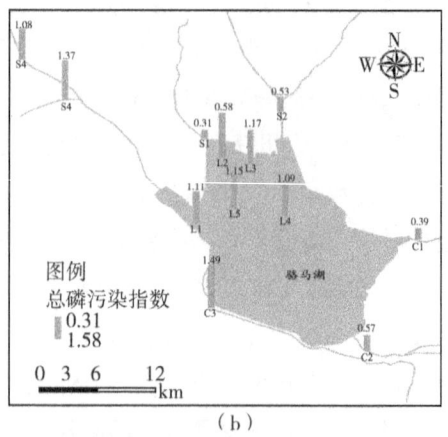

图 3.3.2-3　骆马湖(徐州片区)不同湖区沉积物污染指数

骆马湖环湖河流沉积物除 Zn 外,各项重金属含量均未超出农用地土壤重金属筛选值。骆马湖(徐州片区)沉积物重金属 Zn 含量季节性变化不大,冬季沉积物 Zn 含量较高,春季沉积物 Zn 含量略低。骆马湖(徐州片区)所有季节沉积物 Zn 含量皆超出江苏土壤重金属背景值。

老沂河及沂河入湖口沉积物中 Pb 含量相对于其他河道较高,但仍基本与背景值持平,处于浓度很低的水平。老沂河入湖口春季沉积物检出 Pb 含量最高。所有河流沉积物 Pb 含量均未超出农用地土壤重金属筛选值。

骆马湖(徐州片区)不同水域重金属的潜在生态风险指数除了六塘河出湖口、中运河出湖口重金属风险为中等,其余点位的重金属生态风险都为轻微。

3.3.2.4　湖泊水生态环境现状及变化趋势

(1) 浮游植物

骆马湖(徐州片区)春、夏、秋和冬季共鉴定出浮游植物 8 门 86 种。骆马湖(徐州片区)浮游植物种类以绿藻门为主,其次为硅藻门和蓝藻门(春、夏、秋三季蓝藻门物种数高于硅藻门)。春季伪鱼腥藻、小颤藻、锥囊藻属优势度较高。夏季优势度最高的是蓝藻门的细小平列藻、伪鱼腥藻。铜绿微囊藻呈现出明显的季节性,夏季优势度大幅上升。秋季优势度最高的是蓝藻门的水华束丝藻。冬季的主要优势种为尖尾蓝隐藻,其次是水华束丝藻(如图 3.3.2-4 所示)。

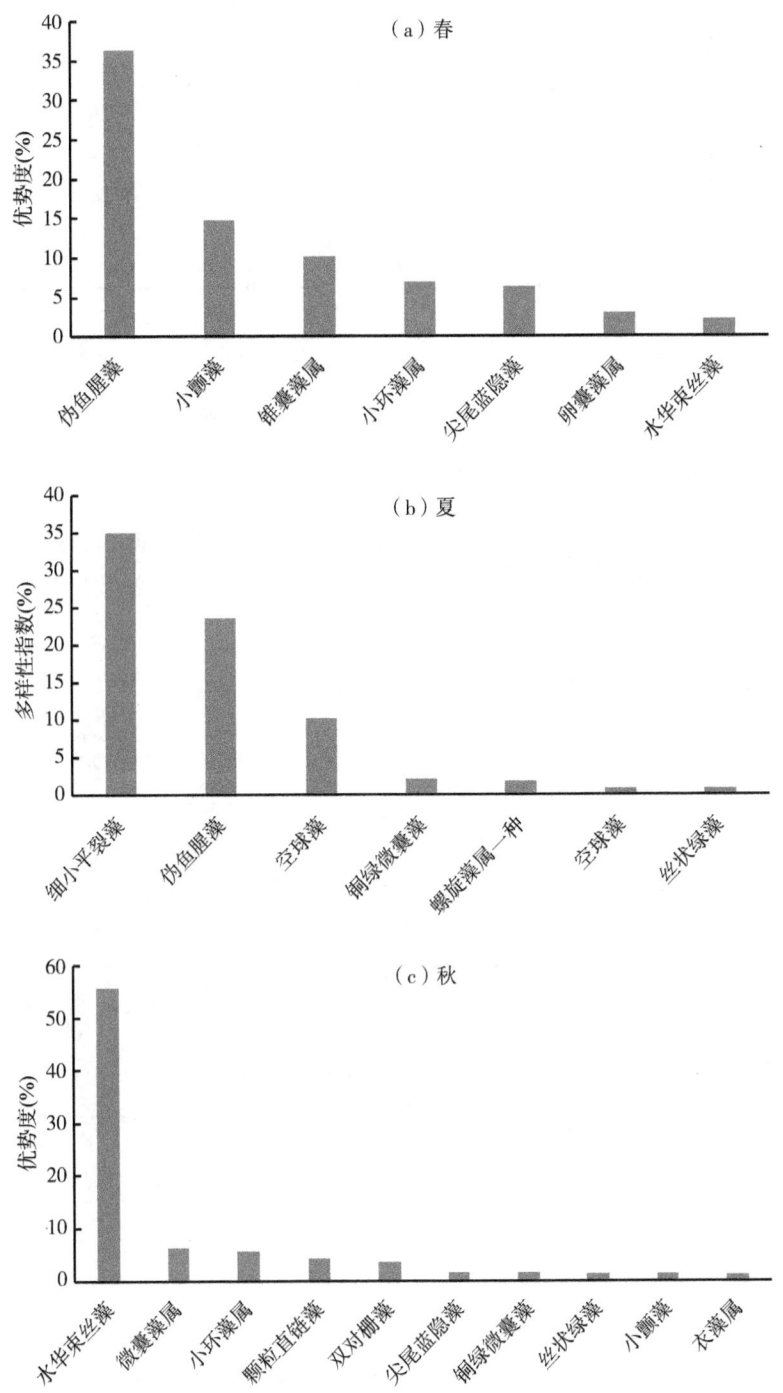

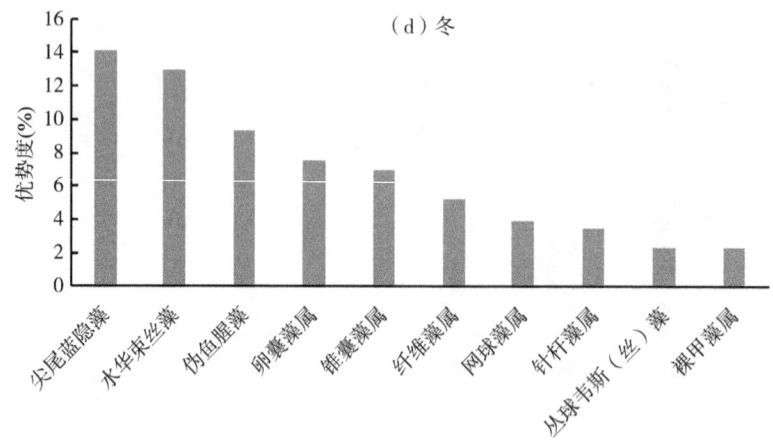

图 3.3.2-4　骆马湖(徐州片区)浮游植物优势度季节变化

空间上分布大致为:北部湖区(老沂河和沂河入湖区)浮游植物数量及生物量最高,其次为东部湖区(京杭大运河入湖区),湖心区浮游植物数量及生物量最低(如图 3.3.2-5 所示)。

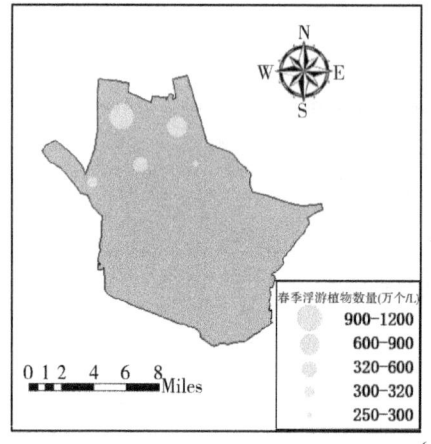
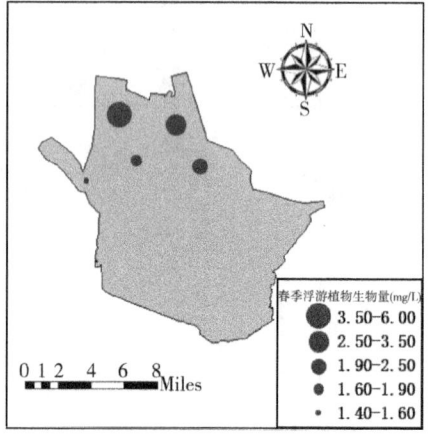

(a)

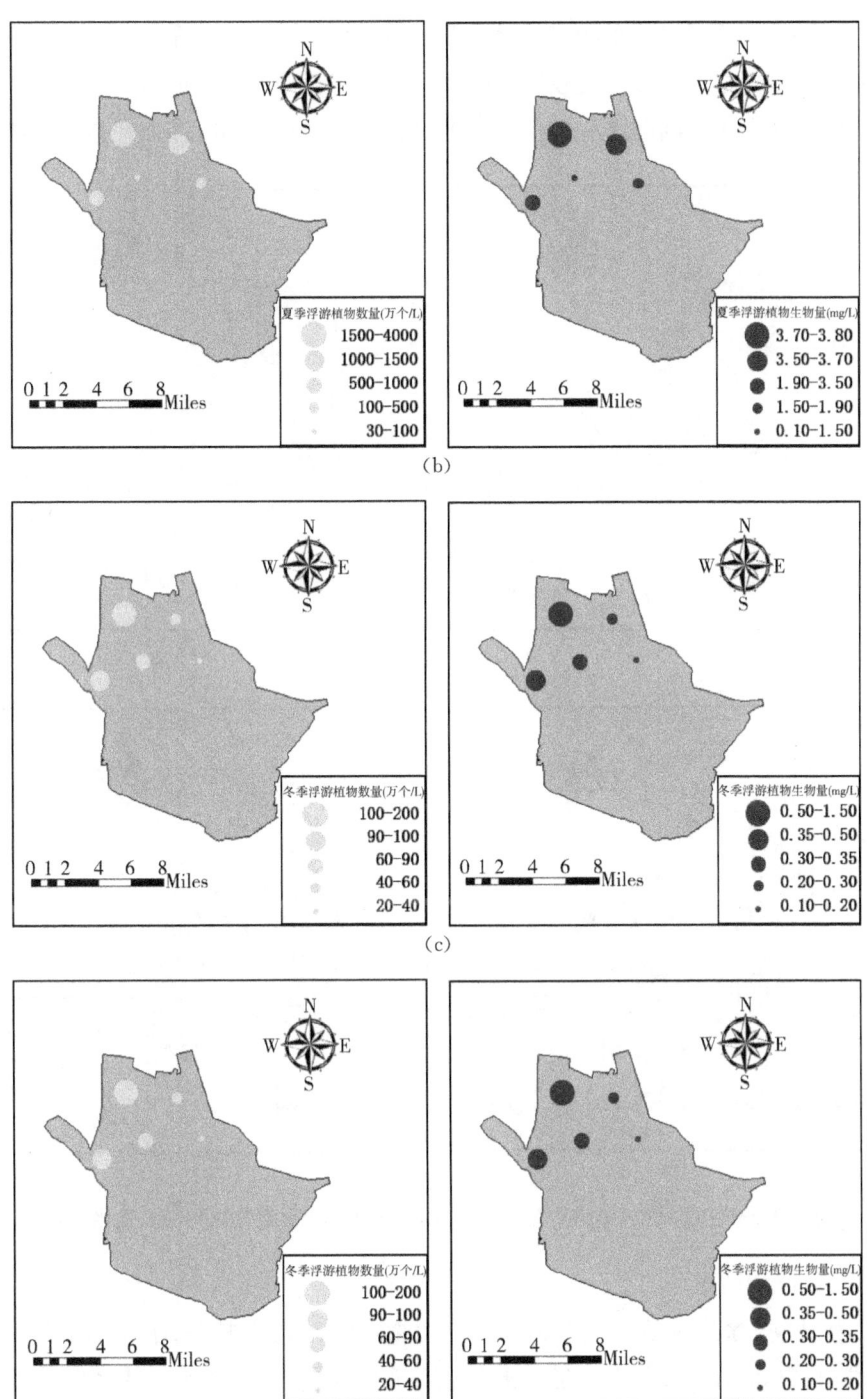

图 3.3.2-5 骆马湖(徐州片区)不同季节浮游植物数量和生物量空间分布

不同季节不同点位生物多样性表现不同,从季节分布来看,骆马湖(徐州片区)在冬、春两季生物多样性较高(如图3.3.2-6所示)。从空间分布来看,春、夏季以湖心区和东部湖区多样性指数较高,秋、冬季以北部湖区多样性指数较高。

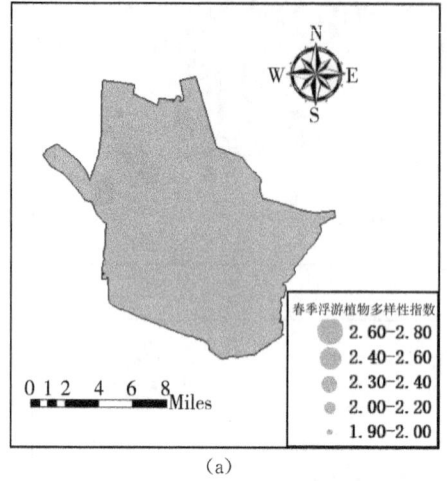
(a)

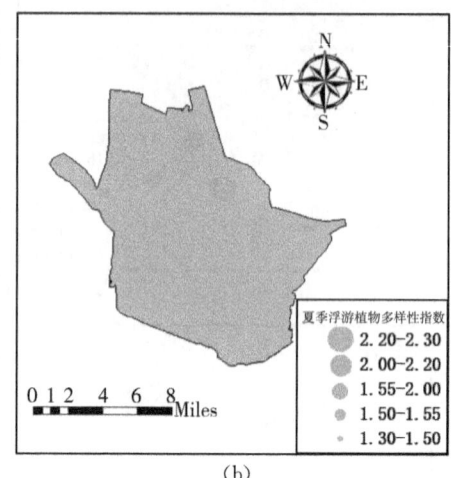
(b)

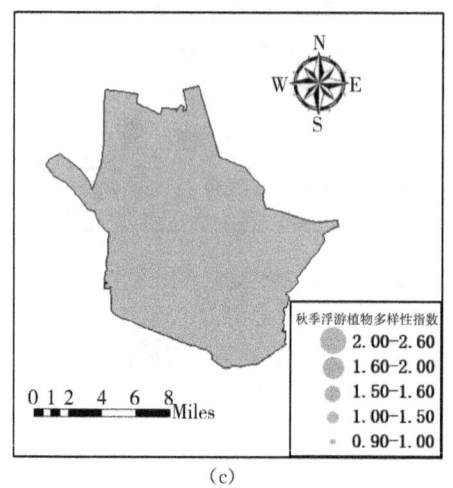
(c)

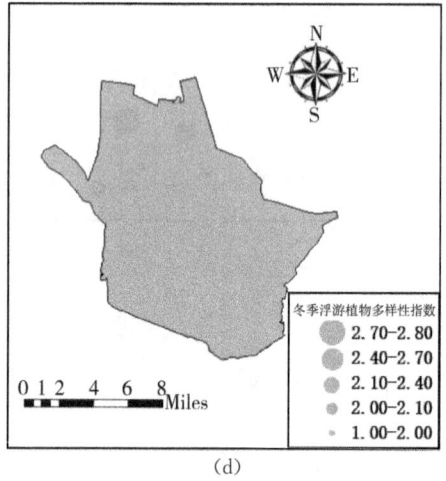
(d)

图3.3.2-6 骆马湖(徐州片区)浮游植物多样性指数时空分布特征及变化趋势

(2)浮游动物

骆马湖(徐州片区)共鉴定出浮游动物59种,其中枝角纲13种,桡足纲13种,轮虫33种。各季节针簇多肢轮虫具有明显优势度,春季针簇多肢轮虫优势度最高,其次为裂痕龟纹轮虫;夏季无节幼体优势度最高,针簇多肢轮虫次之。秋季无棘螺形龟甲轮虫优势度最高,针簇多肢轮虫次之。冬季针簇多肢轮虫优势度最高,其次为无节幼体。各季节中,轮虫与枝角类和桡足类相比,具有较高的优势度,表明骆马湖(徐州片区)浮游动物以耐污种轮虫占主要优势种(如图3.3.2-7所示)。

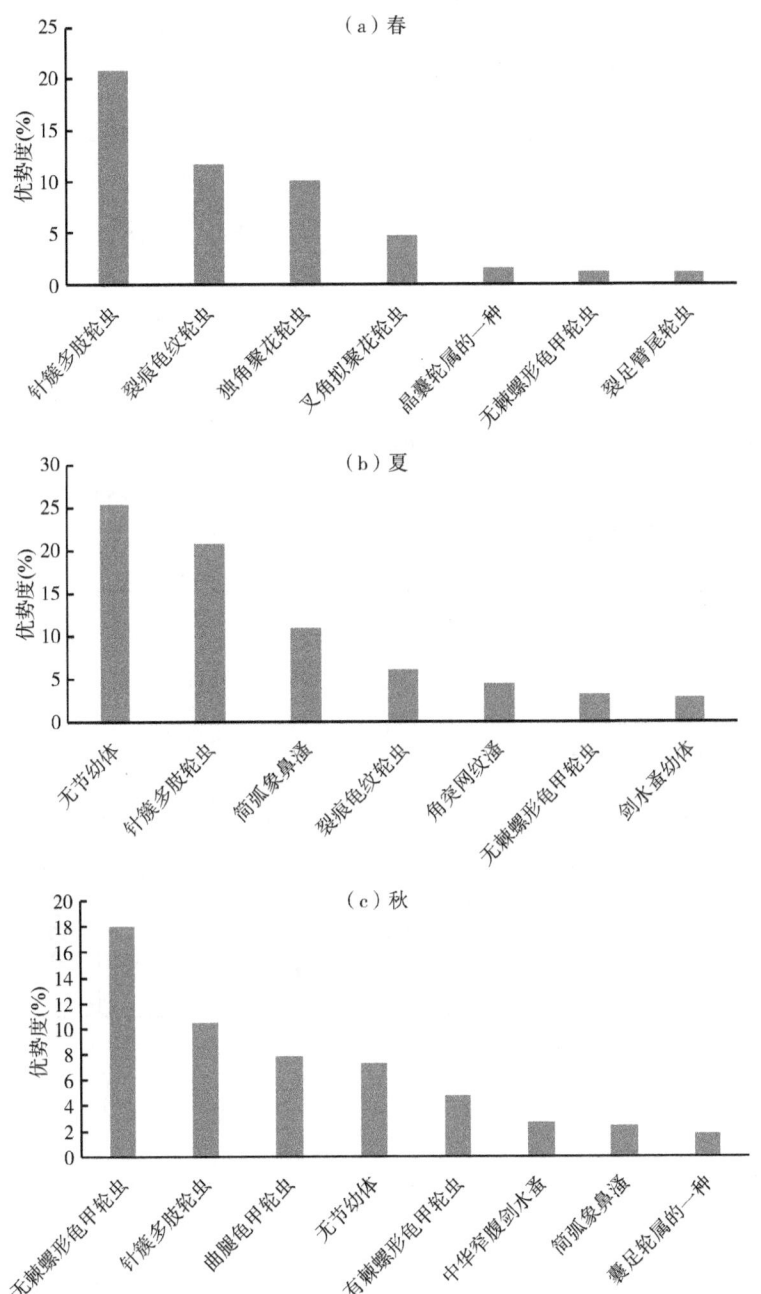

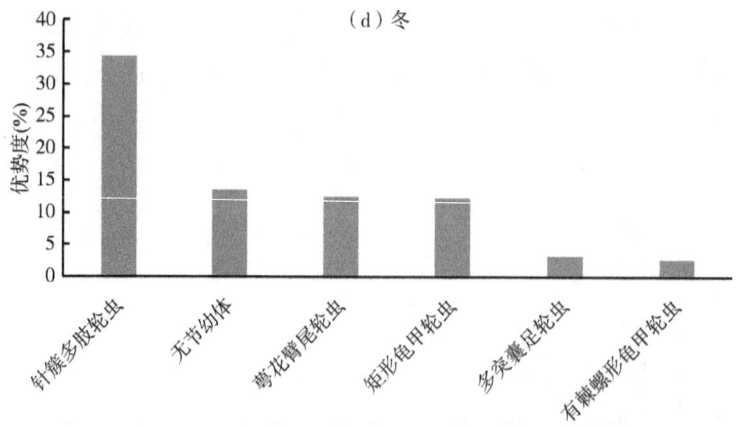

图 3.3.2-7 骆马湖(徐州片区)不同季节浮游动物各物种优势度

浮游动物的数量及生物量的空间分布与浮游植物不同,对于浮游动物数量,老沂河入湖区较高,其次为京杭大运河入湖区和湖东区,沂河入湖区浮游动物数量最少;对于浮游动物生物量来说,京杭大运河湖区生物量较高,老沂河入湖区、湖心区和东部湖区次之,沂河入湖区最低(如图 3.3.2-8 所示)。

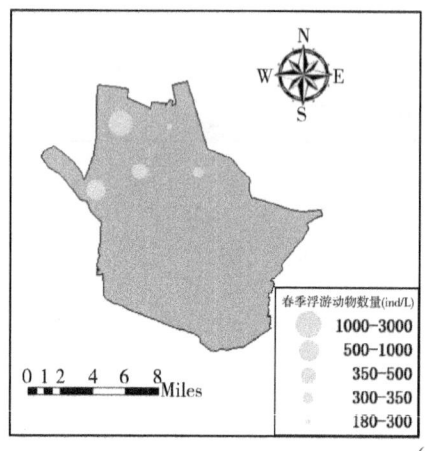
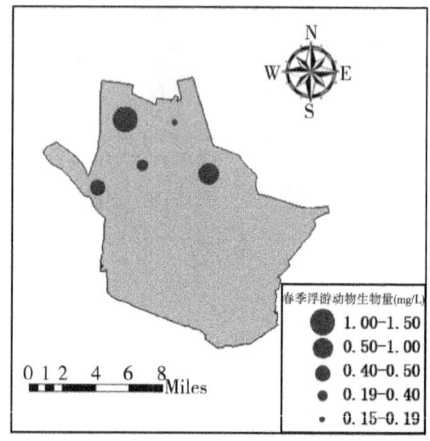

(a)

第三章 重点湖泊生态安全评估实践

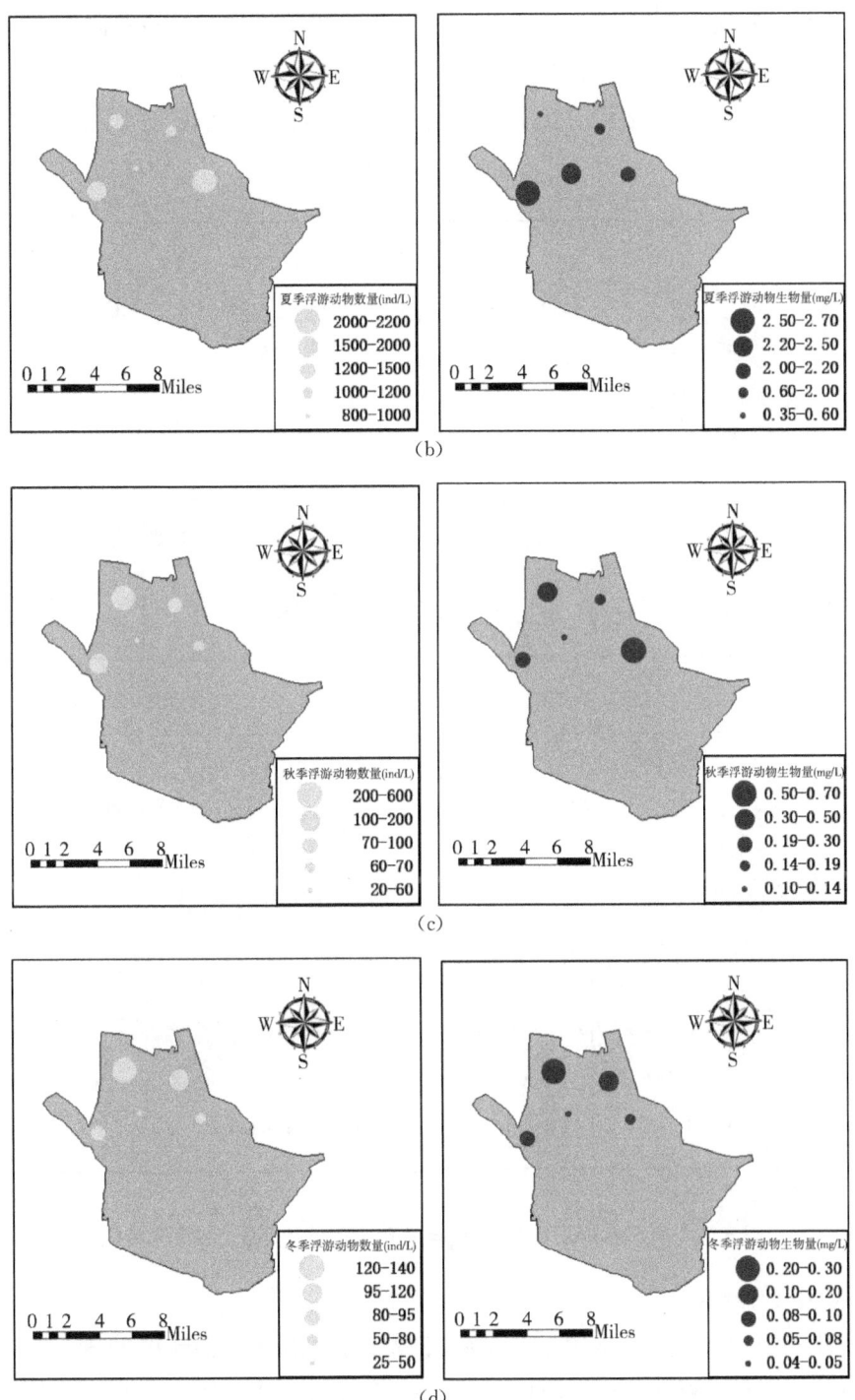

图 3.3.2-8 骆马湖(徐州片区)浮游动物数量和生物量空间分布

骆马湖(徐州片区)不同季节浮游动物香农维纳多样性指数空间分布如下图。季节上,夏、秋两季生物多样性较高,春、冬两季较低,且四个季节浮游动物都以耐污种轮虫为主要优势种。冬季北部湖区生物多样性较高(如图3.3.2-9所示)。

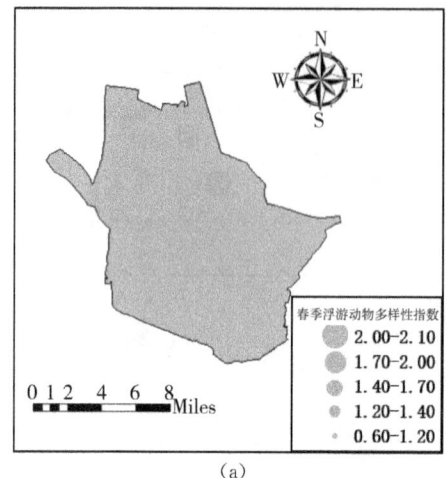
(a)

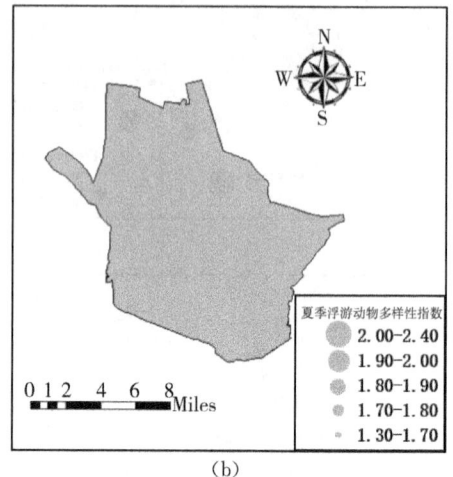
(b)

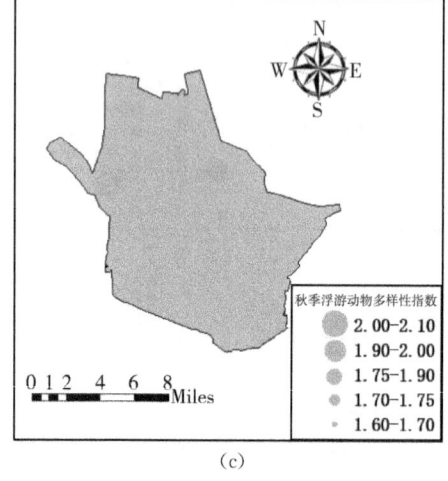
(c)

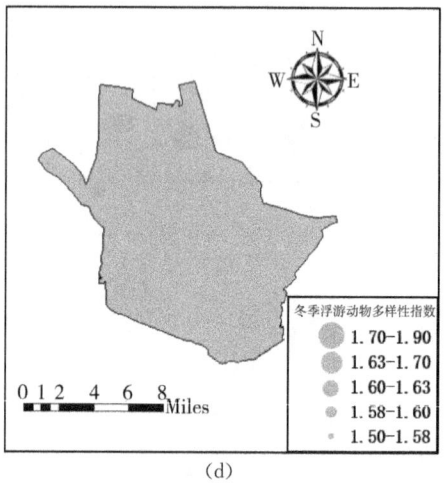
(d)

图3.3.2-9 骆马湖(徐州片区)浮游动物多样性指数时空分布特征

(3)底栖动物

骆马湖(徐州片区)春、夏、秋和冬季四次调查共发现底栖动物24种,其中环节动物门5种、软体动物门6种、节肢动物门12种和线虫动物门1种。骆马湖(徐州片区)春季霍甫水丝蚓优势度达70.78%。夏季霍甫水丝和中国长足摇蚊蚓优势度相对较高。秋季则变成了多巴小摇蚊的优势度最高,其次为中国长足摇蚊。冬季优势种为红裸须摇蚊和霍甫水丝蚓,优势度分别为 61.02% 和 8.49%,其他物种优势度均不超 2%(如图 3.3.2-10 所示)。

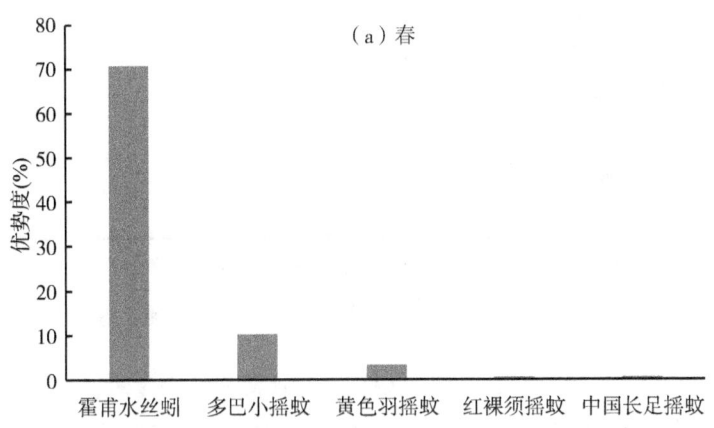

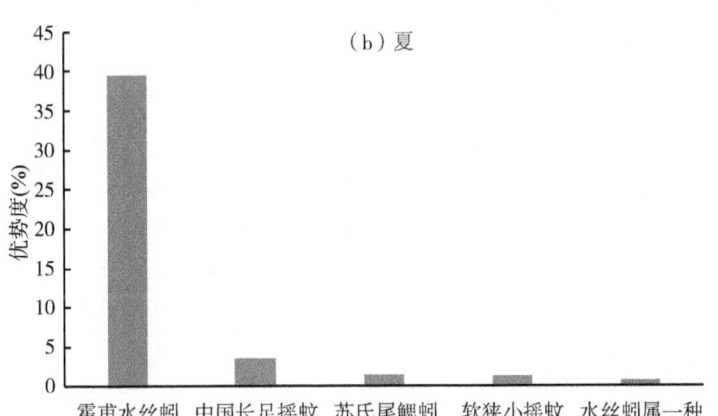

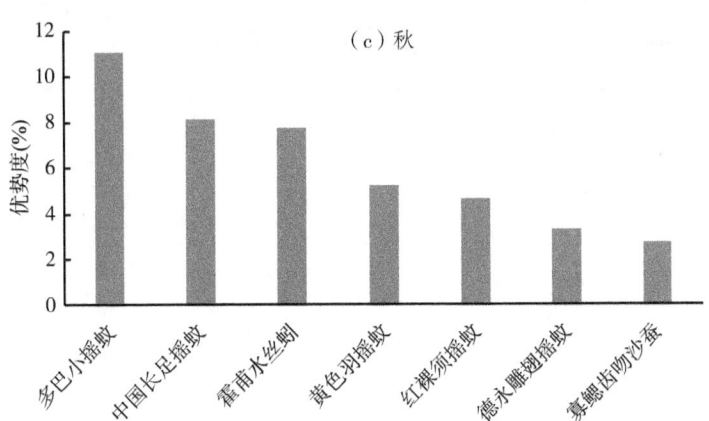

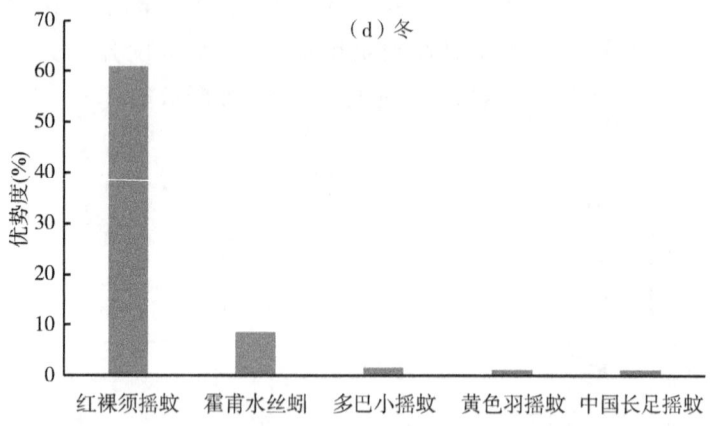

图 3.3.2-10 骆马湖(徐州片区)底栖动物各物种优势度

骆马湖(徐州片区)沂河入湖区底栖动物数量和生物量最高,东部湖区及湖心区较低,且霍甫水丝蚓在春、夏和秋季为主要优势种,说明骆马湖(徐州片区)底泥污染严重(如图 3.3.2-11 所示)。

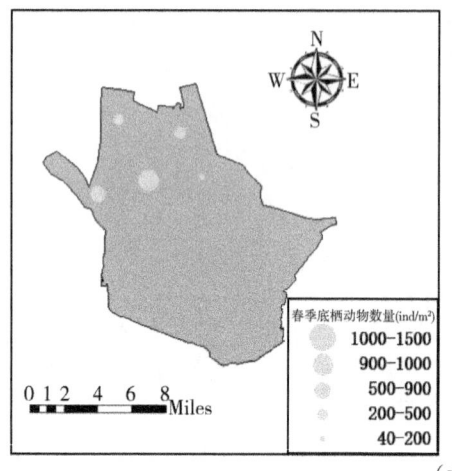
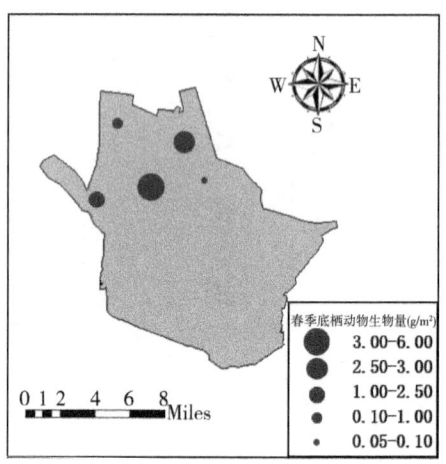

(a)

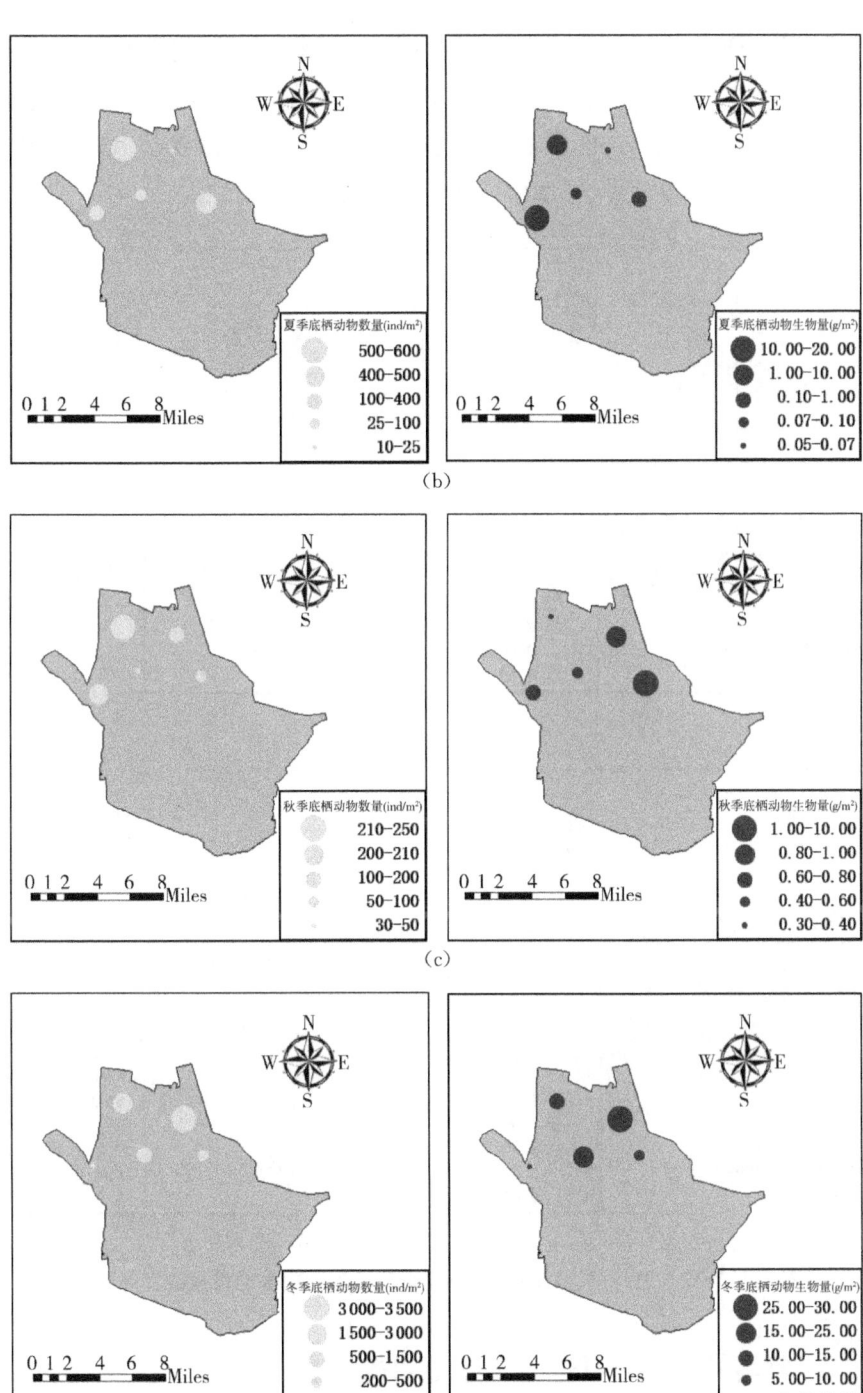

图 3.3.2-11 骆马湖(徐州片区)底栖动物数量和生物量空间分布

骆马湖(徐州片区)不同季节底栖动物香农维纳多样性指数空间分布如图(如图3.3.2-12所示)。春季、秋季多样性指数较高,夏季、冬季多样性指数较低。京杭大运河入湖口湖区夏季多样性指数较高,东南湖区秋季多样性指数较高。老沂河入湖口湖区春、冬季多样性指数较高。

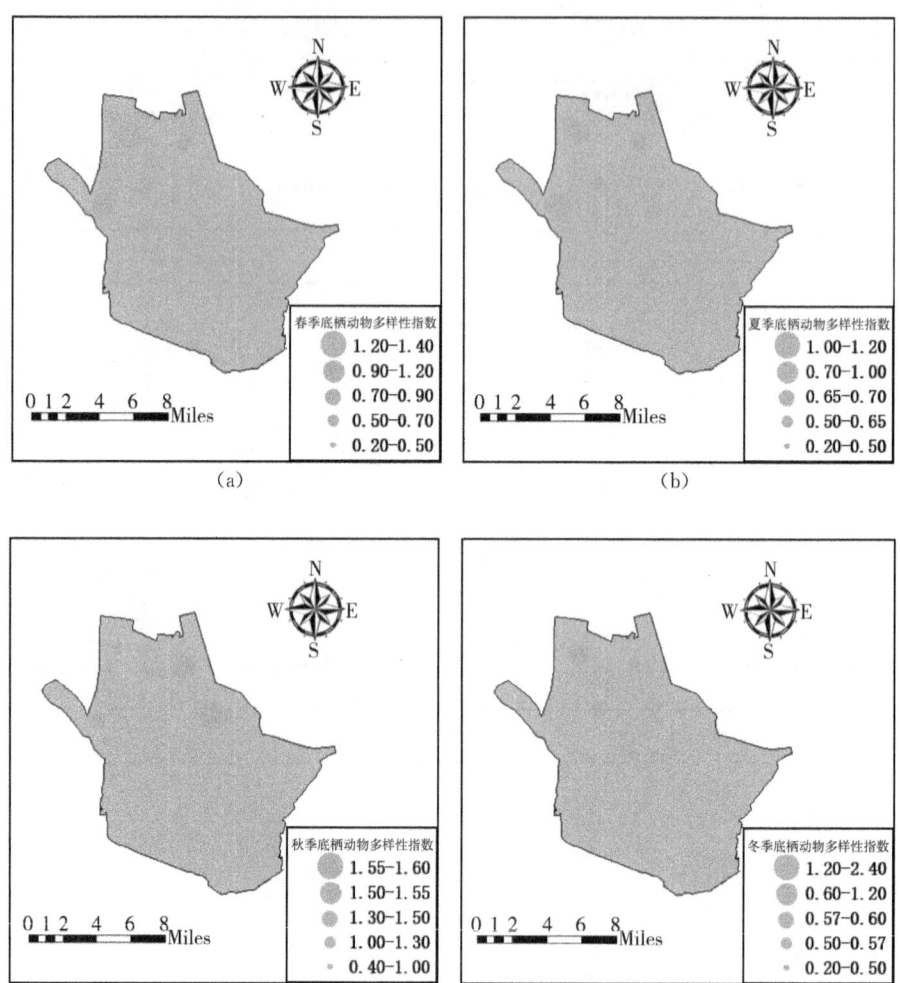

图3.3.2-12 骆马湖(徐州片区)不同季节底栖动物多样性指数空间变化

3.3.3 骆马湖(徐州片区)生态服务功能调查

3.3.3.1 水产品服务功能

骆马湖鱼类共计有11目49科80种,其中多以鲤科种类鱼类为主,共计64

种,占总量的80%,主要的经济鱼类有鲢、鳙、鲤、鲫、鳊、乌鳢、鳜鱼、鲂、青鱼、草鱼、银鱼、赤眼鳟、黄颡鱼和黄鳝等10鱼种。按照洄游习性,骆马湖典型江河洄游性鱼类仅为日本鳗鲡一种,溯河洄游性鱼类也仅有弓斑东方鲀,半洄游性鱼类有青鱼、草鱼、鲢鱼和鳙鱼及铜鱼等,其余的都是定居性鱼类。刀鲚本属于溯河洄游性鱼类,部分亲鱼可定居在通江湖泊中,骆马湖的刀鲚在生态和繁殖等方面与洄游性刀鲚有明显分异,已经成为定居性鱼类,外来引入的大银鱼和太湖新银鱼也有类似情况。

2017年骆马湖水产品总量达到16 469 t,其中养殖产量11 014.64 t,其中河蟹588.09 t,成鱼(鲢鳙鱼为主)10 426.55 t,成鱼占养殖产量的94.7%。捕捞产量较养殖常量明显为小,共捕捞5 454.65 t,其中鱼类4 820.81 t、虾类394.47 t、河蟹198.76 t、贝类0.61 t,鱼类占捕捞产量的88.4%。

3.3.3.2 栖息地服务功能

根据调查及查阅资料发现,骆马湖生物多样性丰富,目前骆马湖鱼类72种,底栖动物24科,浮游动物66种,18种水生植物,59属浮游藻类等。两栖动物、爬行动物和鸟类也常年在此栖息,包括国家级或省级保护动物黑斑侧褶蛙、中华鳖、金线侧褶蛙、眉锦蛇、鸳鸯、白鹭、鸿雁等。骆马湖在保护湿地功能和湿地生物多样性方面发挥着巨大作用。

根据土地利用现状调查结果,骆马湖(徐州片区)区域林地面积共计64.77 km²,草地面积13.37 km²,研究区域内土地总面积2 093.81 km²,林草覆盖率=(林地面积+草地面积)/研究区域土地总面积×100%=3.7%。

湿地类型分天然湿地和人工湿地,区域天然湿地主要包括河流水面、湖泊水面、坑塘水面、滩涂,总面积502.84 km²,人工湿地主要包括沟渠等,人工湿地面积共计707.43 km²。湿地总面积为1 210.27 km²,天然湿地面积占流域湿地面积的41.54%,湿地面积占流域总面积的比例达38.50%。

3.3.3.3 拦截净化功能

根据遥感影像及现场踏勘结果得出,骆马湖(徐州片区)岸线长度约为45 km,湖滨带缓冲区人工岸线长度约为0,均为天然岸线,长度约为45 km,自然岸线率达100%。骆马湖(徐州片区)湖滨带岸线水生植被覆盖率很低,基本为0%,沿湖多分布有大量的农田、圈圩和鱼塘等。老沂河等沿岸带船舶污染较为严重,分布着比较密集的以捕鱼为业的居民,将生活污水直接排入湖体,此种情况下湖滨缓冲带并没有起到拦截污染物的作用。

3.3.3.4 人文景观功能

骆马湖是江苏省四大湖泊之一,有着悠久的文化历史,骆马湖的水多来自沂蒙山洪和天然雨水,湖内水体清澈透明,大部分达到国家Ⅲ类水的标准。

骆马湖(徐州片区)调查范围内共有 15 处国家级生态红线,其中 10 处为自然保护区、森林公园、湿地、风景名胜区,共计 395.82 km²。有丰富的水资源和生物资源,渔产美味丰富,旅游娱乐休闲功能价值巨大。

3.3.3.5 饮用水服务功能

骆马湖(徐州片区)饮用水源地主要有新沂市骆马湖新店水源地和徐州市骆马湖窑湾水源地两处,年均供水量分别为 1 950 万 t 和 13 599 万 t,服务人口分别为 30 万和 110 万。根据对两水源地 2018 年的监测数据,结合《地表水环境质量标准》(GB 3838—2002)中Ⅲ类水质标准,两集中饮用水水质达标率为 100%,水源地水质符合Ⅲ类水的水质标准。

3.3.4 骆马湖(徐州片区)生态环境调控管理措施调查

3.3.4.1 环境保护投入调查

环保投入占 GDP 的比重是国际上衡量环境保护问题的重要指标,根据发达国家经验,为有效地控制污染,环保投入占国内生产总值比例需要在一定时间内持续稳定地达到 1.5%,才能在经济快速发展的同时保持良好稳定的环境质量。

2018 年,骆马湖流域范围内的地方财政投入(市本级)为 370 万元,社会财政投入为 3 302.8 万元,环保投入占当年流域范围内地区生产总值(1 360.2 亿元)的 0.03%。整体上,骆马湖流域范围内的环保投入占 GDP 的比重偏低,较难保证在经济快速发展的同时保持良好稳定的环境质量。

3.3.4.2 污染治理情况调查

2018 年骆马湖流域范围内的平均农村生活污水集中处理率约为 60%,农村生活污水集中处理率仍有提升空间。2018 年骆马湖流域城镇生活污水集中处理率为 84%。2018 年,徐州市及各区、市政府按照各县区产业发展规划与布局等政策要求,对骆马湖流域范围内未接管的企业实行部分企业关停或搬迁;同时根据现有污水处理设施及管网以及拟建污水处理设施及配套管网情况,逐步将未接管企业纳入污水集中处理系统;对于企业规模小、污水排放量小、距离现有污水处理设施及管网距离远的企业,进一步加大力度提高厂区污水处理能力,并纳入徐州市尾水导流工程内,同时提高污染物减排强度。据调查,骆马湖流域的工业企业污水处理率为98.9%。基于2017年统计数据及住建、街道、环保等部门的资料,结合实地调研结果,骆马湖流域涉及的34个乡镇的农村生活垃圾的集中处理率为100%,农村生活垃圾不排入周边环境。基于2017年统计数据及农业、环保等部门的资料,结合实地调研结果,骆马湖流域涉及的34个乡镇的农村畜禽粪便综合利用率为68%。

3.3.4.3 产业结构调整情况调查

2018年,骆马湖流域(徐州片区)实现地区生产总值(GDP)1 360.25亿元。其中,第一产业增加值183.97亿元;第二产业增加值743.76亿元;第三产业增加值432.51亿元。三次产业增加值比例为13.5∶54.7∶31.8。整体三次产业结构合理,处于社会发展中级阶段。

3.3.4.4 水土流失情况调查

徐州在水土流失综合治理方面着眼于生态建设。一是重点开展小流域综合治理与社会主义新农村建设,建设生态清洁型小流域,将小流域建设成节水高效型的社会主义新农村社区。二是大力开展农田林网化和河沟坡的植被建设,综合防治平原区水土流失。三是全面开展县乡河道疏浚工程和农村河塘整治工程,做好河道、塘坝的边坡防护,实行长效管理,有效抑制水土流失,改善农村生态环境。四是探索开展城市水土保持试点,综合防治城市水土流失。五是加大了生产建设项目水土流失防治。

据调查,骆马湖(徐州片区)生态安全评价范围内水土流失治理率为64.31%。

3.3.4.5 生态建设情况调查

2017年,各县(市)区重视园林绿化工作,生态环境建设力度加大,城乡人居环境大幅提升。市市政园林局继续加大对各县(市)园林绿化工作指导力度,提供技术服务和支持,通过开展优质工程评比,向各县(市)传导"精品园林"建设理念。邳州市被住房和城乡建设部命名为"国家园林城市";新沂市围绕创建"国家生态园林城市",不断加大园林建设力度,实现绿化总量的增长。骆马湖流域(徐州片区)内共有5个生态文明建设示范镇(街道)。

3.3.4.6 监管能力调查情况

2019年,新沂市骆马湖饮用水源地水质自动监测系统建设完成,可在线监测的水质指标包括:pH、溶氧、水温、浊度、电导率、高锰酸盐指数、氨氮、总磷、总氮等,基本能满足新沂市骆马湖饮用水源地监管需求。

徐州市环境监察大队和下属县、市、区环境监察机构不断加强环境监察标准化建设,基本做到环境监察工作制度健全、环境监察工作流程规范,并且能够按照有关文件要求报送环境监察政务信息。设备方面,下属各科室、中队均配备了执法车辆,以便及时跟进骆马湖流域内的监管。邳州市环境监察大队配备了无人机,可以对骆马湖流域范围进行全程范围内的覆盖监测;同时每个中队配备了移动执法设备,可以及时上传、处理流域范围内发现的环境问题。

3.3.4.7 长效机制调查情况

淮河水利委员会沂沭泗水利管理局按照1981年国务院148号文对直管河湖实行统一管理和调度运用。1985年,江苏省同沂沭泗水利管理局办理了交接手续,同年成立了沂沭泗水利管理局骆马湖管理处,下设六个基层管理局,分别为邳州河道管理局、新沂河道管理局、沭阳河道管理局、灌南河道管理局、嶂山闸管理局和宿迁水利枢纽管理局。根据沂沭泗局《关于印发〈骆马湖水利管理局主要职责机构设置和人员编制规定〉的通知》(沂局人劳〔2012〕17号)精神及国家有关法律、法规,骆马湖水利管理局是沂沭泗水利管理局在骆马湖流域的水利管理机构。

江苏省政府、徐州市政府高度重视骆马湖的生态环境保护工作,近年来已编制多项关于骆马湖生态环境保护的规划、方案等。包括《江苏省骆马湖保护规划》、《江苏省骆马湖渔业养殖规划(2011—2020)》、《关于对骆马湖实行最严格的水源地保护责任制的通知》(徐政发〔2015〕22号)、《骆马湖生态环境保护总体规划》等。

3.3.5 骆马湖(徐州片区)生态安全评估结果及分析

湖泊生态安全调查评估分方案层评估和目标层评估。方案层包括社会经济影响评估、水生态健康评估、生态服务功能评估、调控管理评估等四个方面。目标层评估即湖泊生态安全综合评估。

3.3.5.1 社会经济影响评估

社会经济活动对湖泊的影响评估旨在从湖泊保护的需要出发,评价人类活动是否适当,包括人类活动的方式和活动的强度。一方面,评价人类活动对湖泊产生的环境压力的大小所处水平,是否超出湖泊发生富营养化的控制范围。另一方面,评价人类活动对湖泊水环境的影响大小、影响范围和影响程度,并据此控制、调整、改变人类活动的方式和强度,达到控制湖泊富营养化、改善湖泊环境的目的。评估主要内容是人类社会经济活动对湖泊环境造成的压力大小和对生态系统影响的程度。

根据参照标准,采用归一化方法,对评估年指标层各项指标进行标准化,再依据各指标层指标的权重值,计算得到各因素层指标的状态指数,以及社会经济影响方案层状态指数。详细结果见表3.3.5-1。

根据骆马湖(徐州片区)社会经济影响各项指标值及权重,计算得到骆马湖(徐州片区)流域社会经济影响DP=57.6。

表3.3.5-1 社会经济影响指标评估结果

方案层		因素层		指标层		
名称	状态指数值	名称	状态指数值	名称	指标值	标准化数值
社会经济影响(DP)	57.6	人口	0.75	人口密度	732	0.55
				人口增长率	−10	1.00
		社会经济	0.66	人均GDP	59 100	0.66
		水域生态环境压力	0.45	水生生境未受干扰指数	45	0.45
		陆域生态环境压力	0.83	人类活动强度指数	0.87	0.52
				污染源污染负荷排放指数	0.396	1.00
				入湖河流水质状态指数	0.79	0.79
		缓冲带生态环境压力	0.38	湖泊近岸缓冲区人类干扰指数	0.78	0.38

根据流域社会、经济对湖泊影响程度的等级划分标准,骆马湖(徐州片区)流域社会经济活动对湖泊的影响程度处于"一般"的水平,骆马湖(徐州片区)流域存在较高的社会压力,对湖泊生态系统影响较大,湖泊生态结构受到一定程度的影响。

通过计算分析,骆马湖(徐州片区)流域水域生态环境压力、缓冲带生态环境压力指数得分较低。具体表现为水生生境和近岸缓冲区受人类干扰水平较高。另外,流域人口密度较大、活动强度较高等也加重了区域的环境压力。

结合现场调研情况,骆马湖(徐州片区)流域社会经济水平相对落后,经济产业结构单一,农业是流域内主要的产业类型,区域面源污染占比极高(最高达95%)。骆马湖(徐州片区)近岸缓冲范围内更是以农业种植为主,农业用地面积占比达62%,农业面源污染物是引起湖泊富营养化的重要因素。同时,流域内乡镇较低的经济水平使得环保投入水平较低,缓冲带拦截净化措施的建设和陆域污染源的治理都有较大待提升空间,农业面源污染及入湖河流污染未经有效拦截,对水体造成较大的冲击。

3.3.5.2 水生态健康评估

为评价骆马湖(徐州片区)水生态健康状况,选取涵盖湖体水质、沉积物、水生态3个因素层的8项指标,结果如表3.3.5-2所示。

表3.3.5-2 骆马湖(徐州片区)水生态健康指标评估结果

方案层		因素层		指标层			
名称	状态指数值	名称	状态指数值	名称	单位	指标值	标准化数值
水生态健康(S)	54.9	湖体水质	0.60	水质综合状态指数	无	0.67	0.67
^	^	^	^	综合营养状态指数	无	61.1	0.49
^	^	沉积物	0.89	营养盐综合状态指数	无	0.7	0.70
^	^	^	^	重金属Hakanson风险指数	无	105.3	1.00
^	^	水生态	0.35	浮游植物多样性指数	无	1.95	0.65
^	^	^	^	浮游动物多样性指数	无	1.71	0.57
^	^	^	^	底栖生物多样性指数	无	0.82	0.27
^	^	^	^	沉-浮-漂-挺水植物覆盖度	%	0.00	0.00

根据评估结果,骆马湖(徐州片区)水生态健康状态指数为54.9,健康状况等级为Ⅲ级,处于中等水平。从水生态健康指标来看,水生态指数得分较低(0.35),具体表现为沉-浮-漂-挺水植物覆盖度极低,底栖生物多样性指数较低,浮游植物及浮游动物多样性指数一般。

根据现场调研情况来看,骆马湖(徐州片区)湖体水质较差,除总氮外,其他水质指标属Ⅲ~Ⅳ类水平,主要超标污染物为总氮、总磷,其中总氮问题尤为严重,达劣Ⅴ类。骆马湖(徐州片区)湖体中基本没有水生植被,水生生物种类也较少,浮游植物以绿藻门为主,其次为硅藻门和蓝藻门;夏、冬两季浮游动物生物多样性较高,春季较低,且三个季节浮游动物都以耐污种轮虫为主要优势种;底栖动物种类少、生物量低,并且霍甫水丝蚓在各季节都为主要优势种,说明骆马湖

(徐州片区)底泥污染情况严重。

整体来说,骆马湖(徐州片区)水生植被覆盖度极低,水生生物种类相对简单,多样性不足,湖体生态调节、水质改善能力相对较弱,尤其是对湖体营养盐的利用能力较差。

3.3.5.3 生态服务功能评估

骆马湖(徐州片区)生态服务功能指标体系包括饮用水服务功能、水源涵养功能、栖息地功能、拦截净化功能及人文景观功能。

根据骆马湖(徐州片区)生态服务功能各项指标值及权重,计算得到骆马湖(徐州片区)流域生态服务功能指标 I=69.6,结果如表 3.3.5-3 所示。

表 3.3.5-3 生态服务功能指标评估结果

方案层		因素层		指标层			
名称	状态指数值	名称	状态指数值	名称	单位	指标值	标准化数值
影响(I)	69.6	饮用水服务功能	1.00	集中饮用水水质达标率	%	100	1.00
		水源涵养功能	0.06	林草覆盖率	%	3.70	0.06
		栖息地功能	0.86	湿地面积占总面积的比例	%	38.5	0.86
		拦截净化功能	0.52	湖(库)滨自然岸线率	%	100	1.00
				缓冲带污染阻滞功能指数	无	9.7	0.10
		人文景观功能	0.80	自然保护区级别	无	4	0.80
				珍稀物种生境代表性	无	4	0.80

根据湖泊生态服务功能总体评估标准,判断骆马湖(徐州片区)生态服务功能等级为Ⅱ级,总体状态处于"较好"状态。从因素层指标来看,骆马湖(徐州片区)拦截净化功能较差,水源涵养功能极差,饮用水服务功能、栖息地功能、人文景观功能均达到"优良"水平。从各指标指数来看,林草覆盖率、缓冲带污染阻滞功能指数得分较低。

作为东部人口密集地区的水质较好湖泊,流域范围内的林草覆盖率低是天然缺陷,缺乏对生态资源的有效保护,导致水源涵养功能差。尽管骆马湖(徐州片区)自然岸线率达到100%,但是自然植被覆盖率低,林草覆盖率仅3.7%,缓冲区内以农业用地为主,自然岸线以裸露地表(砂质土壤)为主,缓冲带污染拦截功能低下。

因此,在骆马湖(徐州片区)综合治理工作中,流域植被恢复、缓冲带生态湿地构建、环湖岸线拦截净化措施建设应摆在重要位置。

3.3.5.4 调控管理评估

调控管理的响应指标主要体现在经济政策、部门政策和环境政策三个方面,包括湖泊流域污染治理能力、环境保护财政投入力度、监管能力及长效机制等情况,综合反映人类的"反馈"措施对社会经济发展的调控及湖泊水质水生态的改善作用。

根据骆马湖(徐州片区)调控管理的各项指标值及权重,计算得到骆马湖(徐州片区)流域调控管理R=66.4,结果如表3.3.5-4所示。

表3.3.5-4 调控管理评估结果

方案层		因素层		指标层			
名称	状态指数值	名称	状态指数值	名称	单位	指标值	标准化数值
响应(R)	66.4	资金投入	0.02	环保投入指数	%	0.03	0.02
		污染治理	0.86	生活污水集中处理率	%	68.4	0.72
				生活垃圾收集处理率	%	100	1.00
				水土流失治理率	%	64.31	0.76
		监管能力	0.80	监管能力指数	无	4	0.80
		长效机制	0.80	长效管理机制构建	无	4	0.80

根据流域生态环境保护调控管理措施对骆马湖(徐州片区)社会经济发展的调控以及湖泊水质水生态的改善作用等级划分标准,骆马湖(徐州片区)流域人类活动的调控管理水平处于"较好"水平。从因素层指标来看,资金投入和污染治理指标得分较低,从各指标指数得分来看,环保投入指数、水土流失治理率指标得分较低。这主要是因为流域内乡镇经济水平相对落后,骆马湖(徐州片区)流域2018年环保投入资金仅3 672.8万元,占2018年GDP总值的比重仅0.03%,而流域的污染治理与环保投入资金相挂钩,极低的环保资金投入占比限制了流域污染治理基础设施和生态环境改造工程的发展建设,植被修复得不到落实,水土流失治理也相对薄弱。

3.3.5.5 湖泊生态安全综合评估

根据社会经济影响、水生态健康、生态服务功能和调控管理四个方案层状态指数及权重,采用加权求和法计算湖泊生态安全指数(ESI),其结果是 1 个 1~100 的数值:

$$\mathrm{ESI} = \sum_{k=1}^{4} A_k \times W_k$$

式中,ESI 为生态安全指数,A_k 为第 k 个方案层的分值,W_k 为第 k 个方案层对目标层的权重系数。

计算得到骆马湖(徐州片区)生态安全指数 ESI 为 61.5,处于"较安全"状态。详见表 3.3.5-5、表 3.3.5-6 和图 3.3.5-1。

表 3.3.5-5 湖泊生态安全评估指数

湖泊名称	社会经济影响	水生态健康	生态服务功能	调控管理	生态安全指数(ESI)
骆马湖(徐州片区)	57.6	54.9	69.6	66.4	61.5
预警等级	一般安全	一般安全	较安全	较安全	较安全

表 3.3.5-6 湖泊生态安全评估结果描述

目标层				方案层		
名称	状态	描述		名称	状态	特征
骆马湖(徐州片区)生态安全指数	较安全	流域存在一定的社会经济压力,对湖泊生态系统有一定影响,湖泊水质处于Ⅳ类水质状态(除总氮外),水生植被覆盖度偏低,生物多样性较低,水源涵养功能较差。湖泊生态结构尚合理、系统结构尚稳定		流域社会经济活动	Ⅲ级(一般)	社会经济压力大、流域面源污染负荷较高、流域内人类活动干扰强度较大
			^		水生态健康	Ⅲ级(中等)	除总氮外,湖泊水质处于Ⅳ类,TP 浓度相对偏高,TN 超标情况严重。湖泊中度富营养化,水生生物种类较少,群落结构简单,以耐污种为主,水生植被覆盖度低
			^		生态服务功能	Ⅱ级(较好)	流域植被覆盖度低,水源涵养功能差,缓冲带污染阻滞功能较差
			^		调控管理	Ⅱ级(较好)	流域环保资金投入力度不足,各项调控管理措施的推行和实施力度尚可,但仍需加强

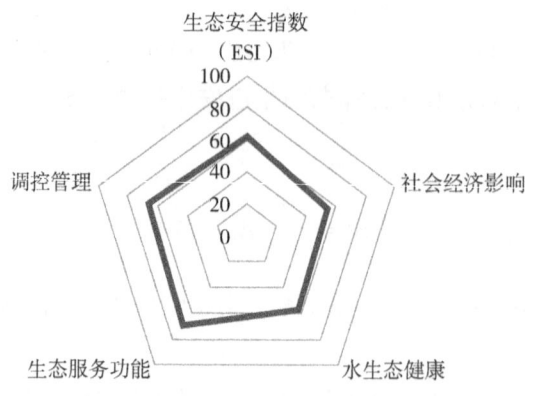

图 3.3.5-1 骆马湖(徐州片区)生态安全评估指数

骆马湖(徐州片区)流域社会经济影响、水生态健康、生态服务功能和流域调控管理得分均不理想,其中社会经济影响较大、水生态健康水平较差是拉低骆马湖(徐州片区)生态安全整体水平的主要原因。社会经济压力对湖泊生态安全有一定的影响,主要表现为人口密度大、社会经济水平相对落后、入湖河流污染负荷较大、缓冲区内人类活动干扰强度较大等一系列问题。水生态健康水平一般的主要原因是水生植被覆盖度低,水生生物多样性低,群落结构简单,水质状态存在富营养化风险,且整体湖水水质较差,总氮、总磷污染情况较为严重。生态服务功能不太好的主要原因是流域植被覆盖度低,水源涵养功能差。流域调控管理水平受环保资金投入的影响,资金有限导致污染治理基础设施建设工作滞后,流域污染治理水平不足。

综合而言,影响骆马湖(徐州片区)生态安全因素的经济水平较低、入湖河流污染负荷较高、以农业种植为主的人类活动强度干扰较大、湖泊水生植被数量及多样性较低、流域内植被覆盖度低、水源涵养功能差、人文景观功能较差、环保资金投入不足、水土流失治理亟待加强等方面将成为今后骆马湖(徐州片区)生态环境保护重点解决的问题。

3.3.6 骆马湖(徐州片区)生态安全主要问题

(1) 流域人口密度高、压力大,农业污染负荷较大

骆马湖(徐州片区)流域人口密度(732人/km^2)仅略低于江苏省平均人口密度(749人/km^2)。人口分布以农业人口为主,农业人口占全流域总人口的

64.8%。全流域人均地区生产总值为 5.91 万元,低于 2017 年全国人均 GDP 59 660元和江苏省人均 GDP 107 189 元。骆马湖(徐州片区)流域人口相对密集,且仍以农业劳作为主,经济发展水平相对落后。

骆马湖(徐州片区)流域内污染源主要为面源污染,四项主要水污染物(COD、NH_3-N、TN、TP)的面源负荷均占到流域(徐州片区)污染负荷的90%以上。流域面源污染中,以农业种植污染、农村生活污染、城镇生活污染和水产养殖污染为主,四大主要面源污染产生的污染物占流域面源污染物总量的87%~97%。农业活动(农业种植、水产养殖)和人类生活(农村生活和城镇生活)产生的污染物因产生的污染物量大且缺乏完善的收集治理措施,对湖泊水质造成了一定的压力。

(2) 流域、湖泊缓冲带土地利用率较高,人类活动对环境的影响较高

骆马湖(徐州片区)岸线长度约 45 km,几乎没有人工岸线,自然岸线率达100%,但自然岸线以水田、坑塘为主,植被覆盖度较低,拦截净化功能较薄弱。沿湖缓冲区内多为农田,湖泊近岸 3 km 缓冲区总面积为 119.37 km^2,其中建筑用地面积 20.08 km^2,农业用地面积 74.02 km^2,农业种植区域与湖泊水体之间无拦截净化措施,缓冲区污染阻滞功能较低。

(3) 湖泊水质状态较差,入湖河流污染严重,北部湖区水产养殖问题较为突出

骆马湖(徐州片区)除总氮外,其他水质指标为Ⅲ~Ⅳ类水平,其中总磷属Ⅳ类;总氮属劣Ⅴ类。总磷、总氮的高浓度区集中在入湖河口处,与中运河和沂河客水汇入有关。

骆马湖(徐州片区)水体营养状态处于轻度富营养~中度富营养水平,综合营养状态指数在 58~63 之间波动,均值为 61.10,整体水体富营养化趋势明显。

从入湖河道污染负荷来看,各河流水体总氮平均浓度差异显著,4 条入湖河流总氮平均浓度均超出国家《地表水环境质量标准》(GB 3838—2002)Ⅲ类水质标准,老沂河入湖口、沂河入湖口、房亭河入湖口、京杭运河入湖口总氮平均浓度远远超出Ⅴ类水质标准,总氮污染较为严重。

骆马湖(徐州片区)北部集中了全湖大部分的圈圩与围网养殖,结合遥感影像分析、现场调研航拍以及国土部门提供的土地利用数据,骆马湖(徐州片区)水域面积总共 95.19 km^2,其中湖泊水面 43.99 km^2,占水域总面积的 46.21%;坑塘水面 43.71km^2,占水域总面积的 45.92%;内陆滩涂、水田、旱地、其他园地等

7.06 km²，占水域总面积的 7.41%。自由水面率为 46.21%。湖岸带及缓冲区的污染阻滞功能较差，在降水频繁的季节，污染物随径流进入湖泊，另外在水产养殖的主要季节（夏、秋季），投饵等生产活动产生的营养盐，都对湖水产生了较大的冲击。

(4) 湖体开敞水域水生植被覆盖度低，生物多样性较差

骆马湖（徐州片区）开敞水域水生植被覆盖率为零，调研数据显示，开敞水域内几乎没有沉水植物、浮叶植物、漂浮植物和挺水植物存在。湖体浮游植物、浮游动物和底栖生物的多样性指数分别为 2.08、1.66 和 0.69，均小于健康水平标准值（一般认为多样性指数大于 3 为健康状态）。水生植被匮乏，水生生物数量少、多样性低、群落结构简单，对外源输入污染物质的吸收转化作用较差，湖体自净能力薄弱，一定程度上加剧了骆马湖（徐州片区）富营养化趋势、削弱了改善骆马湖（徐州片区）水质的能力。

(5) 流域环保资金投入不足，水土流失治理进度滞后

骆马湖（徐州片区）流域内社会经济水平较低，环保资金投入不足。2018 年骆马湖（徐州片区）流域环保投入 3 672.8 万元，仅占 2018 年 GDP 总值的 0.03%。根据发达国家的经验，一个国家在经济高速增长时期，要有效地控制污染，环保投入要在一定时间内持续稳定地占到国内生产总值的 1.5%，才能在经济快速发展的同时保持良好稳定的环境质量。2018 年骆马湖（徐州片区）流域环保资金投入比例远不足 1.5%，资金投入力度不足。此外，骆马湖（徐州片区）流域以农村人口为主，2018 年骆马湖（徐州片区）流域农村人口占比达 64.8%，虽然农村人口占比呈逐年下降趋势，但农村生活污染仍是流域污染物的主要来源之一，而现有的农村生活污染治理基础设施建设滞后，农村生活污水集中处理率低，农村生活污水直排对流域生态环境造成一定压力。此外，骆马湖（徐州片区）流域水土流失治理情况距离 2020 年目标（85%）仍有一定距离，水源涵养功能较差。

3.3.7 骆马湖（徐州片区）生态环境保护对策措施

3.3.7.1 全面实施农业面源污染防治

(1) 强化农田面源源头污染控制

以骆马湖（徐州片区）流域内农业面源污染排放较大的乡镇（赵墩镇、碾庄镇、八义集镇、棋盘镇）为重点，大力发展有机农业，调整优化种植结构，开展无公害农产品生产全程质量控制，大力发展化肥减施工程，推广高效、低毒、低残留及

生物农药替代工程,实行农药贴补,推广配方肥料,商品有机肥和种植绿肥,全面推广农业清洁生产技术。应用区域养分管理和精准化施肥技术,优化氮磷钾、中微量营养元素和有机、无机肥的投入结构,推广氮肥深施、测土配方施肥、分段施肥等科学施肥技术,推广保护性土壤耕作技术、合理轮作技术及秸秆还田,控制水田和坡地的水土流失,提高肥料利用率。

(2) 加强种植业污染过程控制与末端治理

以新河镇、运河镇、窑湾镇、草桥镇、棋盘镇、新店镇、炮车镇、官湖镇、陈楼镇等乡镇为重点,构建生态拦截系统,实施污染过程阻断。在流域主要河道流经区域及河网水系密集区域,通过稻田生态田埂技术、生态拦截缓冲带技术、生物篱技术、设施菜地增设填闲作物种植技术、果园生草技术(果树下种植三叶草等减少地表径流量)等措施,实施农田内部的拦截;利用现有沟、渠、河道支浜等,通过配置氮、磷吸附能力较强的植物群落、格栅和透水坝等方式实施生态改造,建设生态拦截带、生态拦截沟渠,有效拦截、净化农田氮磷污染,阻断径流水中氮、磷等污染物进入主要河流及骆马湖。

实施污染末端强化净化技术。针对离开农田、沟渠后的农田面源污染物,通过汇流收集,采用前置库技术、生态塘技术、人工湿地技术等进行末端强化净化与资源化处理。主要对沿河(湖)区域现有池塘进行生态改造和强化,建设净化塘,利用物理、化学和生物的联合作用对污染物主要是氮、磷进行强化净化和深度处理,处理尾水回田再利用,实现污染削减的同时,减少农田灌溉用水。

3.3.7.2 提升城乡生活污染处理水平

(1) 推进农村生活及城镇生活污染排放源头控制

加快推进骆马湖(徐州片区)流域新农村建设,实现农村分散居住向集中居住转变,提高农村生活污水收集处理率。完善节水管理制度体系,适当提高水资源有偿使用单价,以社区为单位,加快推进社区用水量奖惩管理办法,明确实施主体和具体的奖罚措施,可以将水资源单价差值累计总额作为节水奖励资金,切实提高居民的水资源利用效率。大力宣传水资源保护和重复利用,增强各居民的节水爱水意识,从源头减少生活污水的产生。倡导实行垃圾分类,提倡垃圾资源回收利用,减少垃圾的产生。

(2) 加强城镇污水收集,推进处理配套设施建设与提标改造

坚持厂网并举、管网先行原则,加快城镇污水处理厂配套管网建设。加强城镇雨水管网布设现状排查工作,针对生活污染排放集中、地表截污能力较弱的区

域,率先开展雨水管网敷设工作,结合经济水平发展状况,从"粗放式"建设逐渐向"精细化"建设转变。建设雨污分流管网。加强城镇排水与污水收集管网的日常养护工作,提高养护技术装备水平,强化城镇污水排入排水管网许可管理,规范排水行为。

(3) 实施农村环境综合整治

针对农村生活污水,以乡镇为精细化管控单元,加快各村连片整治进度,科学规划农村生活污水集中式和分散式收集处置设施分布建设,靠近城镇的村庄配套建设污水管网,就近接入城镇污水处理厂统一处理;其余村庄就地建设小型污水处理及其配套设施进行相对集中处理;对于农村无法接入污水管网进行集中处理的自然村,采用无动力或微动力、无管网或少管网、低运行成本的生化、生态处理技术,进行分散处理。

3.3.7.3 实施生态养殖

(1) 严格限定养殖区域与规模

按照"种养结合、以地定畜"的要求,科学编制畜禽养殖产业发展规划,合理确定养殖区域、总量、畜种和规模。控制对规划区河湖水系、水面利用与开发的规模、方式与强度,严格限制各类水体的网围养殖规模,坚决禁止饮用水水源保护区内网箱养殖。

(2) 强化畜禽养殖污染治理

推广规模化养殖,并对规模化养殖场畜禽粪便、废水的处理设施及处置去向进行跟踪调查,完善畜禽养殖业的环境监督管理。按照"减量化、无害化、资源化、生态化"要求,整体推进畜禽养殖场综合治理。推行"种养控"一体化循环利用产业链模式,鼓励大中型规模畜禽养殖场流转承包周边农田林地,通过建设畜禽粪污还田设施,就地消纳粪污循环利用,因地制宜推广发酵床(零排放技术)圈舍改造。

在养殖专业户和分散养殖较为集中的区域(棋盘镇、新河镇、占城镇、土山镇、赵墩镇、碾庄镇、宿羊山镇、邢楼镇、岔河镇、官湖镇),建设畜禽养殖粪污集中收集处理服务体系。通过政府部门统筹,培育新型责任主体,鼓励分散养殖场(户)积极参与,推进畜禽粪污集中处理与资源化利用。

(3) 加强水产养殖污染防治

以窑湾、草桥、棋盘、新店镇为主要防治对象,开展水产养殖场(池塘)百亩连片标准化、生态化池塘改造,采用"生态沟渠+表流湿地+组合生态浮岛+生态水草+太阳能微孔充氧"组合工艺进行养殖废水生态治理,保证主要水质指标稳定达到《地表水环境质量标准》(GB 3838—2002)中Ⅲ类水标准,提高养殖废水回用率达到70%以上。禁止养殖尾水未经处理直接抽排入河湖,在养殖池塘配套建设养殖尾水净化区,通过种植水生植物、放养贝类等措施实施养殖废水生态净化处理,实现养殖尾水循环利用,降低养殖废水排放量。采用生态养殖技术和水产养殖病害防治技术,推广低毒、低残留药物的使用,严格养殖投入品管理,依法规范、限制使用抗生素等化学药品,开展专项整治。

3.3.7.4 强化入湖河流综合整治

骆马湖(徐州片区)北岸的入湖河流对骆马湖水质有一定影响,针对老沂河、沂河等主要污染程度较严重的入湖河道,以入湖河流清水产流机制修复为思路,以清洁小流域建设和河流水质与生态环境整体提升为目标,通过重点污染河沟截污纳管、底泥生态清淤、建设生态护坡、调整河道形态、强化生态修复等措施的实施,使被治理河流入湖河口水质得到提升,河道形态得到较好的恢复,小流域生态环境得到较好的改善。

通过生态修复削减入湖河流污染物以提升河流水质是区域河流污染治理的重点。充分利用坑塘水面,进一步强化其入湖河口生态湿地修复与建设,建立河流入湖河口湿地保护区,实施高效充氧+生物强化+水生植物恢复的生化、生物相结合的氮、磷水质净化工程,保证主要水质指标稳定达到《地表水环境质量标准》(GB 3838—2002)中Ⅲ类水标准,构筑污染物"防护墙",提升入湖河口污染净化能力。在区域主要入湖河道两侧退化湿地开展湿地生态建设,恢复植被缓冲带和生态隔离带,增强污染拦截功能。构建完整的水生生态群落,恢复河道生物多样性。

3.3.7.5 强化水土保持建设

加强流域水土流失预防保护。在预防范围内的水土保持基础功能薄弱、生态脆弱的地区进行生态修复、封禁保护,开展水源涵养林和防护林建设,实施林木采伐及抚育更新的管理措施,限制或禁止陡坡地开垦和种植,加大力度保护基本农田和草地,坡耕地改梯田,提高土地生产力,加强雨水拦蓄利用。在局部水土流失区域开展以水土流失治理为主要内容的生态清洁小流域建设,配套建设农村垃圾和污水处理设施、河道综合整治、面源污染控制措施。

加强流域水土流失综合治理。水土流失综合治理措施主要包括工程、林草和耕作措施。工程措施包括:坡改梯、坡面鱼鳞坑整地、水蚀坡林(园)地整治、沟头防护、雨水集蓄利用、径流排导等坡面治理工程,谷坊、泥沙沉降、拦沙坝、拦水堤、塘坝、护坡护岸、溢洪沟等沟道治理工程,削坡减载、支挡固坡、拦挡等边坡防治工程。林草措施包括:营造水土保持林、生态经果林、等高植物篱(带),建设人工草地,发展复合农林业,开发利用高效水土保持植物,河流两岸及湖泊和水库的周边营造植物保护带。耕作措施包括:等高耕作、地膜覆盖、免耕少耕、间作套种等。

3.3.7.6 合理规划土地利用方式

加强骆马湖(徐州片区)流域 3 km 缓冲区范围内土地利用建设规划,减少农耕地、养殖用地的面积占比,增加生态拦截、水源涵养、生态修复等用地类型的分布建设。针对流域内现有的大量农田用地,合理规划农用地与骆马湖湖滨岸线的距离,将畜禽养殖、水产养殖用地集中化、外移化,农业种植用地与湖泊之间规划生态拦截沟、生态拦截渠等生态拦截措施,环湖滨岸带用地以生态修复用地为主,种植生态修复植被,有效阻截农业面源、畜禽养殖污染、水产养殖污染、农村生活污水、地表径流等污染源携带污染物直排入湖,全面缓减沿岸缓冲区内人类活动干扰强度。

3.3.7.7 实施湖泊流域生态修复

(1) 加强湿地保护与修复,推进生态岸线整治

加强对各入湖河口、岸线的治理,充分利用坑塘水面,在骆马湖北岸设置生态调蓄系统,具有拦截和净化北部片区入湖污染的功能,营造生态、亲水、景观等功能于一体的生态岸线。同时增加北部湖区水生植被种类及数量,兼顾景观功能,可成为污染物进入缓冲带的一道有力防线。

严格落实《江苏省国家级生态保护红线规划》,加强湿地公园、湿地保护小区建设,采用"规范化管理湿地水生植物的收运,实现 100%的无害化、资源化处理"的方式,以自然湿地保护为重点,以保护动植物生存环境为原则,优先在湖滨带、入湖河口等湿地功能关键区域和重要湿地沿线等生态功能特殊区域开展湿地恢复,提升湿地生态功能,保护和提高生物多样性。

(2) 实施水生生物多样性保护

制定骆马湖水生生物多样性保护方案,开展骆马湖珍稀濒危水生生物和重要水产种质资源的就地和迁地保护,提高水生生物多样性。针对骆马湖湖体开展水生植被增种工作,通过生态浮床、生态浮岛等生态修复手段,通过增种浮游植物、挺水植物、沉水植物等生态植被,通过推动湖体水生生物保护与修复工作,

全面提高水生生物多样性,维持骆马湖湖体生态系统平衡。

3.3.8 建立骆马湖流域长效管理机制

(1) 监测、监管、预警体系建设

充分利用现有监测系统,组建市、区两级监测站网,建立区域水环境信息共享平台,统筹规划规划区监测站网,分级建设,分级管理。抓紧制定统一的监测技术规范和标准,做到信息统一发布,实现信息共享。考虑骆马湖跨徐州、宿迁两市的地理特征,要加强跨市交界断面的监测。逐步提升水生态监测能力,建设集水量、水质、水生态于一体的监控中心,实现对骆马湖湖区水质、主要出入湖河道、引排通道控制断面、排入城镇排水管网及污水处理厂进出水的水量、水质信息的实时监视、预警、评价和预测预报体系;建立骆马湖流域水环境综合治理信息共享平台,实现信息共享和统一发布。

(2) 规范工程项目管护

严把项目初审关口,重视项目环境效益,制定项目验收考核办法,构建项目监管长效机制,建立科学评估体系,形成建设、评估、反馈的良性循环体系,实现科学化、规范化项目管理。高度重视已建成项目的运行管护,制定已建成项目的运行管理办法,建立完善的运行管理体制和机制,落实治理项目后期运行费用。积极探索农村面源及生态修复工程的长效管护新模式,已运行的污染治理设施或公益性生态湿地由环保服务型企业负责具体管护工作,有关部门监督实施。探索形成一套责任明确、奖惩到位的项目监管新机制,切实发挥已实施工程的环境效益。

(3) 加强区域及部门联动

针对骆马湖分属不同区域管理的情况,首先应建立区域间的协作机制,明确各行政区职责。由徐州、宿迁两地政府联合,发改、水利、渔业、交通、建设、规划、国土资源、农委等有关部门参与,对骆马湖进行联动管理。尤其针对区域缓冲区农田分布密集、岸线破坏等问题,各级部门应加快建立跨区域联动机制,制定跨县区治理方案,推动缓冲区土地利用类型调整、岸线生态修复等湖泊治理工作有序开展。切实加强相关职能部门的组织协调,加强环境监测力度,定期对湖区水质、水生生物等进行监测。切实加强和山东省相关部门的沟通交流,针对上游客水污染问题,落实责任主体和分管部门,从源头控制—过程拦截—末端治理三个方面强化入湖河流污染整治工作。

(4) 提升科研支撑能力

重点支持生态修复关键技术、养殖业废弃物的无害化和资源化技术提升与集成、骆马湖治理工程管理与运行机制方面的科学研究,持续跟踪对骆马湖水体及沉积物重金属、有毒有害物质、水生态的监测研究分析,定期(每2~3年)开展一次流域生态安全评估,及时调整流域生态保护方向与对策,为流域水环境污染治理长效管理提供科研支撑。

3.4 塔山湖

塔山湖又名塔山水库,位于江苏省连云港市赣榆区,是青口河中游的一座大型水库,位于山东省青口河的下游,与山东省莒南县、临沭县接壤,西北部西依沂蒙余脉,北靠大吴山,距离赣榆区驻地17 km,地理坐标为北纬34°56′54″,东经118°57′39″之间,是跨江苏省和山东省省界的唯一饮用水源地,是淮河流域目前生态和水质最好的浅水湖泊之一,是连云港市唯一被国家生态环境部列入《水质较好湖泊生态环境保护总体规划(2013—2020)》的湖泊。

塔山湖在区域经济社会和生态环境方面发挥着重要作用,具有供水、渔业养殖、灌溉、防汛等多种功能,在社会、经济发展和生态环境保护方面具有重要地位。

塔山湖本次调查范围为:北至江苏赣榆区与山东莒南县、临沭县交界,南至抗日山,西至狼子山、横山,东至小吴山、银山,范围包括赣榆区黑林镇、塔山镇,调查总面积188 km²。

3.4.1 塔山湖流域社会经济影响调查

3.4.1.1 社会经济概况

根据2019年统计资料,塔山湖流域总人口109 446人,农业人口81 461人,占比74%,城镇人口27 985人,占比26%。2018年,塔山湖全流域实现地区生产总值约为255 377万元。其中赣榆区黑林镇2018年全镇生产总值97 948万元,占塔山湖全流域地区生产总值的38.4%。塔山镇2018年全镇生产总值157 429万元,占塔山湖全流域地区生产总值的61.6%。

2018年塔山湖流域人均地区生产总值为23 334元。在流域内2个乡镇之中,塔山镇人均地区生产总值为24 810元,黑林镇人均地区生产总值为21 297

元,塔山镇人均地区生产总值水平相对较高。对比2017年黑林镇及塔山镇人均GDP 20 190元/人和23 632元/人,人均GDP分别增长了5.5%和5.0%,针对2017年全流域人均地区生产总值22 182元/人,2018年塔山湖流域人均地区生产总值增长了5.2%,由此可见,塔山湖流域经济水平相较于以往有所提高。而对比于2018年全国人均GDP 64 520元和江苏省人均GDP 115 200元,塔山湖流域经济发展的总体水平仍然较低。

3.4.1.2 流域水污染源概况

2018年,塔山湖流域客水污染COD、NH_3-N、TN、TP四项主要水污染物入河总量分别为730.61 t、78 t、204.75 t、19.96 t。其中,青口河携带入湖的COD含量最高,为337.63 t/a,汪子头河携带入湖的NH_3-N、TN、TP含量最高,分别为54.97 t/a、91.97 t/a和13.19 t/a。塔山湖流域流域内污染源COD、NH_3-N、TN、TP四项主要水污染物入河总量分别为1 436.16 t、149.48 t、298.61 t、27.44 t。就单位流域面积污染负荷而言,塔山湖流域流域内污染源单位面积污染负荷(入河量)为COD 7.64 t/km²、NH_3-N 0.80 t/km²、TN 1.59 t/km²、TP 0.15 t/km²。

2018年,塔山湖流域污染负荷主要来源于流域内污染源,流域内污染源对COD、NH_3-N、TN、TP四项主要水污染物的贡献均超过58%,流域外污染源对塔山湖污染物入河量的贡献也达到34%~42%,对塔山湖水质造成一定影响。

在统计的11个污染源中,COD、NH_3-N、TN、TP四项主要水污染物排放均以客水污染最高,基本占到塔山湖流域各项水污染物排放总量的33.7%~42.1%。除了客水污染外,对COD贡献较大的还有规模养殖(占比15.8%)、分散养殖(13.8%),对NH_3-N贡献较大的还有农业种植(占比22.7%)、农村生活(16.7%),对TN贡献较大的还有农业种植(占比29.0%),对TP贡献较大的还有农业种植(占比22.0%)。水土流失污染虽然对全流域水污染物总量的贡献较小,但是其对COD的贡献占到了8.1%。

3.4.1.3 生态环境压力状况

根据国土部门提供的土地利用数据(如图3.4.1-1所示),塔山湖流域统计单元面积为187.99 km²,流域范围内建设用地面积为20.12 km²,农业用地面积为135.91 km²,具有一定人类活动强度干扰。根据现场调研无人机航拍情况及遥感影像分析,湖泊近岸3 km缓冲区总面积为134.32 km²,其中建筑用地面积

14.48 km², 农业用地面积 89.97 km²(如图 3.4.1-2 所示)。近岸缓冲区人类生活、生产开发活动对湖泊生态环境产生最直接的压力,湖泊近岸缓冲区受人类活

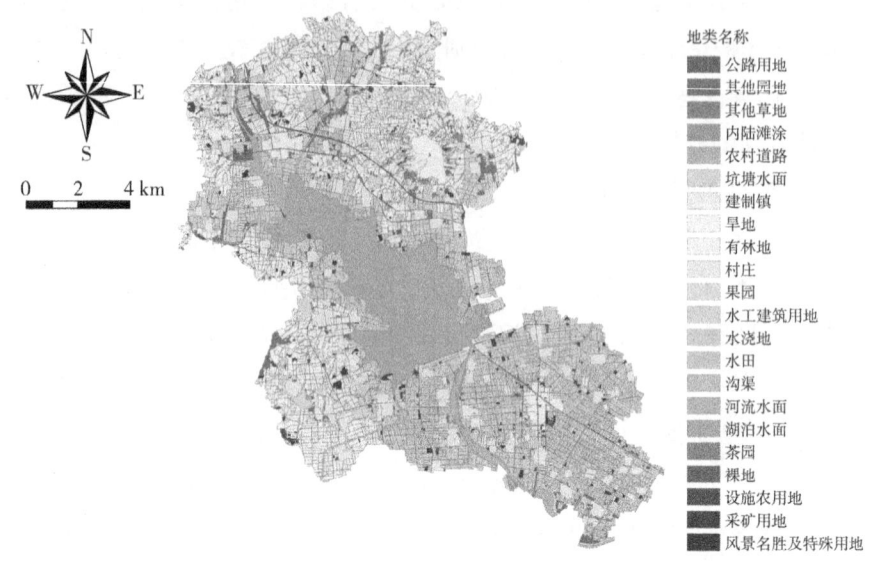

图 3.4.1-1 评估范围内土地利用图

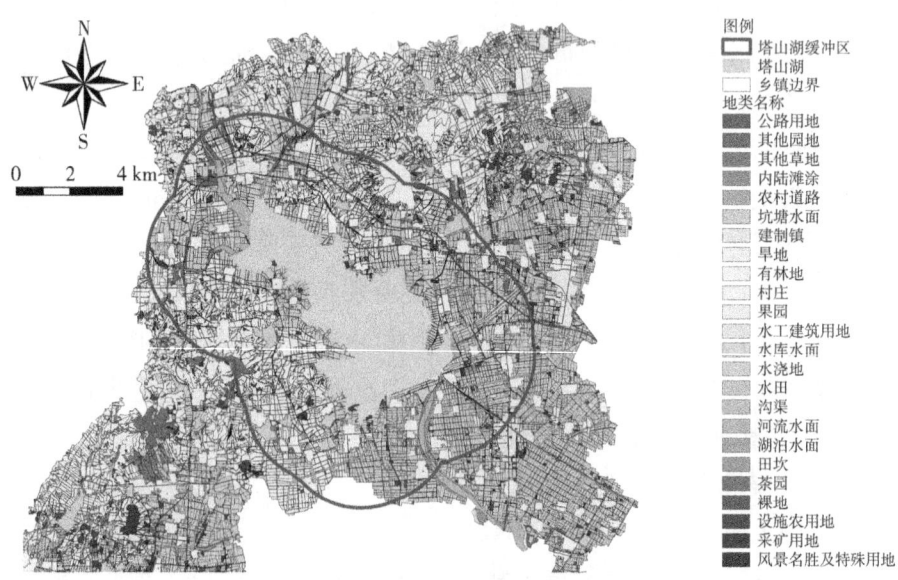

图 3.4.1-2 塔山湖近岸缓冲区土地利用图

动干扰。人为挖砂、航运、旅游等人类活动,会对水域生境造成破坏。根据实地调研及资料收集,塔山湖挖砂行为极少,严格限定采砂地点和范围,对取土、挖砂、采石等可能造成水土流失的各类禁止行为进行监控。航运交通基本没有,因为水源型水库的主要功能是供水,不涉及水上交通运输;涉水旅游基本没有,岸边主要是塔山湖水利风景区,2007年4月,江苏省水利厅批复塔山湖为省级水利风景区。2010年塔山湖申报国家级水利风景区。此外,塔山湖内没有网箱养殖。

3.4.2 塔山湖及其流域生态环境调查

3.4.2.1 湖泊水质现状及时空变化趋势

根据2018—2019年水质监测结果,塔山湖湖体水质整体为Ⅳ类,定类因子为TN、TP,全湖水质亟待改善。塔山湖湖体中大部分重金属均未检出,检出的重金属铅、砷、汞均未超标。

从空间分布来看,塔山湖流域TP、TN、氨氮和高锰酸盐指数等水体污染物都呈现出入湖河道及西北湖区浓度高,中部及东南部湖区浓度低的分布情况。塔山湖北部区域水质最差,总氮为地表水Ⅳ类水平,总磷为地表水Ⅴ类水平;上游来水是影响塔山湖水质的主要因素。塔山湖湖体重金属均未超标(如图3.4.2-3所示)。

从各库区四项主要水污染物来看,上游来水是影响塔山湖水质的最主要因素,其中入湖河流的TN、TP以及氨氮输入分别可能是湖体TN、TP以及氨氮的最主要来源,而周边生活、生产活动所产生的COD则可能是湖体COD_{Mn}的最主要来源;从每月水质来看,全年无任何一个月份水质达到Ⅲ类,全湖水质亟待改善。塔山湖湖体中大部分重金属均未检出,检出的重金属铅、砷、汞均未超标。

根据赣榆区监测站提供的数据,2013—2018年中,2013年和2016年塔山湖湖区总氮浓度略有超标,水环境质量达地表水Ⅳ类水质量标准,其余年份塔山湖水环境质量整体良好,稳定达到地表水Ⅲ类水质量标准。

3.4.2.2 出入湖河流水质现状和变化趋势

塔山湖共有3条主要入湖河道,分别为旦头河、青口河和汪子头河;有一个主要出湖通道,由塔山湖库闸控制。

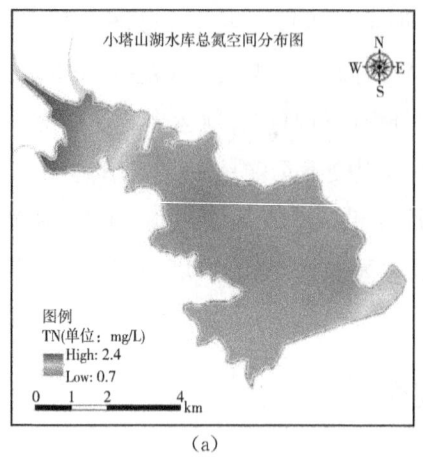
(a)

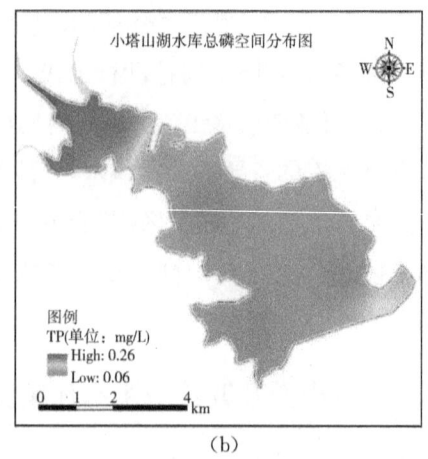
(b)

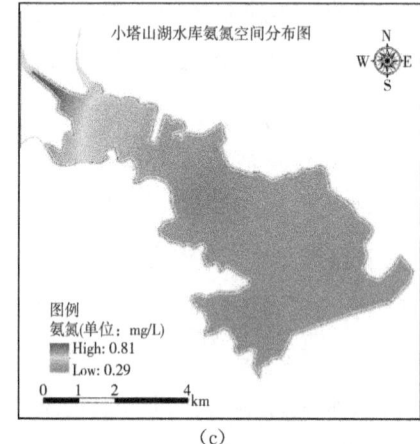
(c)

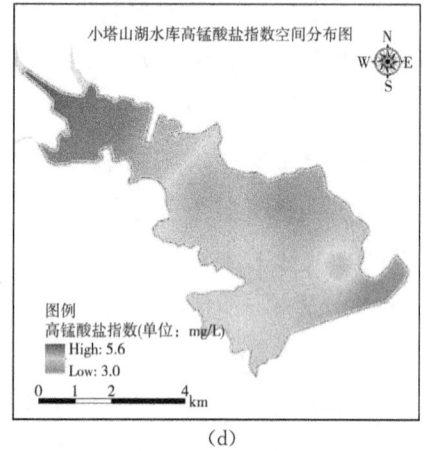
(d)

图 3.4.2-3　塔山湖湖体总氮、总磷、氨氮、高锰酸盐指数浓度空间分布

2013—2018 年期间,塔山湖三条主要入湖河流的水质整体属于较差水平,虽然近年来河流水质有改善的趋势,但污染物浓度仍然处于较高水平,水质类别为劣Ⅴ类,入湖污染对湖泊水体产生极大的冲击,影响十分显著,入湖河流的整治亟待加强。

根据 2018—2019 年调研监测数据,三条入湖及一条出湖河流的年均水质均为Ⅳ类,其中青口河的水质最差。从各项水污染物来看,总磷污染的问题最为严重,入湖河道平均总磷浓度超过地表水Ⅲ类的月份达到 7 个,占比 70%,总磷污染情况十分严峻。从各季节来看,入湖河道在冬、春季的水质情况整体较差,在夏季、秋季的水质情况整体较好,可能原因为冬春季节降雨量少、径流量小,稀释效应减弱,整体水体污染物浓度偏高。

3.4.2.3 湖体及入湖河道底质现状调查

塔山湖入湖河道中汪子头河沉积物各项污染物年均值最高(如图3.4.2-4所示),不同库区总氮年均值的大小顺序为:南部库区＞库心区＞北部库区;不同库区总磷及有机质年均值的大小顺序为:库心区＞南部库区＞北部库区;不同库区总氮年均值的大小顺序为:南部库区＞北部库区＞库心区。

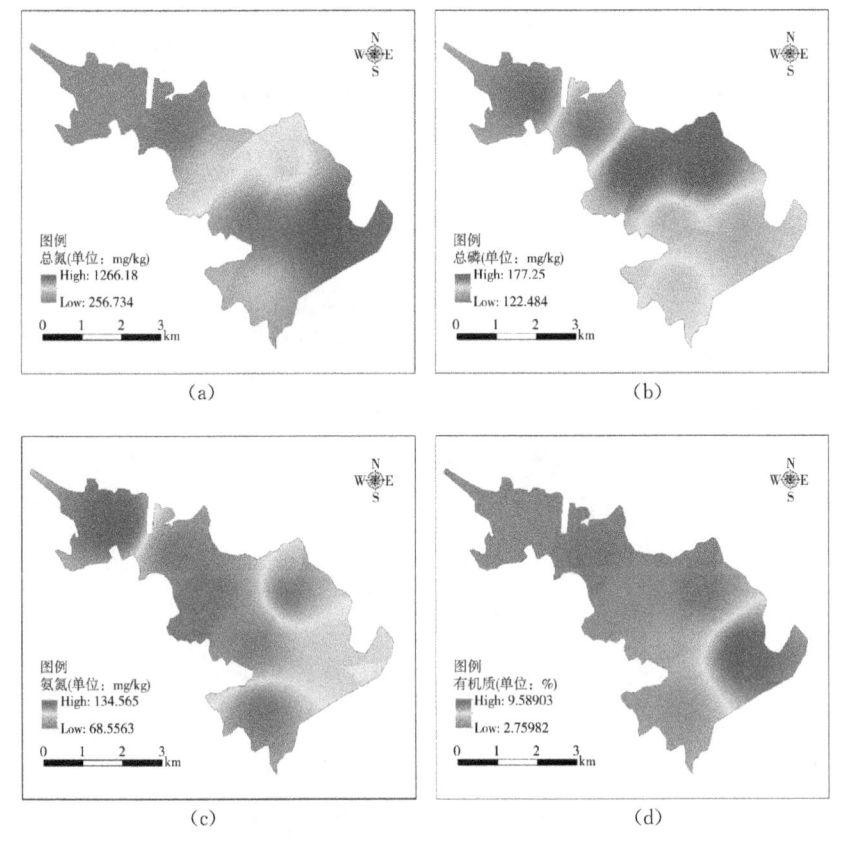

图 3.4.2-4 塔山湖湖体沉积物中污染物含量空间分布图

塔山湖不同点位的底质重金属季度平均浓度数据显示(如图3.4.2-5所示),铜(Cu)、锌(Zn)、镍(Ni)的全点位底质平均浓度要高于江苏省土壤背景值;其余生物毒性较大的重金属(铅(Pb)、镉(Cd)、铬(Cr)、砷(As)和汞(Hg))底质平均浓度均低于江苏省土壤重金属背景值。相较于其他水质较好湖泊,塔山湖沉积物重金属含量基本上低于阳澄湖与长荡湖,较高于骆马湖。

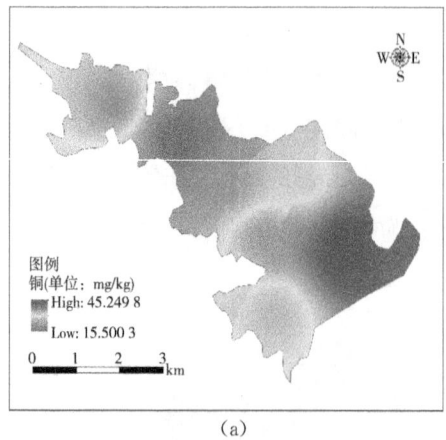

(a)

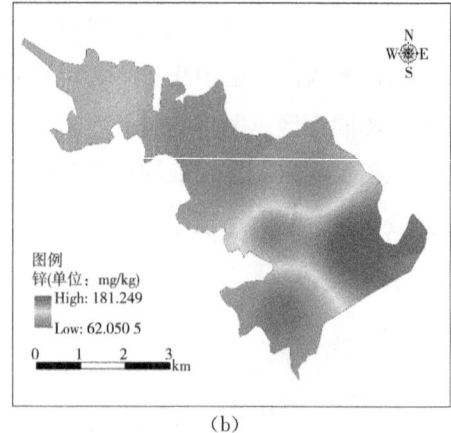

(b)

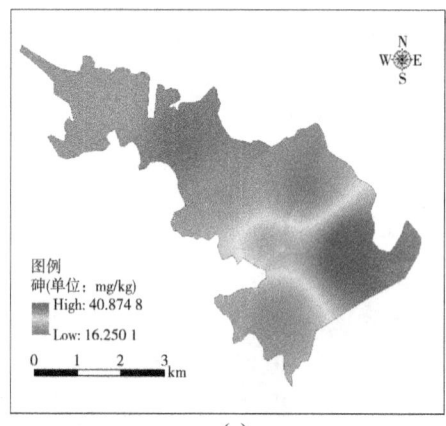

(c)

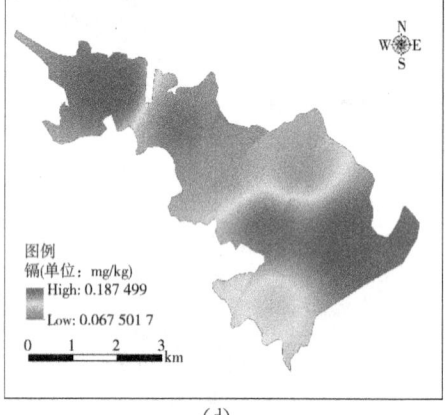

(d)

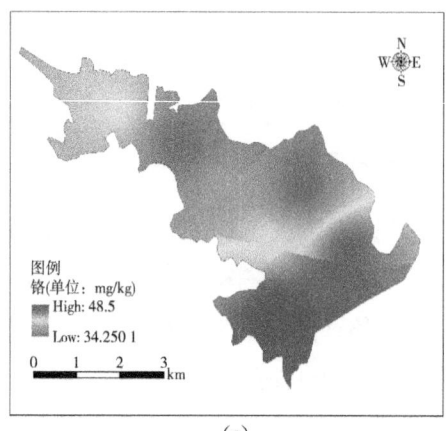

(e)

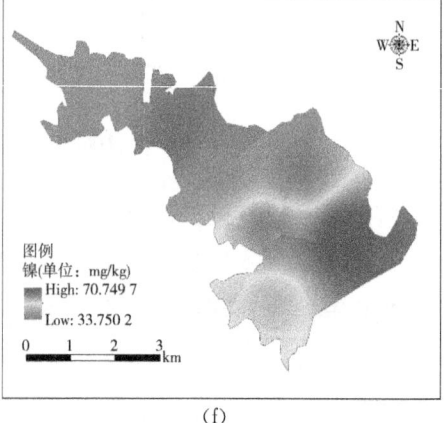

(f)

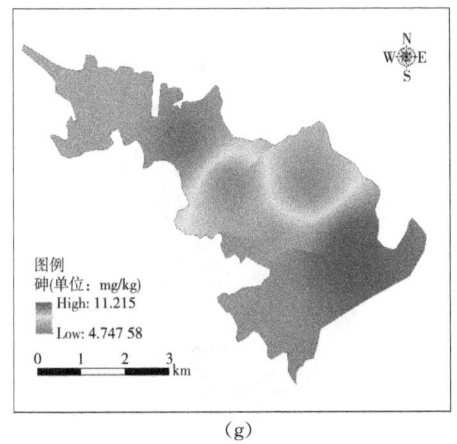
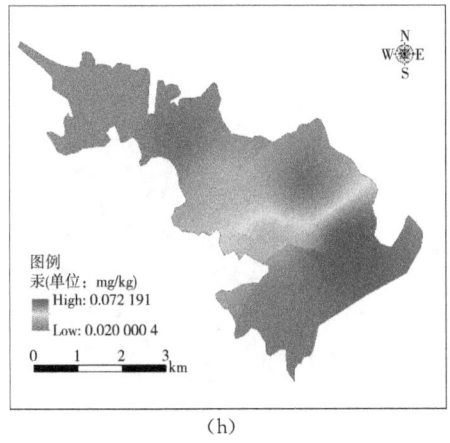

图 3.4.2-5 塔山湖湖体沉积物中重金属含量空间分布图

总体上,塔山湖湖体底质中三项主要水体污染物(总氮、总磷、氨氮)及重金属浓度情况呈现"库南区高于库心区、高于库北区"的情况,可能原因为地形及水动力状态导致污染物更容易在库南区沉积。三条入湖河道中,汪子头河的底质污染情况最为突出,底质中总磷、总氮含量均远高于另外两条河流,铜(Cu)、铅(Pb)、铬(Cr)、汞(Hg)等高生理毒性的重金属含量也都为三条河道中最高。出湖河道由于受塔山湖闸控制,全年大部分时间处于断流状态,河道流通性差、水体污染物经年积累是其底质污染物浓度高的主要原因。

3.4.2.4 湖泊水生态环境现状及变化趋势

(1) 浮游植物

塔山湖浮游植物各季节共鉴定出浮游植物 8 门 95 种,种类以绿藻门为主,其次为蓝藻门和硅藻门(冬季硅藻门物种数高于蓝藻门,如图 3.4.2-6 所示)。秋季的主要优势种为细小平裂藻,其次是小颤藻,皆为蓝藻门。冬季的主要优势种为尖尾蓝隐藻、小环藻属一种、衣藻属一种,蓝藻门物种优势度下降,隐藻门和硅藻门物种优势度有所增加。春季卷曲鱼腥藻和微囊藻属一种为优势种,蓝藻门物种优势度有所增加。夏季优势度最高的是蓝藻门的铜绿微囊藻,其次是伪鱼腥藻,蓝藻门微囊藻物种呈现出明显的季节性,铜绿微囊藻、水华微囊藻和惠氏微囊藻只在夏季出现。夏季塔山湖藻类密度和生物量达到最大,并且出现了之前季节没有出现过的铜绿微囊藻、水华微囊藻和惠氏微囊藻,说明塔山湖富营养化程度加重。

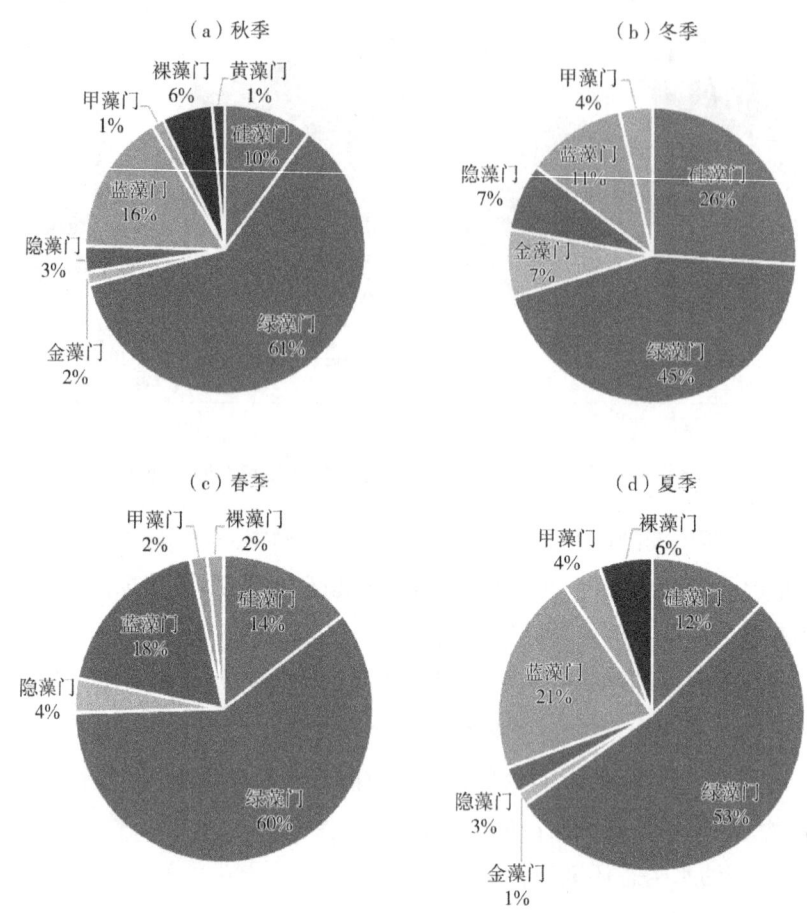

图 3.4.2-6 塔山湖各季节浮游植物种属组成

塔山湖浮游植物空间分布具有较为明显的异质性,空间分布上大致为:库北区浮游植物密度及生物量最高,其次为库南区,库心区的浮游植物密度及生物量最低。春、秋、冬季河口区藻类密度较大,库心区藻类密度相对较小。冬季河口区和东南库区藻类密度较大(如图 3.4.2-7 所示)。

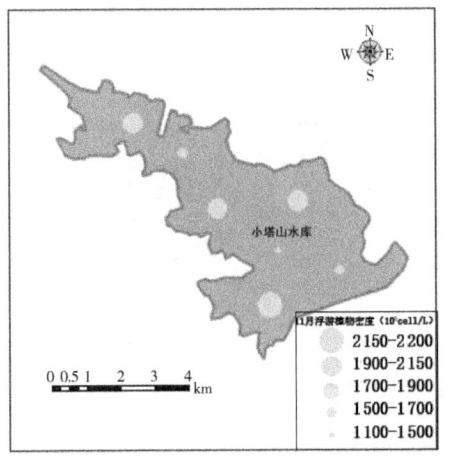
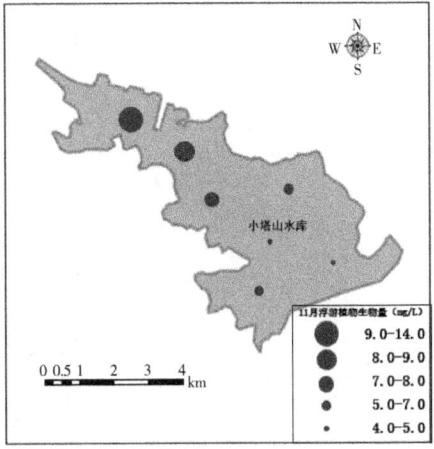

(a)

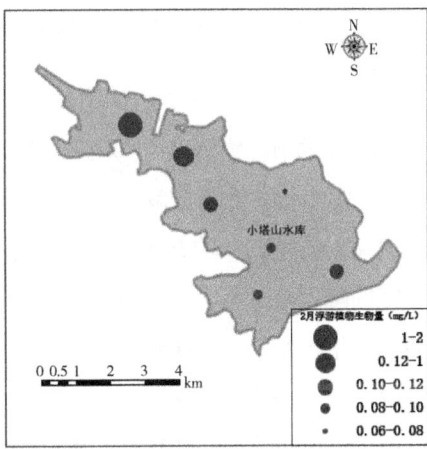

(b)

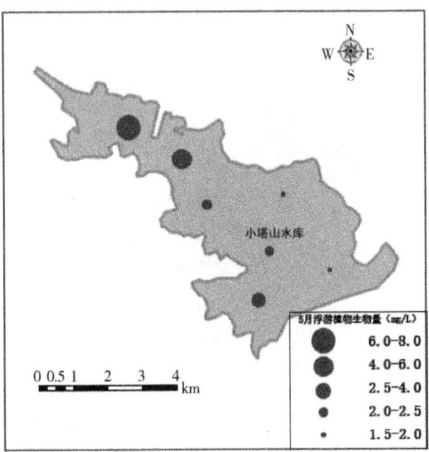

(c)

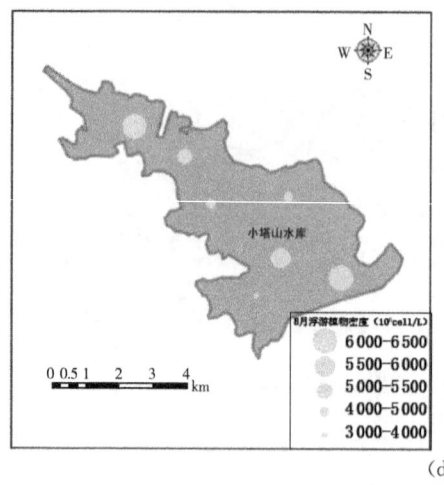
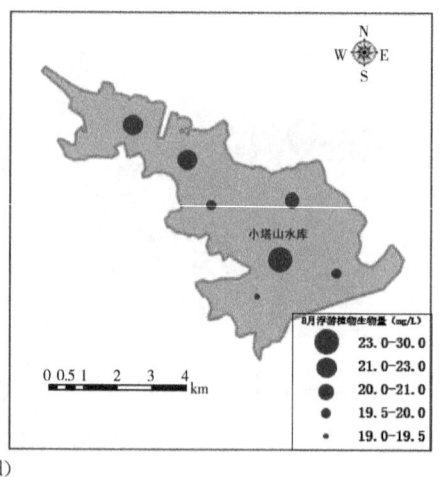

(d)

图 3.4.2-7 塔山湖不同季节浮游植物数量和生物量空间分布

塔山湖不同季节浮游植物生物多样性不同,夏、秋季节浮游植物生物多样性较高,冬、春季节浮游植物生物多样性较低(如图 3.4.2-8 所示)。秋季生物多样性较高,说明水体受污染程度较轻,物种数较高的湖心区多样性指数反而较低,其原因在于蓝藻门具有较高的优势度。冬季多样性指数低于秋季,主要原因在于温度的降低导致大量藻类衰亡。春季各样点的藻类数量和生物量比冬季大,但多样性指数却小,表明春季物种分布相对均匀。夏季藻类多样性指数在四个季节中最高。塔山湖面积较小,且湖面开阔,因此藻类在风力和水流驱动下趋于在空间上广泛分布,空间差异不明显。

(a)秋季　　　　　　　　　　(b)冬季

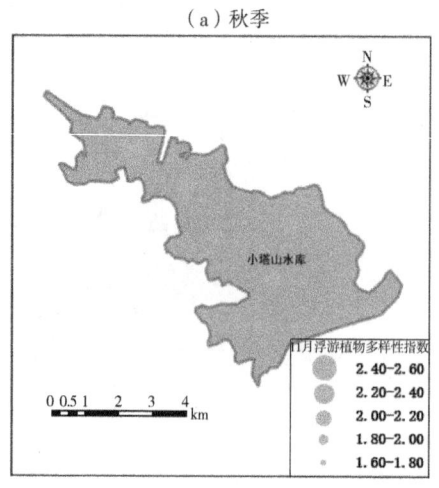
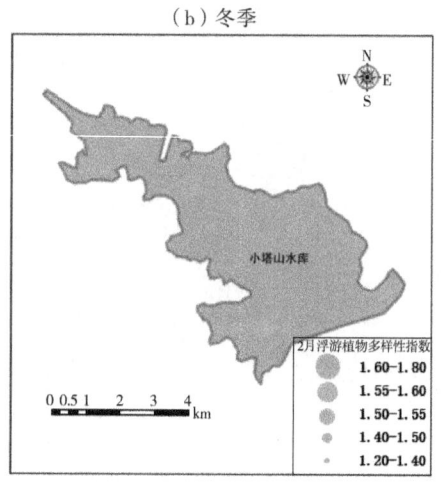

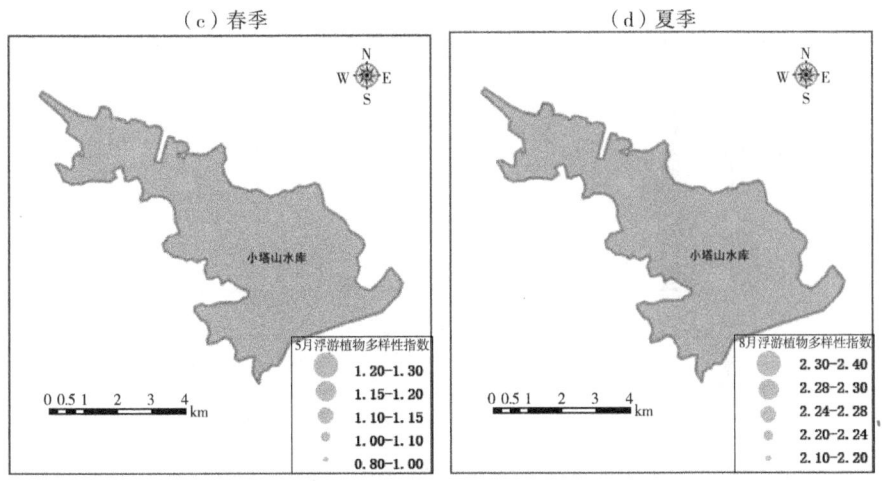

图 3.4.2-8　塔山湖不同季节浮游植物多样性指数空间分布

(2) 浮游动物

塔山湖共鉴定出浮游动物 51 种,其中枝角类 13 种,桡足类 10 种,轮虫类 28 种。春季枝角类数量较多,冬季桡足类数量最多,夏季轮虫类数量最多。

不同季节各物种的优势度不同(如图 3.4.2-9 所示),秋季的主要优势种为有棘螺形龟甲轮虫、针簇多肢轮虫和无棘螺形龟甲轮虫,冬季的主要优势种为无节幼体、僧帽溞和剑水蚤幼体,春季的主要优势种为圆筒异尾轮虫、独角聚花轮虫和无节幼体,夏季的主要优势种为针簇多肢轮虫、等刺异尾轮虫和精致单趾轮虫。与枝角类和桡足类相比,轮虫仍具有较高的优势度,表明塔山湖浮游动物以耐污种轮虫占主要优势种。

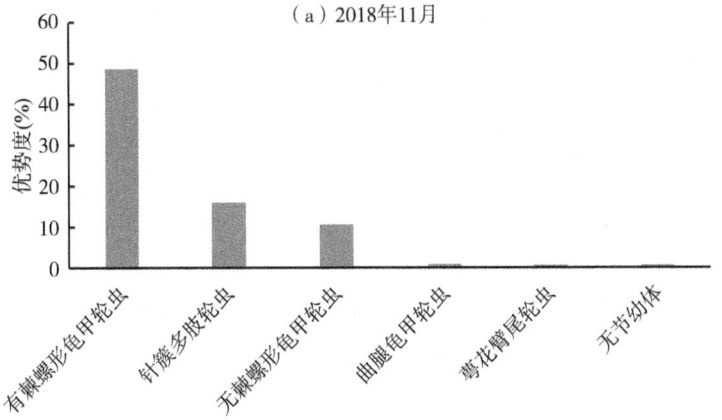

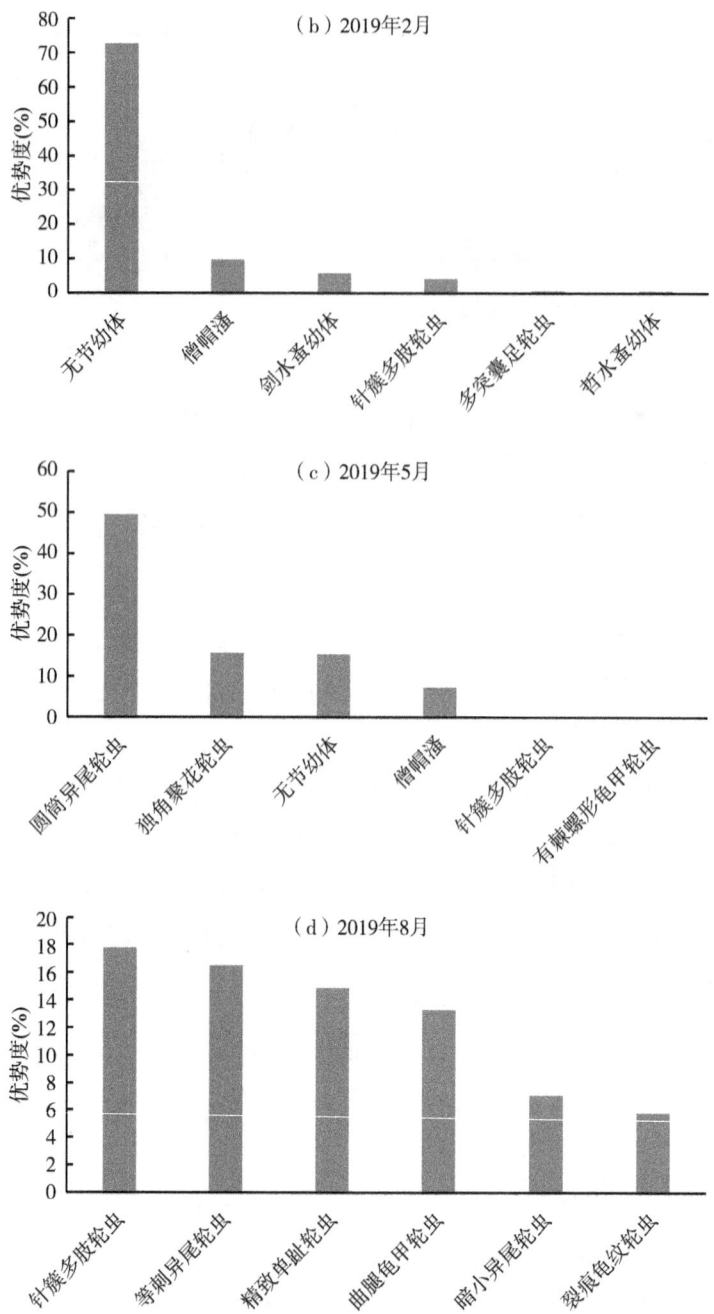

图 3.4.2-9　塔山湖不同季节浮游动物各物种优势度

塔山湖浮游动物的密度及生物量的空间分布同浮游植物一致,秋季北部库区浮游动物密度明显高于其他库区;冬季北部库区浮游动物密度虽然明显减少,但仍高于其他库区;春季各点位浮游动物密度平均值高于冬季,库心区密度较高;夏季,各点位的生物量和密度都达到最大,各库区平均密度的大小顺序为:北部库区＞南部库区＞库心区,主要为北部库区冠饰异尾轮虫和曲腿龟甲轮虫的密度较大。塔山湖整体浮游动物的密度及生物量的空间分布表现为库区北部密度及生物量较大(如图 3.4.2-10 所示)。

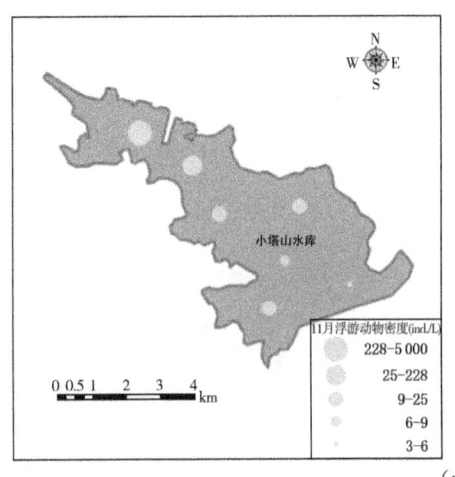 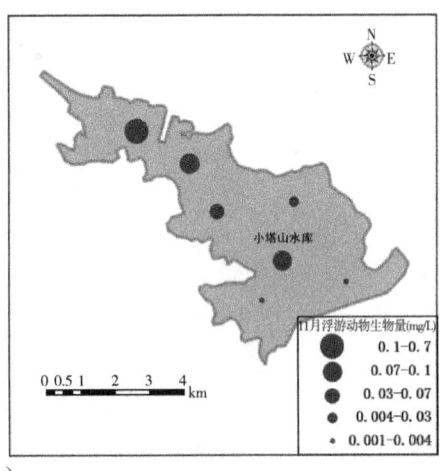

(a)

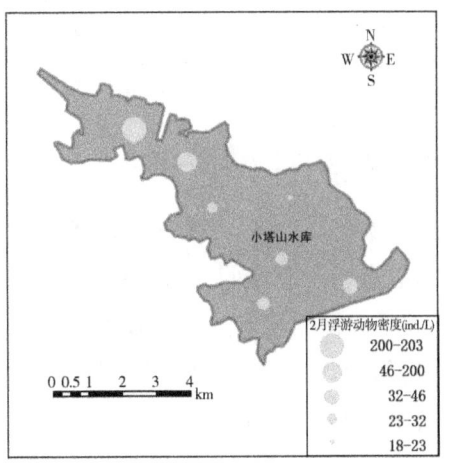 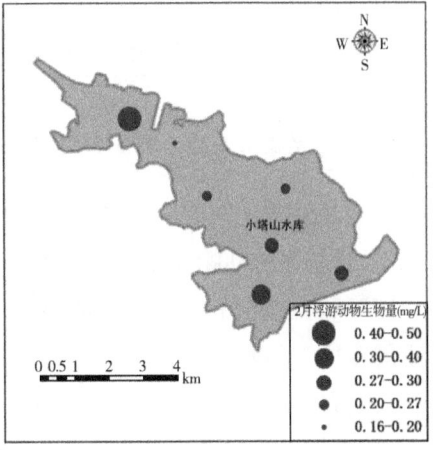

(b)

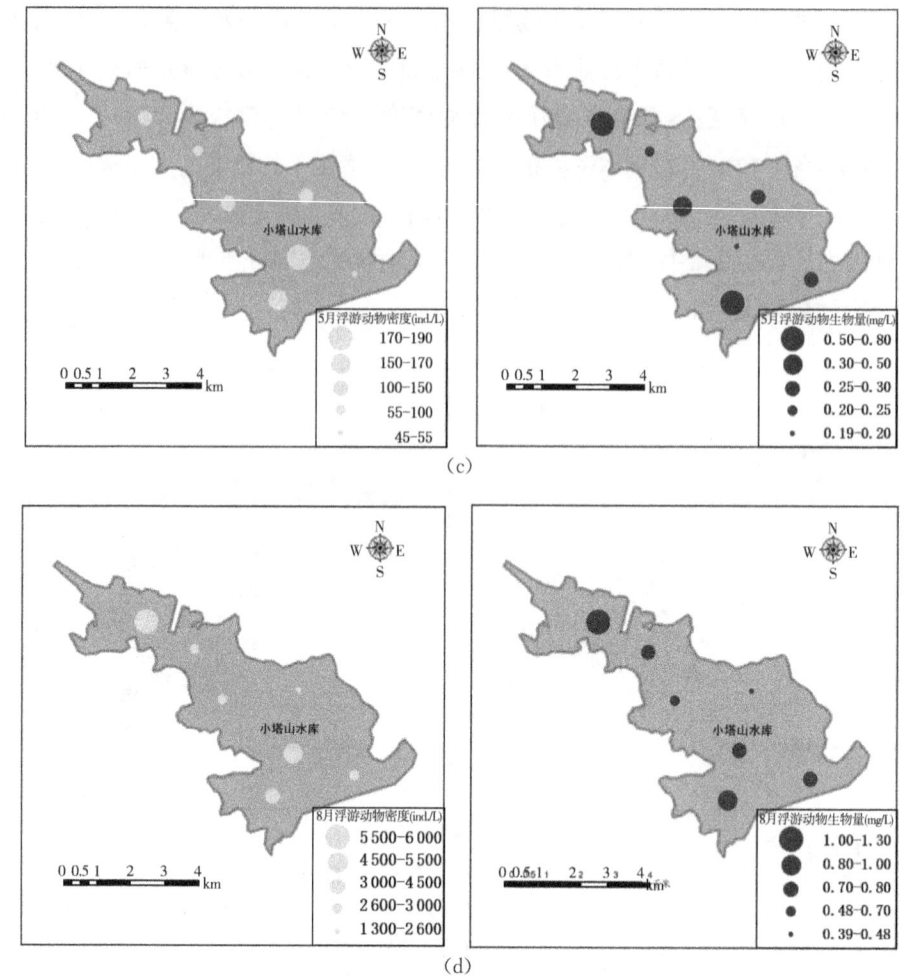

图 3.4.2-10 塔山湖不同季节浮游动物数量和生物量空间分布

塔山湖浮游动物的生物多样性只在夏季最高,秋、冬、春季的生物多样性均较低,且夏季浮游动物以耐污种轮虫为主要优势种。从空间分布上看,多样性指数与密度和生物量的空间分布明显不同,北部库区密度和生物量较大,但秋、冬两季的多样性指数较低,说明物种分布不均匀,而库心区度和生物量较小,但多样性指数高于其他库区,表明物种数量分布相对均匀(如图 3.4.2-11 所示)。

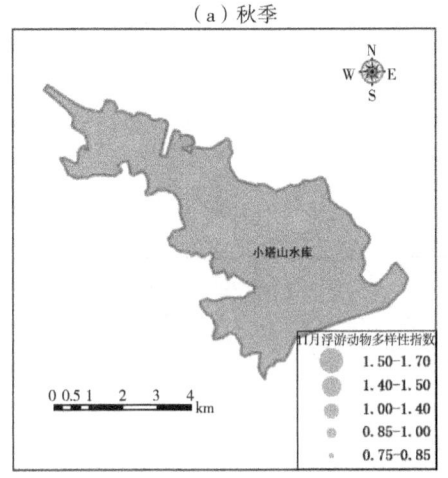
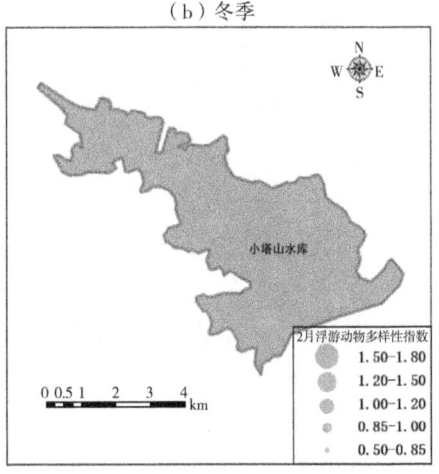
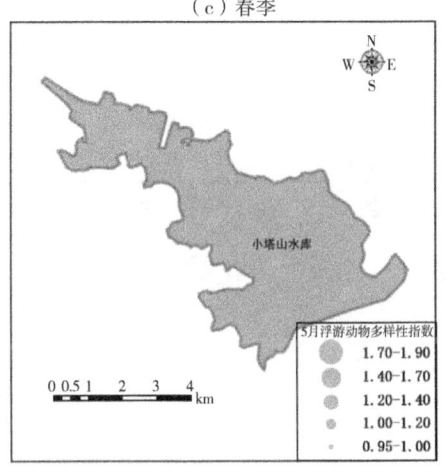
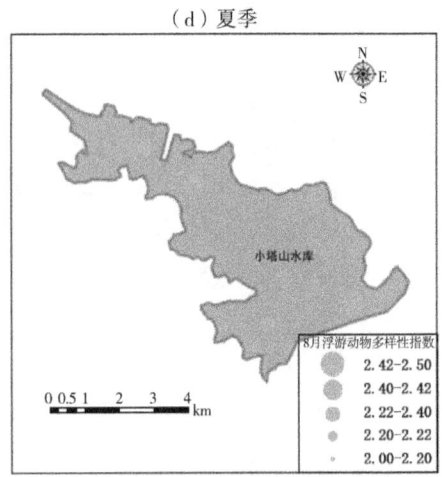

图 3.4.2-11 塔山湖不同季节浮游动物多样性指数空间分布

(3) 底栖动物

塔山湖水深较深，多处为泥沙，底栖动物现存量较低。调查共发现底栖动物 15 种，其中环节动物门 3 种，软体动物门 2 种和节肢动物门 10 种。塔山湖秋季优势种为红裸须摇蚊。冬季红裸须摇蚊的优势度依旧最高，其次为中国长足摇蚊。春季和夏季霍甫水丝蚓优势度相对较高。塔山湖底栖动物密度和生物量不但较低，而且各季节优势度较高的物种均为红裸须摇蚊、中国长足摇蚊和霍甫水丝蚓等耐污种类（如图 3.4.2-12 所示）。

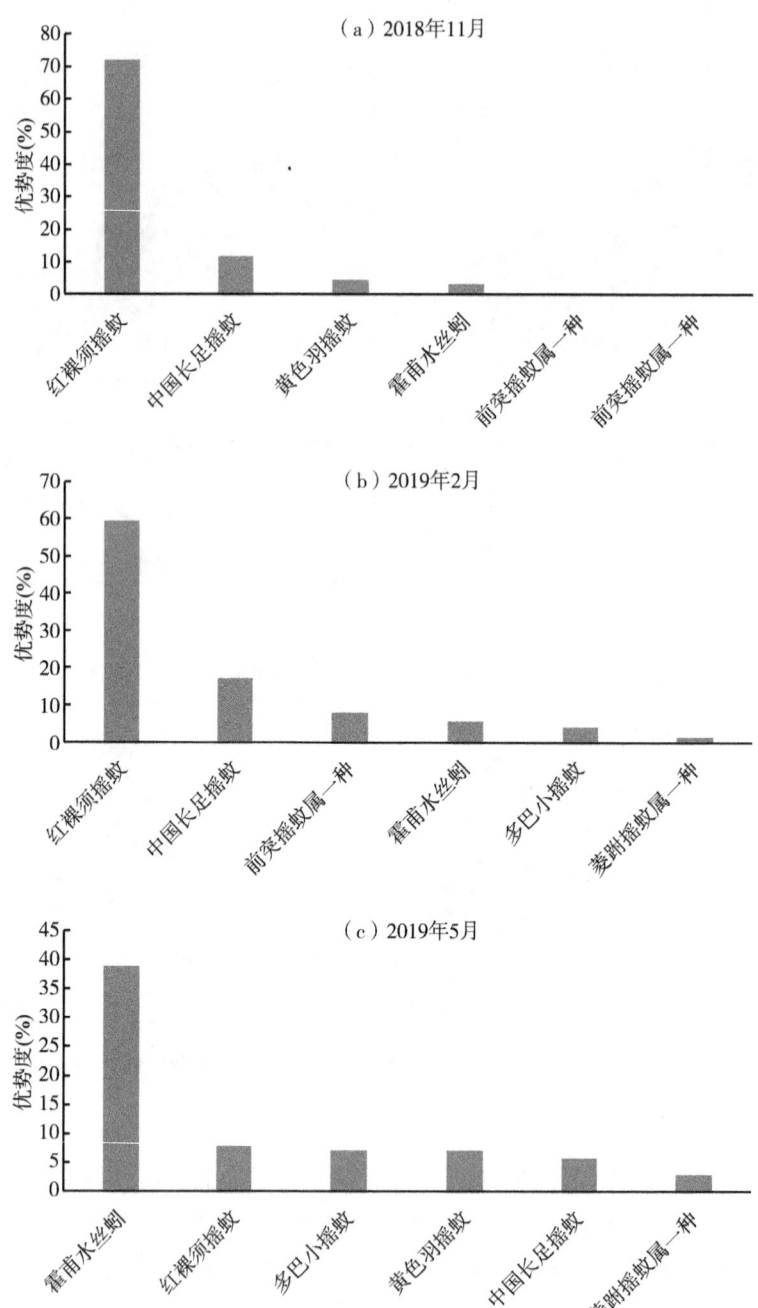

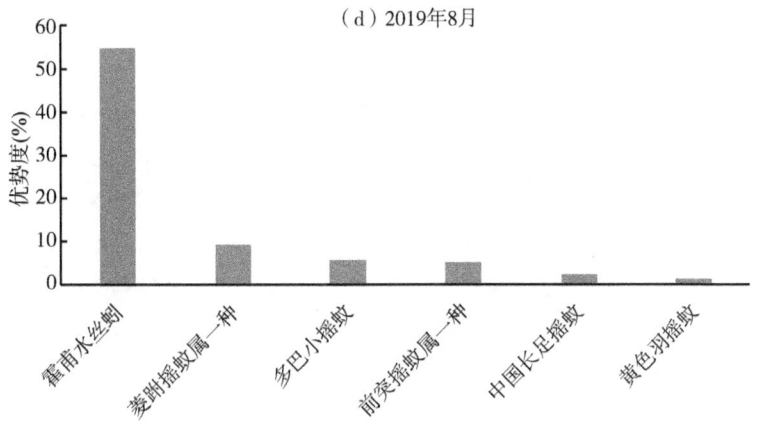

图 3.4.2-12　塔山湖底栖动物各物种优势度

塔山湖底栖动物种类少、生物量低,生物量、生物多样性指数空间分布均表现为库南区高于库北区,高于库心区,且各个季节的优势种均为红裸须摇蚊和霍甫水丝蚓等耐污种类,说明塔山湖的底泥污染情况相对严重(如图 3.4.2-13 所示)。

 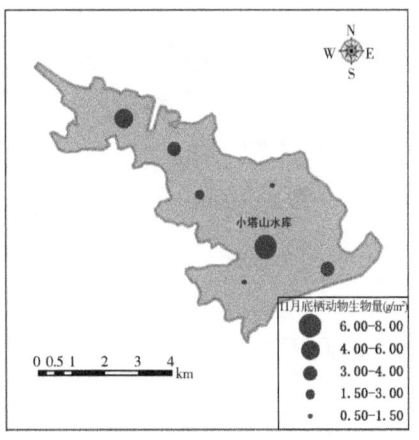

(a)

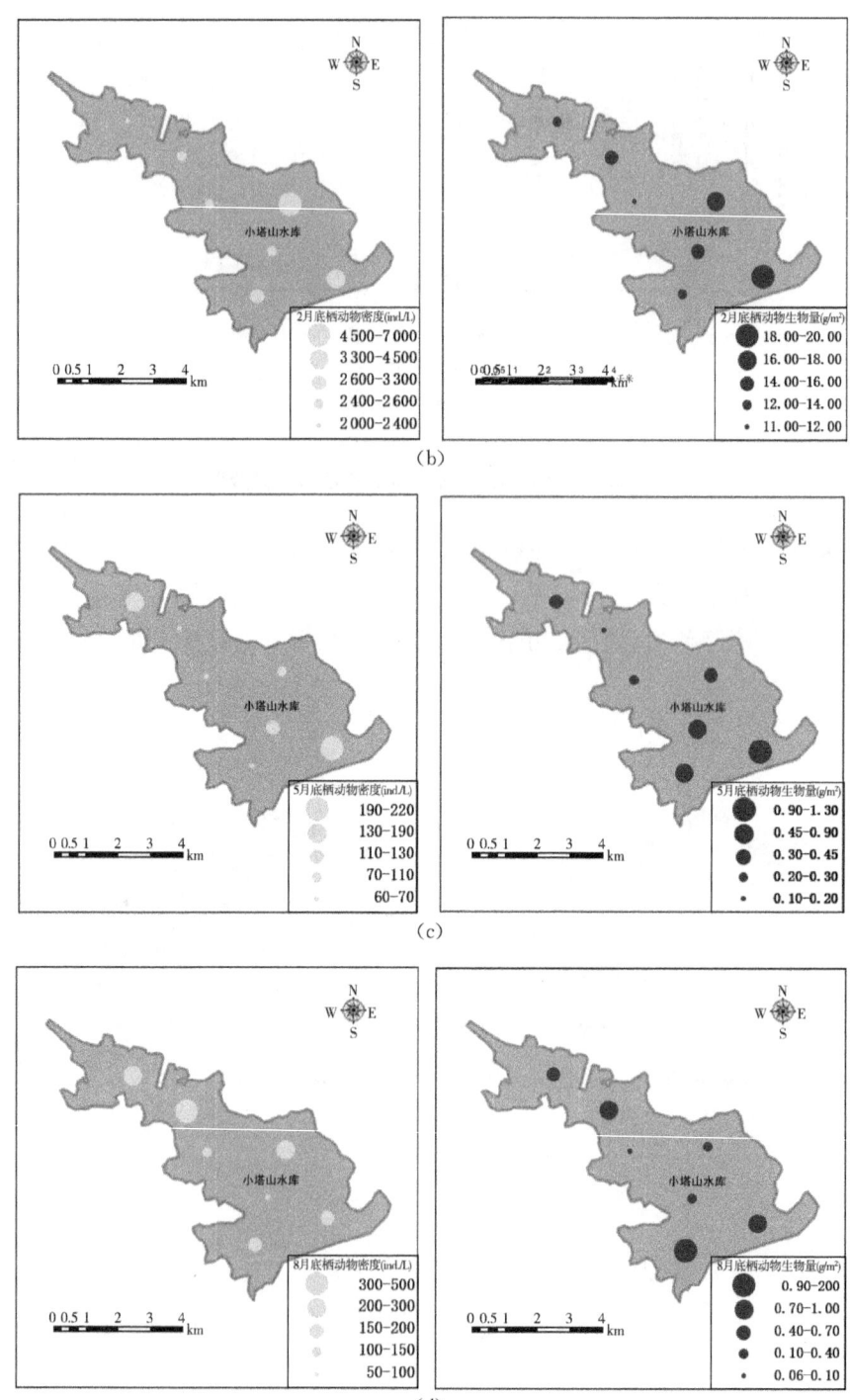

图 3.4.2-13 塔山湖冬季底栖动物数量和生物量空间分布(2019 年 8 月)

塔山湖不同季节底栖动物 Shannon-Wiener 多样性指数变化总体上春季＞秋季＞夏季＞冬季，最大值出现在南部库区、库心区。总体上，全湖底栖动物密度、生物量和多样性指数均处于较低水平(如图 3.4.2-14 所示)。

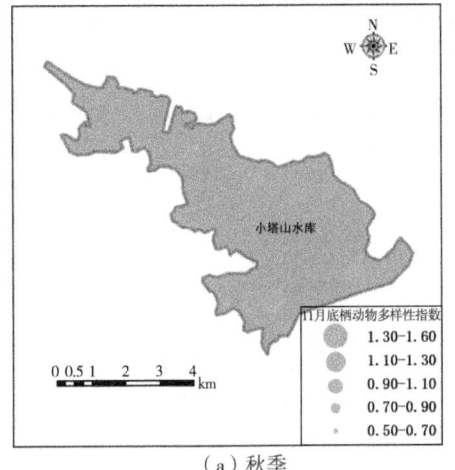
（a）秋季

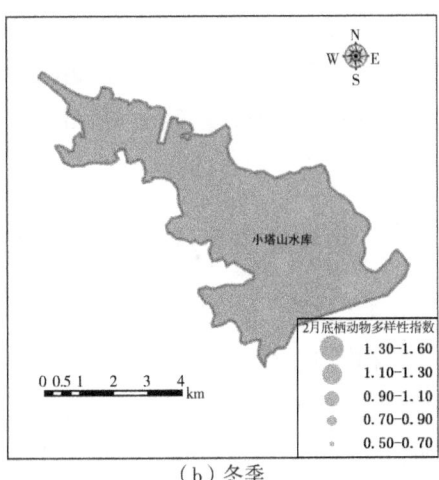
（b）冬季

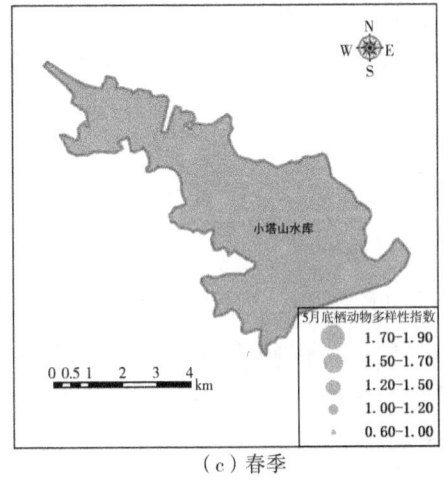
（c）春季

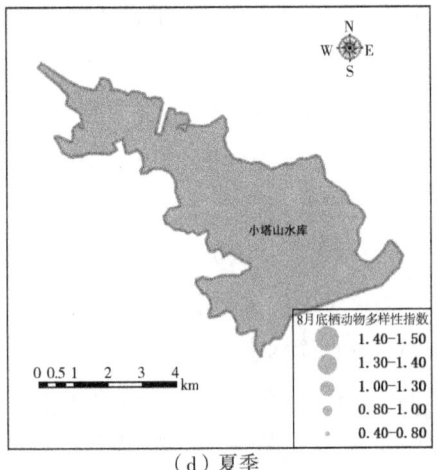
（d）夏季

图 3.4.2-14　塔山湖不同季节底栖动物多样性指数空间分布

(4) 水生植物

根据现场调研，塔山湖湖滨带岸线水生植被覆盖率很低，基本为 0%，沿湖多分布有大量的农田，塔山湖北侧和东侧各类水生动物和植物基本绝迹，仅在新庄村和草场村沿湖部分区域存在少量沉水植物，主要为马来眼子菜。湖滨带陆域绝大部分为裸露砂质土壤。

入湖河道点位观察到大量的丝状淡水绿藻,包括丝藻、刚毛藻和水绵。各河道水生维管植物种类少,生物多样性低,优势种以空心莲子草、浮萍、菹草和紫萍为主。

(5) 小结

塔山湖水生态环境状况整体较差,浮游植物以绿藻门为主;夏季浮游动物生物量和生物多样性最高,但却以耐污种轮虫为主要优势种;底栖动物种类少、生物量低,也同样以红裸须摇蚊和霍甫水丝蚓等耐污种为主;水生植物存量低,全湖水生植被覆盖度极低。

3.4.3 塔山湖生态服务功能调查

3.4.3.1 饮用水服务功能

塔山湖于1959年10月建成,1980年以来一直作为连云港市赣榆区唯一饮用水源地。2000年成为省级饮用水源保护区。集水面积386 km^2,总湖容2.81亿 m^3,兴利水位32.8 m,兴利库容1.16亿 m^3,以饮用、防洪、灌溉为主要功能。

塔山湖对应水厂为赣榆民生水务有限公司塔山水厂、连云港市赣榆区清源水务有限公司城南水厂、城西水厂。供水水量约7.0万t/d,服务人口约72.5万人。其中城西和城南水厂4万t自来水厂规模,民生水厂3万t自来水厂规模。

根据2018年水源地监测数据,对照《地表水环境质量标准》(GB 3838—2002)中Ⅲ类水质标准,集中饮用水水质达标率为100%,水源地水质符合Ⅲ类水的水质标准,富营养化程度为中营养水平。

3.4.3.2 水产品服务功能

2018年,塔山湖流域水产品总产量为112 t,即水产品供给服务功能为112 t。从两个乡镇来看,黑林镇水产品产量占塔山湖流域水产品总产量的87.5%,塔山镇水产品产量占流域水产品总产量的12.5%,其水产品产量分别为98 t和14 t(资料由乡镇提供)。

根据其他湖泊流域对于水产品服务功能及价值的研究成果,水产品直接价值按8 000元/t计算,则2018年塔山湖流域水产品供给服务功能的直接经济价值为89.6万元。

3.4.3.3 栖息地服务功能

塔山湖地处暖温带和北亚热带过渡地带,有南北兼容的植物生态体系。植被属温带落叶阔叶林区南端,以人为植被为主,自然落叶阔叶林、常绿针叶林为辅。较有利用价值的植物资源中,农作物有稻、麦、花生、山芋、玉米、大豆、棉花、药材、蔬菜、瓜果等 200 余种；木本植物有杨、柳、槐、松、桑等近百种，其中果类有大樱桃、脆梨、苹果、雪枣、板栗、黑莓等 30 多种。植物种类 174 种，其中水生植物 20 种。

动物资源方面，养殖的畜禽动物主要有猪、牛、羊、鸡、鸭、鹅等 30 余种；野生动物有灰喜鹊、天鹅、猫头鹰、獾等 80 余种。动物种类 89 种，其中水生动物 23 种，是我国稀有鱼种银鱼繁育和生长基地。通过资料搜集和现状调查结果显示，塔山湖除虾类养殖规模较大以外，养殖的鱼类种类也较丰富，以红鱼、鲢鱼、鲫鱼、草鱼的养殖为主，多属于常见经济鱼类物种。

根据土地利用现状调查结果，塔山湖区域林地面积共计 2.79 km^2，草地面积 0.01 km^2，研究区域内土地总面积 187.99 km^2，林草覆盖率=(林地面积+草地面积)/研究区域土地总面积×100%=1.49%。湿地类型分天然湿地和人工湿地，区域天然湿地主要包括河流水面、湖泊水面、坑塘水面、滩涂，总面积 36.70 km^2，人工湿地主要包括沟渠、水工建筑用地，人工湿地面积共计 7.46 km^2。湿地总面积为 44.16 km^2，天然湿地面积占流域湿地面积的 83.1%，湿地面积占流域总面积的比例达 23.49%。

3.4.3.4　拦截净化功能

塔山湖岸线长度约 39.3 km，塔山湖湖滨缓冲区人工岸线长度为 2.6 km，天然岸线长度为 36.7 km。根据本次现场调查和遥感影像解译，人工岸线主要为南侧大坝硬化长度，其余 36.7 km 均为自然岸线，自然岸线率达到 93.3%。根据《塔山湖生态环境保护规划》，远期生态目标：湖泊营养状态为贫营养，湖泊自然湖滨岸线不低于全湖岸线的 90%。塔山湖目前湖滨带自然岸线率达到规划要求。

根据现场调研，塔山湖湖滨带岸线水生植被覆盖率很低，基本为 0%，沿湖多分布有大量的农田，塔山湖北侧和东侧各类水生动物和植物基本绝迹，仅在新庄村和草场村沿湖部分区域存在少量沉水植物，主要为马来眼子菜。湖滨带陆域绝大部分为裸露砂质土壤，与陆域农田连接，拦截净化污染物的能力较低。湖体及湖滨带植物及其种群的退化造成系统有机物质消解和能量固定能力下降，直接影响生态系统的功能，影响和限制次级消费者动物、微生物群落等的生存与发展，使水库的水质自净能力下降，生态系统退化。

根据现场调研无人机航拍情况及遥感影像分析，塔山湖岸线 39.3 km 中，缓冲带自然植被、湿地长度 0 km，人工植被长度 0 km，农田 36.7 km，硬质驳岸 2.6 km。基于缓冲带的覆盖类型，给定不同的分值参考，评估塔山湖缓冲带污染阻滞功能指数=(自然植被湿地长度×0.1+人工植被长度×0.6+农田长度×0.3)/缓冲带长度×100%=28.01%。属于"较差"水平。

塔山湖流域存在水土流失的情况,根据《赣榆区水土保持规划》,赣榆区班庄镇、黑林镇、石桥镇、金山镇、塔山镇和厉庄镇的部分区域(共210.23 km^2)被划入江苏省省级水土流失重点治理区,主要涉及赣榆区西北部的低山丘陵区。赣榆区塔山湖流域水土流失面积为39.0 km^2,水土流失面积占流域总面积的21%,目前无任何的水土保持项目建设。水土流失区域在地表径流的冲刷下,会携带大量泥沙及污染物入湖,对湖体水质及水生态造成威胁。

从自然修复防线来说,水源上游汇流区植被覆盖率(7%)相对较低,水库上游地区管理相对松散。由于入水库河道和湖泊水力学等因素影响,水流缓慢,底泥淤积比较严重。尤其以旦头河、青口河、汪子头河入水库河口处淤积最为严重。长期以来的上游水质污染对塔山湖生态系统造成严重破坏。

3.4.3.5 人文景观功能

湖泊是由湖盆、湖水及水中所含的矿物质、有机质和生物等所组成的。湖泊景观特点以不同的地貌类型为存在背景,具有美学和文化特征。湖泊景观调查的指标主要包括:自然保护区、珍稀濒危动植物的天然集中分布等指标。

塔山湖流域范围内没有国家级/省级/市级/县级自然保护区,但是设有塔山水源涵养区,保护区类别属于其他,塔山湖流域自然保护区级别为五级。风景区水利工程主要有:主坝、东、西副坝,主坝溢洪闸,分洪闸,涵洞和西副坝涵洞等。工程建筑气势恢宏,泄流磅礴,科技含量高,人文景观丰富,观赏性强。水利风景区风景秀丽,珍禽聚栖,渔舟帆影,气候宜人,环境优美,具有优秀的文化遗产和美妙动人的传说,人文景观独特。风景区内有"端木书台"遗址、端木祠堂遗址、莒国都城遗址、汉代古城遗址等4处遗址。"端木书台"遗址、端木祠堂遗址、莒国都城遗址、汉代古城遗址等建筑古朴庄重,为县级重点文物保护单位。

珍稀物种生境代表性方面,秋天的湖区,天气凉爽,这时,远方的贵客——白鹭,成群结队,在湖面上一边纵情歌唱,一边翩翩起舞,歌声明亮婉转,舞姿优美,潇洒迷人。

3.4.4 塔山湖生态环境调控管理措施调查

3.4.4.1 环境保护投入调查

环保投入占GDP的比重是国际上衡量环境保护问题的重要指标,根据发达国家经验,为有效地控制污染,环保投入占国民生产总值比例需要在一定时间内持续稳定地达到1.5%,才能在经济快速发展的同时保持良好稳定的环境质量。

2015年,塔山湖流域范围内的环保资金地方财政投入370万元,占当年流域范围内地区生产总值的0.18%;2016年环保资金地方财政投入322万元,占当年流域范围内地区生产总值的0.15%;2017年环保资金地方财政投入550万元,占当年流域范围内地区生产总值的0.23%。整体上,塔山湖流域范围内的环保投入占GDP的比重很低,常年不足0.3%,无法保证在经济快速发展的同时保持良好稳定的环境质量。

3.4.4.2　污染治理情况调查

2019年塔山湖流域范围内的平均农村生活污水集中处理率为38.1%,农村生活污水集中处理率较低。根据《连云港市农村人居环境整治三年行动实施方案》要求,到2020年,全区60%行政村将完成生活污水治理任务。

2019年黑林镇的城镇生活污水集中处理率为60%,塔山镇为65%。黑林镇、塔山镇的城镇人口数量分别为24 029和14 563,以城镇人口每人每天产生的生活污水量相同来计算,得2019年塔山湖流域范围内的平均城镇生活污水集中处理率为61.9%,城镇生活污水集中处理率较低。

根据环境统计、全国第二次污染源普查数据可知,塔山湖流域范围内无大中型工业企业,且塔山湖流域涉及的黑林镇和塔山镇内的工业企业主要以废气污染物为主,无直排废水污染物的工业企业存在。

基于2018年统计数据及住建、街道、环保等部门的资料,结合实地调研结果,塔山湖流域涉及的黑林镇和塔山镇的农村生活垃圾的集中处理率为100%,农村生活垃圾不排入周边环境。

赣榆区近年来通过争取中央畜禽养殖粪污资源化利用项目,逐步在全区建立畜禽养殖粪污"12+1+3"的社会化服务体系和运营体系。在全区建立了12个畜禽粪污收集中心。收集中心根据养殖场不同规模及各镇经济发展实际,采取社会资本参与、集体管理等不同运营模式,突出重点、分类收集,每个收集中心均建有干粪堆场及3级沉淀池,配套11辆槽罐车,保证粪污收集不留死角。据统计,畜禽粪便综合利用率达98.67%。

3.4.4.3　产业结构调整情况调查

2018年,赣榆区全区实现地区生产总值(GDP)608.26亿元,增长3.8%,第一产业增加值91.26亿元,增长6.7%;第二产业增加值280.79亿元,增长

0.7%;第三产业增加值 236.21 亿元,增长 6.5%。三次产业增加值比例为 15.0∶46.2∶38.8。整体三次产业协调并进,呈现优化趋势。

3.4.4.4 水土流失情况调查

赣榆区水土流失类型以水力侵蚀为主,主要分布在低山、丘陵及岗地,表现形式主要为面蚀、沟蚀;个别地区存在堆土、河道坡面等重力侵蚀。

赣榆区低山丘陵面积 643.22 km², 水土流失面积 162.7 km²。根据 2015 年度江苏省水土流失重点预防区和重点治理区代表县动态监测成果报告,全区平均土壤侵蚀模数为 214 t/(km²·a),土壤侵蚀总量为 32.4 万 t/a。全区平均侵蚀强度为轻度流失。

3.4.4.5 生态建设情况调查

2018 年,赣榆区加强河道整治,清淤沙汪河、朱稽河等河流 22.68 km,疏浚县乡河道 11 条、村庄河塘 20 个。强化水环境预警监测,建成水质自动监测站 7 个,入海河流全面消除劣V类。提升污水处理能力,推进 13 万 t 新城污水处理厂建设,规范运营城区污水处理厂,建成投运分布式污水处理站 24 个,新建、维修污水管网 9 km。强化饮用水水源地保护,塔山湖取水口实现上移,建设莒城湖应急水源地。

整治燃煤锅炉 157 台,削减用煤 5.59 万 t,治理规模养殖场 316 家,完成金茂源等 3 家企业超低排放改造,推进 49 家企业挥发性有机物污染治理,关停"小散乱污"企业 440 家,完成建筑工地扬尘整治 25 家,PM2.5 浓度下降 10%,空气优良率上升 12.9%。持续开展危废治理专项行动,库存量削减 70.77%。

启动国家森林城市创建,完成绿化造林 2.97 万亩,抚育森林 2.6 万亩,新增绿化示范村 15 个。秸秆综合利用率达 97.75%。完成石桥镇滕官庄矿区废弃塘口修复治理。开展生态创建,墩尚、塔山等 5 个镇和赣马镇黑坡等 3 个村创成省生态文明建设示范镇村。

3.4.4.6 监管能力调查情况

按照生态环境部集中式饮用水水源地环境保护执法专项行动要求,赣榆区全面启动饮用水源地环境保护整治工作,对全区集中式饮用水水源地进行彻底排查,实施塔山湖饮用水源地一级保护区取水口上移工程等,组织编制《赣榆区塔山湖集中式饮用水源地环境保护状况评估报告》,设立饮用水源保护区界标 10 个,加快推进饮用水水源地原住居民生活污水问题整改,确保群众饮水安全。赣榆区政府投资 890 万元,启动塔山湖水源地涵养工程,同时争取省级水污染防治切块资金

1 200万元,完成塔山湖上游青口河35.8 km河道清淤、生态护坡及排污口整治。

赣榆区积极开展环保风暴行动,采用监察与监测联动的方式,对辖区重点污染源偷排、漏排、超标排放等情况进行突击检查,促使环境监察、环境监测工作形成合力,有效提高执法监管工作效率。同时加强常规监测,在库区布设手工监测点,每月监测一次,监测指标47项,在塔山湖出湖口安装水质在线自动预警监测仪,并在水库上游增设监测点,全面掌握水质状况;加强来水监测,建设青口河跨界自动监测站1座,在苏鲁跨省界断面黑林桥布设监测点位,掌握上游水质。

赣榆区全面实施"约谈机制",对环境问题整改不力、环境违法行为多发的企业,直接约谈企业主要负责人,已约谈企业20余家。全面推行"双随机"抽查机制,将全区所有环境监管对象共841家企业纳入随机抽查企业名录库,进行随机抽查。同时,赣榆区与周边山东省莒南县、临沭县、岚山区建立联动联合执法机制,召开联席会议3次,开展饮用水源地沿线联合执法行动2次。环境执法人员全部通过执法资格考试,实行持证上岗,并统一配置制式服装。

3.4.4.7 长效机制调查情况

1959年10月,中共赣榆县委员会以《关于成立塔山湖管理处机构及人员配备的通知》(总号〔59〕00316)文,批准成立了"赣榆县塔山湖管理处"(后更名为"赣榆县塔山湖管理处"),负责塔山湖工程(主要包括水库主坝1座,副坝2座,溢洪闸1座,输水涵洞2座)的调度、日常运行与管理等工作。2014年7月,赣榆撤县设区,"赣榆县塔山湖管理处"更名为"连云港市赣榆区塔山湖管理处",主要负责塔山湖防洪、兴利调度控制运用,以及做好塔山湖主体工程及其附属设施的养护维修管理各项工作。

2017年,赣榆区政府编制《赣榆区水污染防治总体方案》,制定《赣榆区省级水环境区域补偿断面责任主体方案(草案)》,增加生态补偿断面、考核标准、水质目标及补偿标准;完善区生态补偿机制,设立财政奖补专项资金,实行"以奖代补"。

2019年,为全面贯彻《中共江苏省委、江苏省人民政府关于深化投融资体制改革的实施意见》(苏发〔2017〕4号)精神,纵深推进投融资体制改革,更好地发挥投资对稳增长、调结构、惠民生的关键作用,中共连云港市委、连云港市人民政府制定印发了《关于深化投融资体制改革的实施方案》,规范有序推进政府和社会资本合作,拓展合作领域和模式,加大政策支持力度,发挥专业机构作用。

3.4.5 塔山湖生态安全评估结果及分析

湖泊生态安全调查评估分为方案层评估和目标层评估。方案层包括社会经济影响评估、水生态健康评估、生态服务功能评估、调控管理评估等四个方面。目标层评估即湖泊生态安全综合评估。

3.4.5.1 社会经济影响评估

塔山湖社会经济影响评估根据参照标准，采用归一化方法，对评估年指标层各项指标进行标准化，再依据指标层指标的权重值，计算得到各因素层指标的状态指数，以及社会经济影响方案层状态指数。详细结果见表3.4.5-1。

根据塔山湖社会经济影响各项指标值及权重，计算得到塔山湖流域社会经济影响指标值为61.7。

表 3.4.5-1　社会经济影响指标评估结果

方案层		因素层		指标层		
名称	状态指数值	名称	状态指数值	名称	指标值	标准化数值
社会经济影响	61.7	人口	0.83	人口密度	582	0.69
				人口增长率	−3.7	1
		社会经济	0.26	人均GDP	23 334	0.26
		水域生态环境压力	0.95	水生生境未受干扰指数	95	0.95
		陆域生态环境压力	0.53	人类活动强度指数	0.83	0.54
				污染源污染负荷排放指数	0.65	0.77
				入湖河流水质状态指数	0.26	0.26
		缓冲带生态环境压力	0.38	湖泊近岸缓冲区人类干扰指数	0.78	0.38

根据流域社会、经济对湖泊影响程度的等级划分标准，塔山湖流域社会经济活动对湖泊的影响程度处于"较轻"的水平，塔山湖流域存在一定的社会压力，但对湖泊生态系统影响较轻，湖泊生态结构尚合理、系统结构尚稳定。

通过计算分析，塔山湖流域社会经济、缓冲带生态环境压力和陆域生态环境压力指数得分较低。具体表现为人均GDP较低，入湖河流水质差，流域范围内人类活动强度水平较高，近岸缓冲区人类干扰水平较高。

结合现场调研情况,黑林镇和塔山镇社会经济水平相对落后,涉及的经济产业结构单一,农业是流域内主要的产业类型,塔山湖近岸缓冲区范围内更是以农业种植为主,农业用地面积占比达66.98%,农业面源污染物是引起湖泊富营养化的重要因素。此外,塔山湖上游来水水量大、水质差,入湖河流携入的外源污染负荷较大。同时,流域内乡镇较低的经济水平使得环保投入水平较低,缓冲带拦截净化措施的建设和陆域污染源的治理都有较大待提升空间,农业面源污染及入湖河流污染未经有效拦截,对水体造成较大的冲击。

3.4.5.2 水生态健康评估

根据塔山湖水生态健康指标计算的结果,计算得到塔山湖流域水生态健康指标值为60.4,如表3.4.5-2所示。

表3.4.5-2 塔山湖水生态健康指标评估结果

方案层		因素层		指标层			
名称	状态指数值	名称	状态指数值	名称	单位	指标值	标准化数值
水生态健康	60.4	湖体水质	0.70	水质综合状态指数	无	0.77	0.77
				综合营养状态指数	无	50.37	0.60
		沉积物	1	营养盐综合状态指数	无	1	1.00
				重金属 Hakanson 风险指数	无	138.8	1.00
		水生态	0.34	浮游植物多样性指数	无	1.73	0.58
				浮游动物多样性指数	无	1.51	0.50
				底栖生物多样性指数	无	1.13	0.38
				沉-浮-漂-挺水植物覆盖度	%	0.02	0.0003

根据评估结果,塔山湖水生态健康状态指数为60.4,健康状况等级为Ⅱ级,处于较好水平。从水生态健康指标来看,水生态指数得分较低(0.34),具体表现为沉-浮-漂-挺水植物覆盖度极低,底栖生物多样性指数较低,浮游植物及浮游动物多样性指数一般。

根据现场调研情况来看,塔山湖湖体水质相对较好,在Ⅲ~Ⅳ类水平,但水生态状况较差。塔山湖湖体中基本没有水生植被,仅在新庄村和草场村沿湖部分区域存在少量沉水植物,主要为马来眼子菜。水生生物种类较少,浮游植物以绿藻门为主；夏季浮游动物生物量和生物多样性最高，但却以耐污种轮虫为主要优势种；底栖动物种类少、生物量低，也同样以红裸须摇蚊和霍甫水丝蚓等耐污种为主。

整体来说，全湖水生植被覆盖度极低，水生生物种类相对简单，多样性不足，湖体生态调节、水质改善能力相对较弱，尤其是对湖体营养盐的利用能力较差。

3.4.5.3 生态服务功能评估

塔山湖生态服务功能指标体系包括饮用水服务功能、水源涵养功能、栖息地功能、拦截净化功能及人文景观功能。

根据塔山湖生态服务功能各项指标值及权重，计算得到塔山湖流域生态服务功能指标值为60.7，如表3.4.5-3所示。

表3.4.5-3 生态服务功能指标评估结果

方案层		因素层		指标层			
名称	状态指数值	名称	状态指数值	名称	单位	指标值	标准化数值
影响	60.7	饮用水服务功能	1.00	集中饮用水水质达标率	%	100	1.00
		水源涵养功能	0.02	林草覆盖率	%	1.49	0.02
		栖息地功能	0.52	湿地面积占总面积的比例	%	23.49	0.52
		拦截净化功能	0.62	湖（库）滨自然岸线率	%	93.3	1.00
				缓冲带污染阻滞功能指数	无	28.01	0.28
		人文景观功能	0.35	自然保护区级别	无	1	0.20
				珍稀物种生境代表性	无	2	0.40

根据湖泊生态服务功能总体评估标准（表3.4.5-3），判断塔山湖生态服务功能等级为Ⅱ级，总体状态处于由"较好"趋向"不太好"的临界值状态。从因素层指标来看，塔山湖水源涵养功能和人文景观功能很差，栖息地功能和拦截净化功能也相对较差。从各指标指数来看，林草覆盖率、缓冲带污染阻滞功能指数、自然保护区级别和珍稀物种生境代表性指数得分较低。

作为东部人口密集地区的水质较好湖泊，流域范围内的林草覆盖率低是天然缺陷,缺乏对生态资源的有效保护,导致水源涵养功能差;流域内湿地面积占比较低,没有国家级/省级/市级/县级自然保护区,仅设有塔山水源涵养区,栖息地质量不高,缺乏对自然珍稀动植物资源的保护,自然生态景观性较差。尽管塔山湖自然岸线率达到93.3%,但是自然植被覆盖率低,林草覆盖率仅1.49%,沿岸主要为农田,自然岸线以裸露地表(砂质土壤)为主,水土流失较严重,人工岸线主要为南侧大坝硬质驳岸,缓冲带污染拦截功能低下。

因此,在塔山湖综合治理工作中,流域植被恢复、缓冲带生态湿地构建、环湖岸线拦截净化措施建设应摆在重要位置,要加强野生物资源自然保护区的建设,针对性地保护流域野生动植物及珍稀物种。

3.4.5.4 调控管理评估

根据塔山湖调控管理的各项指标值及权重,计算得到塔山湖流域调控管理指标值为55.5,如表3.4.5-4所示。

表3.4.5-4 调控管理评估结果

方案层		因素层		指标层			
名称	状态指数值	名称	状态指数值	名称	单位	指标值	标准化数值
响应	55.5	资金投入	0.18	环保投入指数	%	0.27	0.18
		污染治理	0.40	城镇生活污水集中处理率	%	44.7	0.56
				农村生活污水处理率	%	23.9	0.34
				水土流失治理率	%	30.7	0.34
		监管能力	0.80	监管能力指数	无	4	0.80
		长效机制	0.80	长效管理机制构建	无	4	0.80

根据流域生态环境保护调控管理措施对塔山湖社会经济发展的调控以及湖泊水质水生态的改善作用等级划分标准,塔山湖流域人类活动的调控管理水平处于"中等"水平。从因素层指标来看,资金投入和污染治理指标得分较低,从各指标指数得分来看,环保投入指数、农村生活污水处理率、水土流失治理率指标得分较低。这主要是因为流域内乡镇经济水平相对落后,塔山湖流域2018年环保投入资金仅700万元,占2018年GDP总值的比重仅0.27%,限制了流域污染治理基础设施和生态环境改造工程的发展建设,农村生活污水得不到有效处理,

植被修复得不到落实,水土流失得不到有效治理。流域的污染治理与环保投入资金相挂钩。

3.4.5.5 湖泊生态安全综合评估

根据社会经济影响、水生态健康、生态服务功能和调控管理四个方案层状态指数及权重,采用加权求和法计算湖泊生态安全指数 ESI 为 60.2,处于"较安全状态"

表 3.4.5-5 湖泊生态安全评估指数

湖泊名称	社会经济影响	水生态健康	生态服务功能	调控管理	生态安全指数(ESI)
塔山湖	61.7	60.4	60.7	55.5	60.2
预警颜色	◐	◐	◐	●	●

塔山湖流域社会经济影响、水生态健康、生态服务功能和流域调控管理得分均不理想(如表 3.4.5-6 和图 3.4.5-1 所示),其中流域调控管理水平较低是拉低塔山湖生态安全整体水平的主要原因。社会经济压力对湖泊生态安全影响较轻,但仍存在社会经济水平相对落后、入湖河流污染负荷较大、缓冲区内人类活动干扰强度较大等一系列问题。水生态健康水平一般的主要原因是水生植被覆盖度低,水生生物多样性低,群落结构简单,水质状态存在富营养化风险。生态服务功能不太好的主要原因是流域植被覆盖度低,水源涵养功能差,人文景观功能较差。流域调控管理水平受环保资金投入的影响,资金有限导致污染治理基础设施建设工作滞后,流域污染治理水平不足。

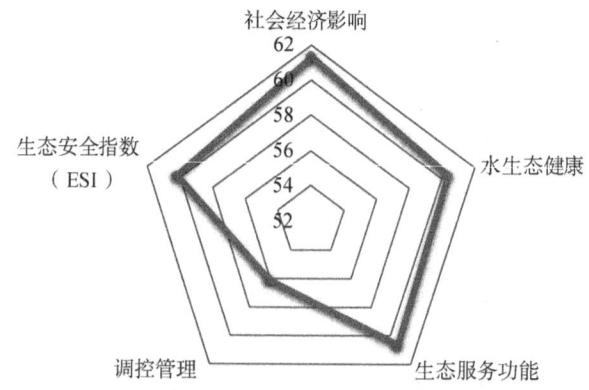

图 3.4.5-1 塔山湖生态安全评估指数

表 3.4.5-6　湖泊生态安全评估结果描述

目标层			方案层		
名称	状态	描述	名称	状态	特征
塔山湖生态安全指数	较安全	流域存在一定的社会经济压力,但对湖泊生态系统影响较轻,湖泊水质处于Ⅲ～Ⅳ类水质状态,水生植被覆盖度偏低,生物多样性较低,水源涵养及人文景观功能较差。湖泊生态结构尚合理、系统结构尚稳定	流域社会经济活动	Ⅱ级（较轻）	社会经济压力大、流域入湖污染负荷较高、流域内人类活动干扰强度较大
			水生态健康	Ⅱ级（较好）	湖泊水质处于Ⅱ～Ⅳ类水质状态,TN、TP浓度相对偏高,湖泊存在富营养化趋势,水生生物种类较少,群落结构简单,以耐污种为主,水生植被覆盖度低
			生态服务功能	Ⅲ级（不太好）	流域植被覆盖度低,水源涵养功能差,缓冲带污染阻滞功能较差,流域珍稀物种保护力度不足,人文景观功能较差
			调控管理	Ⅲ级（中等）	流域环保资金投入力度不足,各项调控管理措施的推行和实施力度有待加强

综合而言,影响塔山湖生态安全因素的经济水平较低、入湖河流污染负荷较高、以农业种植和农村生活污染为主的人类活动强度干扰较大、湖泊水生植被数量及多样性较低、流域内植被覆盖度低、水源涵养功能差、人文景观功能较差、环保资金投入不足、污染治理基础设施建设亟待加强等方面将成为今后塔山湖生态环境保护重点解决的问题。

3.4.6　塔山湖生态安全主要问题

3.4.6.1　湖体总氮、总磷浓度较高,受上游来水影响显著

塔山湖整体水质为地表水Ⅳ类,主要定类因子为总氮、总磷。全湖总氮为地表水Ⅳ类,2018—2019年全年总氮浓度达到Ⅲ类水标准的月份仅占30%。全湖平均总磷浓度为湖库地表水Ⅳ类,2018—2019年全年总磷浓度达标月份占总监测月份数量的50%。

从湖区各污染物空间分布来看,湖区北部的总氮、总磷浓度均最高,距离三

条入湖河道位置最近的点位全湖浓度最高。

从入湖河道污染负荷来看,三条入湖河流青口河、旦头河、汪子头河均处于劣Ⅴ类。三条入湖河流入湖污染负荷基本占全流域污染负荷的33%～42%。

3.4.6.2 流域社会经济水平相对落后,污染排放以面源为主

塔山湖流域人口密度(582人/km²)低于江苏省平均人口密度(751人/km²)。人口分布以农业人口为主,农业人口占全流域总人口的74%。全流域人均地区生产总值为23 334元,低于2018年全国人均GDP 64 520元和江苏省人均GDP 115 200元。塔山湖流域人口相对较少,且主要以农业劳作为主,经济发展水平相对落后。

塔山湖流域内污染源主要为面源污染,从COD、NH_3-N、TN、TP四项主要水污染物来看,流域面源污染占全流域污染总量的71.9%～86.7%。流域面源污染中,COD以分散养殖污染(28.9%)、农村生活污染(21%)和农业种植污染(20.2%)为主,NH_3-N、TN、TP均以农业种植污染(41%～56.3%)和农村生活污染(16.8%～30.1%)为主。农业活动(农业种植、分散养殖)和人类生活(农村生活为主)产生的污染物因产生的污染物量大且缺乏完善的收集治理措施,对湖泊水质造成了一定的压力。

3.4.6.3 流域水源涵养功能薄弱,岸线拦截净化能力不足

塔山湖岸线长度约39.3 km,塔山湖湖滨缓冲区人工岸线长度为2.6 km,天然岸线长度为36.7 km,人工岸线主要为南侧大坝硬质化驳岸,环湖自然岸线率虽然达到93.3%,但自然岸线以裸露砂质土壤为主,植被覆盖度较低,拦截净化功能较薄弱。沿湖缓冲区内多为农田,湖泊近岸3 km缓冲区总面积为134.32 km²,其中建筑用地面积14.48 km²,农业用地面积89.97 km²,农业种植区域与湖泊水体之间无拦截净化措施,缓冲区污染阻滞功能较低。此外,塔山湖流域存在水土流失的情况,赣榆区塔山湖流域水土流失面积为39.0 km²,水土流失面积占流域总面积的21%,目前无任何的水土保持项目建设,水源涵养功能较差。

3.4.6.4 湖体水生植被覆盖度低,水生生境自净能力薄弱

塔山湖湖体水生植被覆盖率低,湖体北侧和东侧各类水生动物和植物基本绝迹,仅在沿湖部分区域存在少量沉水植物,主要为马来眼子菜。调研数据显示,湖区沉水植物面积为4 620 m²,湖体总面积24 km²,沉水植物覆盖面积仅占湖体总面积的0.02%,湖区内无浮叶植物、漂浮植物和挺水植物存在。湖体浮

游植物、浮游动物和底栖生物的多样性指数分别为 1.73、1.51 和 1.13,小于健康水平标准值(3),生物多样性低,且种群群落结构简单,对外源输入污染物质的吸收转化作用较差。水生生物数量少、多样性低、群落结构简单,湖体自净能力薄弱,一定程度上加剧了减缓塔山湖富营养化趋势、改善塔山湖水质的压力。

3.4.6.5 流域环保资金投入不足,污染治理基础设施建设滞后

塔山湖流域内社会经济水平较低,环保资金投入不足。2018 年塔山湖流域环保投入 700 万元,仅占 2018 年 GDP 总值的 0.27%。根据发达国家的经验,一个国家在经济高速增长时期,要有效地控制污染,环保投入要在一定时间内持续稳定地占到国内生产总值的 1.5%,才能在经济快速发展的同时保持良好稳定的环境质量。2018 年塔山湖流域环保资金投入比例远不足 1.5%,资金投入力度不足。此外,塔山湖流域以农村人口为主,2015—2018 年塔山湖流域农村人口占比分别达 76%、74%、65% 和 74%,农村生活污染是流域污染物的主要来源之一,而现有的农村生活污染治理基础设施建设滞后,农村生活污水集中处理率低,农村生活污水直排对流域生态环境造成一定压力。

3.4.7 塔山湖生态环境保护对策措施

3.4.7.1 加强农业面源污染防治

由农业农村局牵头,进一步加强农业面源的污染防治工作,一方面加强农田面源的污染控制,另一方面加强种植业污染的过程控制与末端治理。以塔山湖流域内农业面源污染排放较大的黑林镇为重点,大力发展有机农业,调整优化种植结构,更新农作物管理理念,倡导使用农家肥、生物肥料和实施生物防治,尽量减少化肥流失,减少除草剂、农药的使用。应用区域养分管理和精准化施肥技术,优化氮磷钾中微量营养元素和有机、无机肥的投入结构,推广氮肥深施、测土配方施肥、分段施肥等科学施肥技术,推广保护性土壤耕作技术、合理轮作技术及秸秆还田,控制水田和坡地的水土流失,提高肥料利用率。

构建生态拦截系统,实施污染过程阻断。在流域主要河道流经区域及河网水系密集区域,通过生态拦截缓冲带技术、生物篱技术等实施农田内部的拦截;利用现有沟、渠、河道支浜等,通过配置氮磷吸附能力较强的植物群落、格栅和透水坝等方式实施生态改造,建设生态拦截带、生态拦截沟渠,有效拦截、净化农田氮磷污染,阻断地表径流污染物进入主要河流及塔山湖。

实施污染末端强化净化技术。针对离开农田、沟渠后的农田面源污染物,通

过汇流收集,采用前置库技术、生态塘技术、人工湿地技术等进行末端强化净化与资源化处理。主要对沿河(湖)区域现有池塘进行生态改造和强化,建设净化塘,利用物理、化学和生物的联合作用对污染物主要是氮磷进行强化净化和深度处理,处理尾水回田再利用,实现污染削减的同时,减少农田灌溉用水。

3.4.7.2 提升城乡生活污染处理水平

加快推进塔山湖流域新农村建设,提高农村生活污水收集处理率。

加强城镇雨水管网布设现状排查工作,针对生活污染排放集中、地表截污能力较弱的区域,率先开展雨水管网敷设工作,结合经济水平发展状况,从"粗放式"建设逐渐向"精细化"建设转变。建设雨污分流管网。加强城镇排水与污水收集管网的日常养护工作,提高养护技术装备水平,强化城镇污水排入排水管网许可管理,规范排水行为。

针对农村生活污水,以乡镇为精细化管控单元,科学规划农村生活污水集中式和分散收集处置设施分布建设,靠近城镇的村庄配套建设污水管网,就近接入城镇污水处理厂统一处理;其余村庄就地建设小型污水处理及其配套设施进行相对集中处理;对于农村无法接入污水管网进行集中处理的自然村,采用无动力或微动力、无管网或少管网、低运行成本的生化、生态处理技术,进行分散处理。

3.4.7.3 强化畜禽养殖污染处理能力

推广规模化养殖,并对规模化养殖场畜禽粪便、废水的处理设施及处置去向进行跟踪调查,完善畜禽养殖业的环境监督管理。按照"减量化、无害化、资源化、生态化"要求,整体推进畜禽养殖场综合治理。

在养殖专业户和分散养殖较为集中的区域,建设畜禽养殖粪污集中收集处理服务体系,推进畜禽粪污集中处理与资源化利用。现有规模化畜禽养殖场(小区),实施雨污分流、干湿分离等措施,根据养殖规模和污染防治需要,配套建设沼气池、生物净化池等粪便污水贮存、处理设施并确保正常运行;新建、改建、扩建规模化畜禽养殖场(小区),实施"三分离一净化"(雨污分流、干湿分离、固液分离、生态净化);在养殖专业户和分散养殖较为集中的区域,建立畜禽养殖粪污集中收集、运输、处理服务体系。

3.4.7.4 强化入湖河流综合整治

入湖河流是塔山湖污染物的主要来源,针对青口河、旦头河和汪子头河三条主要入湖河道,通过生态修复削减入湖河流污染物以提升河流水质是治理的重点。应进一步强化入湖河口的生态湿地修复与建设。在主要入湖河道两侧开展生态缓冲区(带)划定和建设,增强污染拦截功能,构建完整的水生生态群落,有效拦截农业面源污染,减少环境压力,恢复河道生物多样性。

制订生态清淤计划,对青口河、旦头河、汪子头河3条主要入湖河流实施生态清淤工作。清淤过程中一方面应注重清淤方式,根据清淤河道特点,因地制宜地采用清淤方式和清淤器械,以减小对河体水生态系统的干扰和影响;另一方面应注重对两岸水生植物的保护,减小对沿岸生态系统的破坏,同时对清出的淤泥妥善处置,防止造成二次污染。

3.4.7.5 强化入湖河流综合整治

加强流域水土流失综合治理。在环湖沿岸带水土流失区域开展以水土流失治理为重点的清洁小流域建设,通过坡改梯、林(园)地整治、沟头防护、雨水集蓄利用、护坡护岸建设、营造水土保持林、建设人工草地、开发利用高效水土保持植物等措施,抓好湖库特殊生境(如湖滨带、消落带)的保护。以湖库水域及岸边缓冲带为重点,开展退耕(退圩)、退塘还湖还湿工作,提高自然岸线比例,改善岸线的污染阻滞能力。

3.4.7.6 实施流域生态保护修复

加强对各入湖河口、岸线的治理,对现有河道硬质护岸进行改造,原生裸露岸坡进行生态植被种植,通过构建堤岸植物群落,加强河流水体与底质之间的物质循环;修复或部分修复河流的蜿蜒形态,改造河道的基底结构,恢复河流生态系统。提升河流入湖前污染物消纳力,减轻污染入湖压力。在大坝背水坡栽植保土效果好的草本(如画眉草、月见草、刺梨等),构成绿化隔离带,发挥植被防汛、储水、净水的作用。营造生态、亲水、景观等功能于一体的生态岸线。

3.4.7.7 建立流域管理长效机制

完善监测、监管、预警体系建设。充分利用现有监测系统,建立区域水环境信息共享平台,逐步提升水生态监测能力;建设集水量、水质和水生态于一体的监测预警平台,实现对塔山湖湖区水质、主要出入湖河道以及重要上游入境断面的水量、水质信息的实时监视、预警、评价和预测预报体系;建立塔山湖流域水环境综合治理信息共享平台,实现信息共享和统一发布。

探索建立生态补偿机制。通过监测省界断面青口河水质情况等,建立起上下游省份之间的生态补偿机制,保证塔山湖的水生态安全和水源地供水安全。切实加强和山东省相关部门的沟通交流,针对上游客水污染问题,落实责任主体和分管部门，从源头控制—过程拦截—末端治理三个方面强化入湖河流污染整治工作。

　　加强部门联动。由赣榆区政府牵头，赣榆区生态环境、水利、农业农村、住建、规划等多部门共同参与，对塔山湖进行统一管理。尤其针对区域缓冲区农田分布密集、岸线破坏等问题，各级部门应加快建立跨区域联动机制，制定跨县区治理方案，推动缓冲区土地利用类型调整、岸线生态修复等湖泊治理工作有序开展。

　　提升科研支撑能力。重点支持生态修复关键技术、养殖业废弃物的无害化和资源化技术提升与集成、塔山湖治理工程管理与运行机制方面的科学研究，持续跟踪对塔山湖水体及沉积物重金属、有毒有害物质、水生态的监测研究分析，定期（每2～3年）开展一次流域生态安全评估，及时调整流域生态保护方向与对策，为流域水环境污染治理长效管理提供科研支撑。

第四章

江苏省水质较好湖泊生态安全状况综合研判及对策建议

江苏省湖泊海拔低、湖盆浅平，湖泊资源开发利用方式以调蓄滞洪、供水、水产养殖、围垦种植和航运为主，部分兼具饮用水水源、维护生物多样性等重要功能。作为我国经济活动最活跃的区域之一，社会经济快速发展和强烈的经济活动导致湖泊水体富营养化和水质污染日趋加重。江苏省水质较好湖泊面临的主要环境问题总结如下。

4.1 主要突出问题

（1）湖体氮磷污染突出，富营养化问题没有明显改善

水质不达标情况多有出现，氮磷污染仍是湖泊的突出问题，多数湖泊存在富营养化趋势。阳澄湖氮磷污染问题突出，湖泊水质整体处于Ⅳ类。阳澄湖2018年水质情况总体为：①营养盐浓度方面，整体呈现出从东湖到西湖水质逐渐恶化的现象，阳澄西湖的总氮浓度和总磷浓度最高，阳澄东湖的总氮浓度和总磷浓度最低；各湖区总磷年均值都超标，峰值集中在5—9月；②富营养化方面，阳澄中湖的叶绿素a年均浓度最高，全湖总体上属于轻度富营养化状态，中湖富营养化程度略高于西湖、东湖。

长荡湖氮磷超标严重，富营养化问题依然存在。长荡湖2018—2019年水质现状为：氮磷污染问题突出，水体总氮总磷浓度总体为Ⅴ类，化学需氧量也多有超标，总体为Ⅳ类。富营养化方面，湖南区叶绿素a浓度最高，湖体总体上属于中度富营养化状态，湖南区富营养化程度略高于湖北区和湖心区。

骆马湖（徐州片区）除总氮外，其他水质指标为Ⅲ～Ⅳ类水平，其中总磷平均浓度属Ⅳ类；总氮平均浓度属劣Ⅴ类。骆马湖（徐州片区）水体营养状态处于轻

度富营养~中度富营养水平,综合营养状态指数在58~63之间波动,均值为61.10,整体水体富营养化趋势明显。

(2) 沉积物氮磷浓度高,部分重金属指标生态风险较高

阳澄湖沉积物总氮全年平均值属于EPA分类标准的重度污染,空间分布特点为:西湖(中度污染)<中湖(重度污染)<东湖(重度污染);总磷全年平均值属于EPA分类标准的中度污染,空间分布特点为东湖<中湖<西湖。沉积物中氮磷空间分布不一致的主要原因可能是:西部入湖河道比较多,河流氮磷浓度高于湖体,所以河流的输入导致西部水体积累更多的营养盐;但因为水体中的氮循环和磷循环的机理不同,磷更容易沉积储存在沉积物中,氮会因为微生物的作用被消化分解。再加上东湖和中湖以前是养殖区,湖内围网养殖对沉积物氮及有机物贡献较大。表层沉积物汞和锑的浓度较高,分别为江苏省土壤背景值的3.0倍和4.2倍。阳澄湖流域工业经济集约程度较高,锑的污染主要来自印染、电镀制药等行业排放的废水。全湖重金属生态风险指数属于"中等风险"水平,其中西湖略高,处于"重风险"水平,与西部入湖河道输入密切相关,潜在影响水体重金属的含量和水生生物的健康。

长荡湖沉积物总氮、总磷全年平均含量属于EPA分类标准的中度污染。表层沉积物中铅、铬、汞、镉、砷、镍、铜、锌八种重金属,除铬含量与江苏省土壤背景值持平外,其他指标均高于江苏省土壤背景值,为背景值的1.1~14.4倍,其中汞和镉的浓度较高,分别为背景值的3.7倍和14.4倍。湖心区重金属含量较高,潜在风险指数均值为873.0,属于严重污染。重金属的主要来源是工业废水,长荡湖流域纳入环境统计但出水未接入污水处理厂的企业有10家,且多为纺织印染业、电镀及金属加工业等,处理工艺跟不上,污染风险大。

骆马湖(徐州片区)不同点位沉积物总氮的污染指数范围为0.57~1.99,总磷污染指数范围为0.31~1.58,湖区北存在中度污染到重度污染的现象。由骆马湖(徐州片区)不同水域重金属的潜在生态风险指数可以发现,整个调查区域RI指数范围为59~171,除了六塘河出湖口、中运河出湖口采样点位超过150,重金属风险为中等外,其余点位的重金属生态风险都为轻微。

相较于其他水质较好湖泊,塔山湖沉积物重金属含量基本上低于阳澄湖与长荡湖,较高于骆马湖。但塔山湖不同点位的底质重金属季度平均浓度数据显示,铜(Cu)、锌(Zn)、镍(Ni)的全点位底质平均浓度要高于江苏省土壤背景值。

(3)水生生物群落结构简单,生物多样性偏低,水生生态系统功能退化

阳澄湖开阔水体水生植被类型相对较少,主要为沉水植物,伴生有少量的浮叶植物,且植被主要分布在阳澄中湖南部及阳澄东湖中部和南部。浮游动物整体上数量偏低,且以耐污种轮虫占主要优势。浮游动物数量和生物量在各季节均呈现出东高西低的空间分布。底栖动物主要分布在水质相对较差的湖区,尤其是湖湾内,西湖南部和中湖具有较高的底栖动物密度和生物量,东湖南部湖区密度和生物量较低,且主要优势种为寡毛纲、摇蚊幼虫等耐污种类。整体来说,阳澄湖水生态的情况为水生植被分布较集中,群落结构简单;浮游及底栖动物耐污种占优势,密度、生物量以及生物多样性均偏低。

长荡湖湖体开敞水体水生植被类型相对较少,调查只发现5种,分别为水鳖、黄花水龙、槐叶萍、苦草和穗花狐尾藻,主要分布在长荡湖西南角。以太湖90年代的水生植被分布作为参照,长荡湖水生植被物种数量偏少、多样性偏低,植被分布少,部分湖区无水生植物生长,植被固定基底净化水质的功能得不到有效发挥。浮游动物以耐污种轮虫占主要优势,底栖动物以耐污种寡毛纲、摇蚊幼虫占主要优势,水生生物总体群落结构简单,生物多样性偏低,水生生态系统退化。

塔山湖湖体水生植被覆盖率低,调研数据显示湖区沉水植物覆盖面积仅占湖体总面积的 0.02%,无浮叶植物、漂浮植物和挺水植物存在。湖体浮游植物、浮游动物和底栖生物的多样性指数分别为 1.73、1.51 和 1.13,生物多样性较差,且种群群落结构简单,对外源输入污染物质的吸收转化作用较差。

骆马湖(徐州片区)湖体中基本没有水生植被,水生植被覆盖度极低,水生生物种类相对简单,多样性不足,浮游植物以绿藻门为主,其次为硅藻门和蓝藻门;夏、冬两季浮游动物生物多样性较高,春季较低,且三个季节浮游动物都以耐污种轮虫为主要优势种;底栖动物种类少、生物量低,并且霍甫水丝蚓在各季节都为主要优势种,说明骆马湖(徐州片区)底泥污染情况严重。湖体生态调节、水质改善能力相对较弱,尤其是对湖体营养盐的利用能力较差。

(4)植被覆盖度偏低,湖滨自然岸线破坏严重,水源涵养功能差

根据阳澄湖流域2017年土地利用分类,流域的林草覆盖率仅为0.11%;遥感分析结合现场调研结果显示,阳澄湖 34.25% 的自然湖滨岸线受到不同程度的破坏。流域范围内的植被覆盖度低,生态资源保护匮乏,导致了水源涵养功能差;湖滨带自然岸线破坏严重,污染拦截功能低下,水体丧失自净能力,导致水体

总磷、高锰酸盐指数、五日生化需氧量浓度高，影响饮用水服务功能的同时，造成湖体富营养化。

长荡湖流域范围内草地面积 0.63 km²，林地面积 0.40 km²，研究区域土地总面积 490.10 km²，林草覆盖率仅为 0.21%。自然湖滨岸线占总岸线长度的 26.66%，73.34% 的岸线受到不同程度的破坏，距离规划目标 75% 仍有一定差距。长荡湖的建设用地和农业用地占比分别为 78.6% 和 68%，均比历史状态有所增加。

塔山湖尽管自然岸线比例高达 93%，但以农田为主，沿湖岸线及缓冲带缺乏污染阻滞措施，同样导致湖滨带的污染阻滞功能较差。作为东部人口密集地区的水质较好湖泊，流域范围内的河湖周边普遍缺乏生态缓冲区（带），不能有效拦截面源污染和地表径流，对湖体水质造成污染压力。

骆马湖流域范围内的林草覆盖率低是天然缺陷，缺乏对生态资源的有效保护，导致水源涵养功能差。尽管骆马湖（徐州片区）自然岸线率达到 100%，但是自然植被覆盖率低，林草覆盖率仅 3.7%，缓冲区内以农业用地为主，自然岸线以裸露地表（砂质土壤）为主，缓冲带污染拦截功能低下。

4.2 个性问题

与河流相比，湖泊水体流动相对缓慢，水体交换更新周期长，生态平衡易受到自然和人类活动的影响，更容易发生水质污染、水体富营养化，在被污染后也更难修复。同时，与河流不同，湖泊作为供水的主要来源，与老百姓的健康联系更加直接，治理保护的重要性和紧迫性也更为突出。

长荡湖：水利工程提高防洪能力，但对生态环境造成潜在威胁。水利建设不可避免地在一定程度上改变了自然面貌和生态环境，使已经形成的平衡状态受到干扰破坏。自 2018 年 8 月现场考察起，新孟河延伸拓浚（金坛区）及综合配套整治工程庄阳港综合整治工程一直在进行中。柚山新河上游节制闸工程持续施工，导致中干河氨氮浓度超标严重，10 个月里有一半以上超过地表水Ⅲ类水质标准。水利工程施工时，由于固体拦截易造成水位变化，水流速度发生改变等，进而改变水生生物的生境条件，影响生物多样性。

塔山湖：客水污染负荷大，造成湖体氮磷浓度偏高。塔山湖入湖河流污染负荷较高，青口河、旦头河、汪子头河总氮、总磷浓度超地表水Ⅴ类水标准。从不同湖区来看,北部湖区(近入湖河流)总氮、总磷浓度在各湖区总氮、总磷浓度中最高,分别为Ⅴ类和劣Ⅴ类,受上游来水水质影响较大。客水携入的外源污染负荷是造成塔山湖水质恶化的主要原因。环保资金投入不足,污染治理基础设施建设滞后。2017年塔山湖流域环保资金投入仅占全年GDP总值的0.23%,远低于维持一个国家经济高速发展和污染有效控制平衡的环保投入阈值(1.5%)。2017年塔山湖流域农村人口占总人口的65%,较2014年的76%和2015年的65%有所下降,但农村生活污染仍是流域污染物的主要来源之一,现有农村生活污染治理基础设施建设滞后,农村生活污水集中处理率仅为20%,农村生活污水直排对流域生态环境造成一定压力。塔山湖流域经济水平相对落后,全面保障环保资金投入和污染整治力度仍存在困难。

4.3 总体成因分析

综合上述4个典型水质较好湖泊的生态安全评估结果,总结分析主要成因如下。

1. 社会经济快速发展,人口密度大,流域陆域污染负荷较高是普遍特征

根据调查结果,阳澄湖流域人口密度为1 699人/km²,远高于江苏省人口密度均值(749人/km²);长荡湖流域人口密度为958人/km²,略高于省平均水平。徐州骆马湖流域人口密度约为731.78人/km²(按常住人口计算),略低于省平均水平,但远高于国家平均约150人/km²。塔山湖流域人口密度虽低于平均水平,但是人口分布以农村人口为主,农村人口比重高达74%。随着人口数量的增长,人类活动加剧,带来的工业、农业面源、畜禽及水产养殖、生活污水等污染问题日益突出。

湖泊周边的陆域污染通过入湖河流对湖体生态环境进一步造成压力。调查发现,流域污染负荷水平与湖泊流域经济发达程度无明显相关关系,无论是经济发达的阳澄湖,还是经济欠发达的塔山湖,流域污染负荷均超过排放控制总量,入湖河流存在不同程度水质超标现象,外源输入压力较大。塔山湖水质受上游来水影响显著,3条主要入湖河流水质类别为劣Ⅴ类。骆马湖入湖河流总氮污染较为严重,4条主要入湖河流总氮浓度均为劣Ⅴ类水质标准。阳澄湖的8条主要入湖河流总氮污染情况均较为严重,超过湖体总氮Ⅴ类标准。长荡湖的8条主要入湖河流,总氮年均值超过河流Ⅲ类水标准,总磷浓度虽然达到河流Ⅲ

类水标准，但是均超过湖泊Ⅲ类水标准，给湖体总磷达标带来较大压力。

2. 植被覆盖率偏低，水源涵养功能差

林草覆盖率是反映水源涵养功能的重要指标。作为东部人口密集地区的湖泊，流域范围内的林草覆盖率低是天然缺陷。生态安全状况较好的云南省抚仙湖，林草覆盖率为30%，而江苏省骆马湖林草覆盖率仅为3.7%。塔山湖、阳澄湖及长荡湖流域仅为1.49%、0.11%和0.21%。江苏省水质较好湖泊所在流域范围内林草覆盖率均明显偏低，导致水源涵养功能差。

区域建设用地、农业用地面积占比高，种养殖业发达已成为环湖地区的明显特征。阳澄湖、长荡湖、骆马湖、塔山湖的建设用地和农业用地分别占区域面积的78.6%、68%、88%、72%。种养殖业等经济活动在增加流域负荷的同时，也挤占了林草等生态资源的空间，削弱了流域的水源涵养功能。塔山湖地形地貌易造成水土流失，水土保持能力较差，流域水源涵养功能更加薄弱。土地利用方式表现出明显生态退化趋势，易对湖体水质产生不利影响。

3. 湖滨带缺乏有效生态缓冲区（带），拦截净化功能差

一方面体现在湖滨带自然岸线率低。按照《水质较好湖泊生态环境保护总体规划（2013—2020）》要求，湖泊自然湖滨岸线应不低于全湖岸线的75%。调查结果显示，阳澄湖和长荡湖的自然岸线率分别为65.75%和26.66%。湖滨沿线开发利用程度高，自然岸线被破坏或侵占。另一方面体现在湖滨带污染阻滞功能较差。骆马湖自然岸线率达100%，但徐州片区湖滨带岸线水生植被覆盖率很低，基本为0。塔山湖尽管自然岸线比例高达93%，但湖滨带土地利用类型以农田为主，与水体之间缺乏有效的污染阻滞隔离区（带），面源污染直接入湖。

4. 部分区域调控管理能力不足

调控管理能力评估包括资金投入、污染治理、监管能力建设和长效机制等。根据调查结果，调控管理能力各地不尽相同，整体流域环保资金投入和污染治理水平有待提高。阳澄湖和长荡湖的管理调控能够起到较明显的正效应（接近80分），骆马湖（徐州片区）流域调控管理66.4分，塔山湖相对薄弱（不足60分）。流域污染治理的短板主要是农村地区的污水处理率偏低（小于70%），在经济欠发达的塔山湖流域尤为突出（仅24%），治污基础设施建设滞后，各项调控管理措施的推行和实施力度有待加强。

4.4 对策建议

1. 针对不达标湖泊研究实施水质提升方案,守住水质稳定达标底线

考虑不同湖泊的区域特征、生态功能、水动力条件以及污染特点,因地制宜,因湖施策,有针对性地实施综合治理,统筹做好湖泊管理保护工作。坚持问题导向,制定"一湖一策"水生态提升和保护方案。坚决落实省委省政府"环境治理只能变好"的硬要求,争取以江苏省水质较好湖泊"十四五"断面考核均达到Ⅲ类水的要求为目标,将本行政区域内所有湖泊纳入全面推行湖长制工作范围,全面建立省、市、县、乡四级湖长体系。重点剖析湖泊水质下降或波动原因,逐个开展水质提升方案研究,开展源头治理专项行动,力争尽早达到Ⅲ类水要求。

2. 以降磷控氮磷为主,强化控源减排,同步开展新污染物的源头管控与风险评估

湖泊的治理一方面要加强氮磷等常规污染物的治理,另一方面也要加强对抗生素等新污染物的管控。从生态承载力和水环境容量约束出发,统筹考虑流域污染排放特征、经济社会发展水平、污染治理技术经济可行性,研究流域污染物排放总量控制、主要污染源进一步削减等源头减排措施。重点研究蓝藻底泥对磷的源汇转化过程。重视新污染物的潜在生态风险研究,适度开展流域重点行业新污染物的调查和风险评估工作,实现新污染物的源头管控。

3. 开展河湖生态缓冲区(带)划定及建设,增强湖泊自然修复能力

利用卫星遥感技术,全面排查湖泊汇水范围内种植业布局情况,对直接影响断面水质稳定达标的沿岸农田进行种植结构调整和排灌系统生态化改造。针对水质较好湖泊及主要入湖河流,开展生态缓冲区(带)划定和建设,有效拦截农业面源污染,减少环境压力。抓好湖库特殊生境(如湖滨带、消落带)的保护,以湖库水域及岸边缓冲带为重点,开展退耕(退圩)、退塘还湖还湿工作,提高自然岸线比例,改善岸线的污染阻滞能力。开展敏感水域生态系统修复(如鱼类栖息地、产卵场、洄游区等,饮用水源保护区),实施栖息地的诱导、恢复和重建。

湖泊一般有多条河流汇入,河湖关系复杂,湖泊管理保护需要与入湖河流通盘考虑、协调推进。从区域层面,调整湖泊生境格局,优化水源涵养功能。开展湖泊湿地与生物多样性调查评估,着力恢复湖库生态系统生物链,完善水域生态系统结构,恢复或维持水生动植物赖以生存的生境完整性和多样性。落实水华高发区的生态修复,增强水体的自净能力和生态系统对干扰的抵抗力,促进水域生态系统的良性循环。

4. 开展持续性观测评估,加强科学研判

开展持续性观测评估,制订定期评估计划,动态更新湖泊生态安全状况,加强科学研判,以恢复或维持生态系统的整体性和服务功能的持续性为核心形成适应性调控管理方案,实现流域内社会经济和生态环境系统的可持续发展。结合定期评估配套制定考核办法,压实地方责任,强化湖库上下游统筹管理与网格化精准管理。

此外,也要做好充分发挥社会力量参与监督,通过湖长公告、湖长公示牌、湖长 APP、微信公众号、社会监督员等多种方式加强社会监督。

参考文献

[1] 许静波,张加雪,徐明,等.大纵湖大型底栖生物群落结构及水质生物学评价[J].人民长江,2019,50(1):24-28.

[2] 方佩珍,晁建颖.洪泽湖生态系统演变趋势分析及生态安全问题诊断[J].人民珠江,2018,39(3):16-21.

[3] 张莉,邹勇,樊祥科,等.高宝邵伯湖渔业生态环境现状与评价[J].安徽农学通报,2016,22(6):113-116.

[4] 陈祥龙,王絮飞,李妮.湖泊生态安全综合评估方法略述[J].山地农业生物学报,2013,32(5):458-464.

[5] DABELKO G D, SIMMONS P J. Environment and security:core ideas and US government initiatives[J]. SAIS Review,1997,17(1):127-146.

[6] 赵梦薇.基于改进的变权TOPSIS评价法的湖泊生态安全评价方法研究[D].大连:大连理工大学,2020.

[7] ELLIOTT M, BURDON D, ATKINS J P, et al. "And DPSIR begat DAPSI(W)R(M)!"—A unifying framework for marine environmental management[J]. Marine Pollution Bulletin,2017,118(11/2):27-40.

[8] 曹秉帅,徐德琳,窦华山,等.北方寒冷干旱地区内陆湖泊生态安全评价指标体系研究——以呼伦湖为例[J].生态学报,2021,41(8):2996-3006.

[9] LUIJTEN J C, KNAPP E B, JONES J W. A tool for community-based assessment of the implications of development on water security in hillside watersheds[J]. Agricultural Systems,2001,70(2):603-622.

[10] NAITO W, MIYAMOTO K, NAKANISHI J, et al. Application of an ecosystem model for aquatic ecological risk assessment of chemicals for a

Japanese lake[J]. Water Research,2001,36(1):1-14.

[11] FOCARDI S, CORSI I, MAZZUOLI S, et al. Integrating remote sensing approach with pollution monitoring tools for aquatic ecosystem risk assessment and management: a case study of Lake Victoria (Uganda) [J]. Environ Monit Assess,2006,122(1-3):275-287.

[12] 刘红,王慧,张兴卫.生态安全评价研究述评[J].生态学杂志,2006,25(1):74-78.

[13] HE D M, WU R D, FENG Y, et al. REVIEW: China's transboundary waters: new paradigms for water and ecological security through applied ecology[J]. Journal of Applied Ecology,2014,51(5):1159-1168.

[14] 周丰,郭怀成,刘永,等.湿润区湖泊流域水资源可持续发展评价方法[J].自然资源学报,2007(2):290-301.

[15] 邹长新,沈渭寿,张慧.内陆河流域重要生态功能区生态安全评价研究——以黑河流域为例[J].环境监控与预警,2010,2(3):9-13.

[16] 金相灿,王圣瑞,席海燕.湖泊生态安全及其评估方法框架[J].环境科学研究,2012,25(4):357-362.

[17] 刘丽娜,马春子,张靖天,等.东北湖区典型流域生态安全评估[J].环境科学研究,2019,32(7):1108-1116.

[18] 王宏,李晓兵,乔云伟.青海湖流域生态安全评价[J].地球环境学报,2010,1(3):230-238.